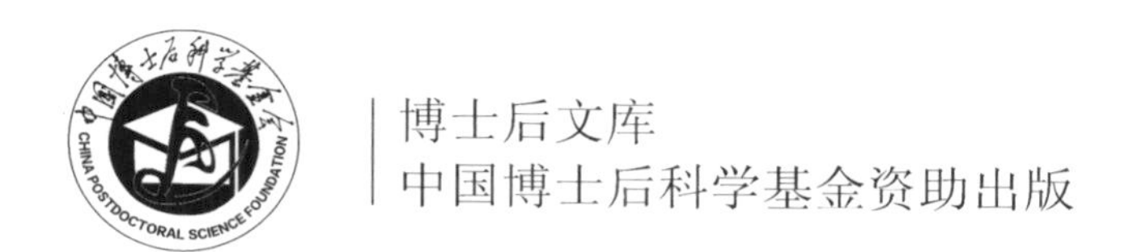

根茎型清水紫花苜蓿特征特性研究

主　编　南丽丽　师尚礼　李玉珠
副主编　张雪婷　陈立强

科学出版社
北　京

内 容 简 介

苜蓿的根系类型可划分为直根型、侧根型、根蘖型和根茎型4类。根茎型苜蓿与世界上已登记苜蓿品种的遗传距离较大，是苜蓿育种和品种改良的优异种质资源。本书对我国审定登记的第一个根茎型苜蓿品种——清水紫花苜蓿，从形态学、解剖学、细胞学、遗传学等方面进行了系统的研究；对直根型、根蘖型和根茎型苜蓿的产草量、营养价值、碳代谢、根颈与根系特性、抗性等进行了系统的比较研究和评价；建立和优化了清水紫花苜蓿原生质体分离和培养体系及清水紫花苜蓿和百脉根体细胞杂交技术体系。

本书可供从事草业、生物技术、与植物学等有关方面的科技人员、大专院校师生参考。

图书在版编目（CIP）数据

根茎型清水紫花苜蓿特征特性研究/南丽丽，师尚礼，李玉珠主编. —北京：科学出版社, 2016.9

（博士后文库）

ISBN 978-7-03-050046-5

Ⅰ.①根… Ⅱ.①南… ②师… ③李… Ⅲ. ①紫花苜蓿–研究 Ⅳ.①S541

中国版本图书馆CIP数据核字(2016)第232861号

责任编辑：夏 梁 朱 瑾 / 责任校对：何艳萍
责任印制：徐晓晨 / 封面设计：刘新新

科学出版社 出版
北京东黄城根北街16号
邮政编码：100717
http://www.sciencep.com

北京科印技术咨询服务公司 印刷

科学出版社发行 各地新华书店经销

*

2016年9月第 一 版 开本：720×1000 B5
2017年2月第二次印刷 印张：15 1/8
字数：302 000

定价：98.00元

(如有印装质量问题，我社负责调换)

《博士后文库》编委会名单

主　任　陈宜瑜

副主任　詹文龙　李　扬

秘书长　邱春雷

编　委（按姓氏汉语拼音排序）

付小兵　傅伯杰　郭坤宇　胡　滨　贾国柱　刘　伟

卢秉恒　毛大立　权良柱　任南琪　万国华　王光谦

吴硕贤　杨宝峰　印遇龙　喻树迅　张文栋　赵　路

赵晓哲　钟登华　周宪梁

《博士后文库》序言

博士后制度已有一百多年的历史。世界上普遍认为，博士后研究经历不仅是博士们在取得博士学位后找到理想工作前的过渡阶段，而且也被看成是未来科学家职业生涯中必要的准备阶段。中国的博士后制度虽然起步晚，但已形成独具特色和相对独立、完善的人才培养和使用机制，成为造就高水平人才的重要途径，它已经并将继续为推进中国的科技教育事业和经济发展发挥越来越重要的作用。

中国博士后制度实施之初，国家就设立了博士后科学基金，专门资助博士后研究人员开展创新探索。与其他基金主要资助“项目”不同，博士后科学基金的资助目标是“人”，也就是通过评价博士后研究人员的创新能力给予基金资助。博士后科学基金针对博士后研究人员处于科研创新“黄金时期”的成长特点，通过竞争申请、独立使用基金，使博士后研究人员树立科研自信心，塑造独立科研人格。经过 30 年的发展，截至 2015 年年底，博士后科学基金资助总额约 26.5 亿元人民币，资助博士后研究人员五万三千余人，约占博士后招收人数的 1/3。截至 2014 年年底，在我国具有博士后经历的院士中，博士后科学基金资助获得者占 72.5%。博士后科学基金已成为激发博士后研究人员成才的一颗“金种子”。

在博士后科学基金的资助下，博士后研究人员取得了众多前沿的科研成果。将这些科研成果出版成书，既是对博士后研究人员创新能力的肯定，也可以激发在站博士后研究人员开展创新研究的热情，同时也可以使博士后科研成果在更广范围内传播，更好地为社会所利用，进一步提高博士后科学基金的资助效益。

中国博士后科学基金会从 2013 年起实施博士后优秀学术专著出版资助工作。经专家评审，评选出博士后优秀学术著作，中国博士后科学基金会资助出版费用。专著由科学出版社出版，统一命名为《博士后文库》。

资助出版工作是中国博士后科学基金会“十二五”期间进行基金资助改革的一项重要举措，虽然刚刚起步，但是我们对它寄予厚望。希望通过这项工作，使博士后研究人员的创新成果能够更好地服务于国家创新驱动发展战略，服务于创新型国家的建设，也希望更多的博士后研究人员借助这颗“金种子”迅速成长为国家需要的创新型、复合型、战略型人才。

中国博士后科学基金会理事长

前　言

苜蓿作为“牧草之王”，是世界公认的最重要的豆科牧草。世界发达国家在大量收集苜蓿种质资源和对其进行评价研究的基础上，已培育出系列苜蓿品种，营销到世界各地并见到了经济效益。我国苜蓿育种研究经过半个多世纪的努力，已经培育并审定登记了一些品种，在我国苜蓿生产中发挥着重要作用。

随着苜蓿在我国大面积的生产应用，国内苜蓿品种间的遗传多样性越来越小，品种特性不够突出。进口苜蓿品种以产量高、再生力强等特点曾占领了国内市场，但生产应用表明，进口苜蓿品种种子价格昂贵，且品种抗逆性不如国内品种。

苜蓿的根系类型可划分为直根型、侧根型、根蘖型和根茎型4类。直根型苜蓿基因源主要来自于紫花苜蓿，侧根型、根蘖型和根茎型苜蓿都不同程度地具有野生黄花苜蓿的基因。根茎型苜蓿为一相对独立的紫花苜蓿种质资源，与世界上已登记苜蓿品种的遗传距离较大，是苜蓿育种和品种改良的优异种质资源。目前，对直根型苜蓿的研究已在抗非生物胁迫、抗生物胁迫和品质改良等方面取得了重要进展，对根蘖型苜蓿已在形态学、遗传学、生理机制及分子生物学等方面进行了深入研究，对侧根型苜蓿已在发生机制、遗传特性及环境对侧根的影响等方面进行了研究，对根茎型苜蓿的研究非常少，对不同根型苜蓿的对比研究更少。

本研究对我国审定登记的第一个根茎型苜蓿品种——清水紫花苜蓿，从形态学水平、细胞学水平、生理生化水平和分子水平进行了周详的研究；以根茎型、直根型和根蘖型苜蓿为材料，从产草量、营养价值、碳代谢、根颈与根系特性、抗旱性和抗寒性等方面对不同根型苜蓿进行了系统的研究和评价；对清水紫花苜蓿进行了体细胞培养、原生质体培养及其和里奥百脉根体细胞杂交的研究，建立和优化了清水紫花苜蓿原生质体分离和培养体系及清水紫花苜蓿和百脉根体细胞杂交技术体系。这些成果的取得，对挖掘我国根茎型苜蓿优异基因资源、促进苜蓿新品种选育和品质改良具有重要意义，也为不同根型苜蓿在生产中的推广和应用提供了理论依据和技术支持。

本书各章执笔人有：南丽丽（第一、七、八、九、十、十一章）、师尚礼（第二章）、李玉珠（第十二章）、张雪婷（第三、四章）、陈立强（第五、六章），全书由南丽丽统稿。

作　者

2016年1月于兰州

目　　录

第一章　绪　　论

我国拥有丰富的苜蓿（*Medicago*）遗传资源，共 12 种，3 变种，6 变型，其中 12 个种分别为紫花苜蓿（*Medicago sativa* L.）、花苜蓿［*M. ruthenica*（L.）Ledeb.］、毛荚苜蓿（*M. pubescens* Sirj.）、矩镰荚苜蓿（*M. archiducis-nicolai* Sirjaev.）、阔荚苜蓿［*M. platycarpos*（L.）Trautv.］、辽西苜蓿（*M. vassilczenkoi* Worosh.）、黄花苜蓿（*M. falcata* L.）、多变苜蓿（*M. varia* Martyn.）、金花菜（*M. polymorpha* L.）、小苜蓿［*M. minima*（L.）Grnfb］、天蓝苜蓿（*M. lupulina* L.）和蜗牛苜蓿［*M. orbicularis*（L.）Bart.］，主要分布在西北、华北、东北和西南等地（耿华珠，1995）。

紫花苜蓿又称紫苜蓿、苜蓿，为豆科苜蓿属多年生植物，起源于小亚细亚、外高加索、伊朗和土库曼高地。通常生产中所称的“苜蓿”泛指苜蓿属的主要栽培种（紫花苜蓿、杂花苜蓿和黄花苜蓿）。杂花苜蓿是由紫花苜蓿与黄花苜蓿杂交而成，形态上与紫花苜蓿接近。紫花苜蓿是当今世界上栽培面积最大的牧草，具有耐寒、耐瘠薄、耐盐碱、适应性强、产量高、品质优、耐频繁刈割、持久性好、改土培肥、经济效益高等特点，堪称“牧草之王”，也是我国当前生态建设工程中应用最为广泛的草种。

紫花苜蓿可与黄花苜蓿进行天然杂交，由于异花授粉和互交可孕，带来了大量的遗传变异，受基因来源及生态环境的影响，苜蓿的根系类型可划分为直根型（tap rooted）、侧根型（branch rooted）、根蘖型（creeping rooted）和根茎型（rhizomatous rooted）4 类（刘志鹏等，2003）。直根型苜蓿基因源主要来自于紫花苜蓿，侧根型、根蘖型和根茎型苜蓿都不同程度地具有野生黄花苜蓿的基因（王铁梅，2008）。

苜蓿的根颈和根系是吸收运输养分和水分的重要器官，同时也是产生枝条的重要部位（孙启忠等，2001），直接影响苜蓿的生产性能和可持续利用，如耐寒性（Johnson et al.，1996；Marquez-Ortiz et al.，1999）、再生性（Marquez-Ortiz et al.，1996；Johnson et al.，1998；Avice et al.，1997）、抗旱性（Salter et al.，1984）和抗病虫害性（Hwang and Gaudet，1995）等都与其密切有关。4 类根型苜蓿根系的差异首先表现在根颈（Perfect et al.，1987；Salter et al.，1984）：直根型苜蓿的根颈相对较窄而突出（图 1-1）；侧根型苜蓿有一个粗大而斜向生长的根颈，从根颈上发生若干个而不是单一的主根，在这些根上可发育出不定枝；根蘖型苜蓿在主根上发出大量的水平根，并在其上产生距离不等的根蘖节，可形成新芽继而长出地面形成新的枝条，当主根颈死亡后，可形成许多独立的植株（图 1-2，图 1-3）；根茎型苜蓿的根颈距地表相对较低，并从其主根的中轴发育出类似根状的茎，萌发出营养枝（图 1-4）。

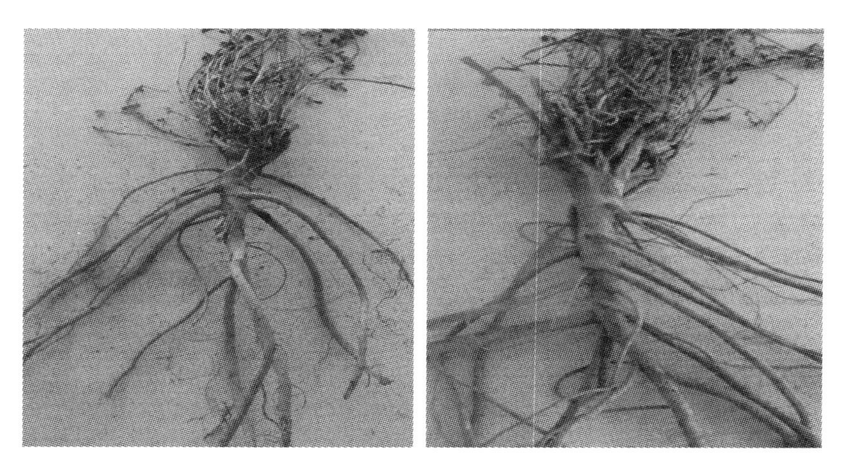

图 1-1　直根型苜蓿根及根颈（彩图请扫封底二维码）

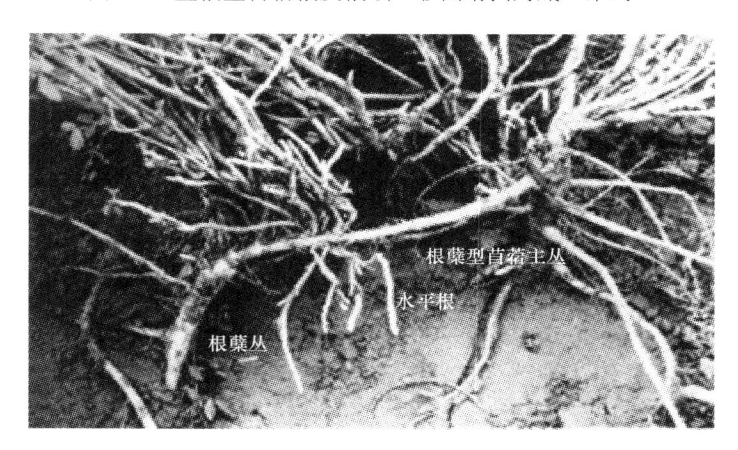

图 1-2　根蘖型苜蓿根系相连，盘根错节（彩图请扫封底二维码）

图 1-3　根蘖株主丛和根蘖丛之间的水平根（彩图请扫封底二维码）

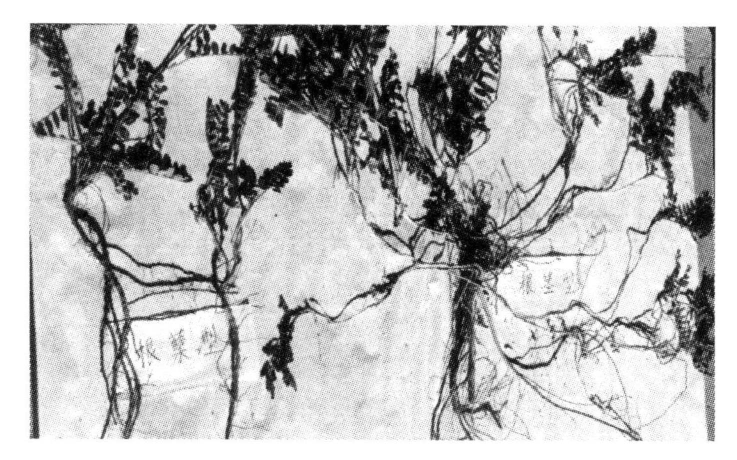

图 1-4　根蘖型（左）与根茎型（右）苜蓿（彩图请扫封底二维码）

第一节　国外不同根型苜蓿育种概况

国外苜蓿种植国家有选择地培育苜蓿品种的工作始于 20 世纪初期，育种的主要目标是提高品种的抗寒性。1897～1909 年 Hanson 在欧亚大陆进行了苜蓿种质资源的收集和筛选，1909～1910 年美国以引种和地方品种驯化工作为主，1921 年发现豌豆蚜危害苜蓿，1925 年暴发了苜蓿细菌性凋萎病，从此抗病育种工作得到加强，1940～1943 年相继培育出抗细菌性萎蔫病苜蓿品种 Ranger 和 Buffalo，1955 年育成了耐寒、耐旱、适应性强的苜蓿品种 Rambler，1966 年育成抗豌豆蚜的苜蓿品种 Washoe（桂枝和高建明，2003；帅尚礼等，2010）。20 世纪 80 年代，世界发达国家苜蓿育种的方向随生产的需要发生了转变，育种工作从针对某一抗性转到多种抗性，从只注重产量转向产量与品质并重，1987 年美国育成固氮能力强，高抗镰孢菌枯萎病、疫霉根腐病、豌豆蚜和苜蓿斑点蚜的苜蓿新品种 Nitro（王显国等，2004）。国外苜蓿改良研究主要集中在抗病性（Barnes and Hanson，1971；Heisey and Murphy，1971；Bray and Irwin，1989；Salter et al.，1994）、体外培养再生性能（Ray and Bingham，1989）、固氮（Viands et al.，1981）、大叶（Dobrenz et al.，1988）、易弹花（Knapp and Teuber，1994）、提高自交亲和性（Villegas et al.，1971）、抗刈割（Veronesi et al.，1986）等方面。近年来在育种技术上有了新突破，把常规育种与组织培养、细胞融合、基因工程等技术相结合，育成更多具有优异性状的品种。Loper 等（1967）报道从 Delta 品种中筛选出了第一个抗三叶草核盘菌的苜蓿种质材料 MSR。美国孟山都公司将 Epsps 基因转入苜蓿育成了抗 Roundup 除草剂的苜蓿新品种（周兴龙等，2005）。Kuthleen 等（1990）以农杆菌为介导，将两种不同的 Chimericbar 基因导入苜蓿体内，育成了抗 Glufosinate-ammonium 除草剂的苜蓿新品种。加拿大育成了 20DRC 不育系。澳大利亚育成了转基因高含硫氨基酸苜蓿新品种（苏加楷，2001）。1993～1994 年美国发布育成苜蓿新品种多达 221 个，可以满足全美国不同生态条件对苜蓿品种的要求。国外育成根蘖型苜蓿品种共 15 个，其中加拿大育成 Ladak、Beaver、Rambler、Kane、Roamer、Trek、Drylander、Rangelander、Spreaor 和 Heinrichs 10 个根蘖型苜蓿品种，美国育成 Travois、Victoria 和 Alfgraze 3 个根蘖型苜蓿品种，澳大利亚育成 Cancreep 和 Walkabout 2 个根蘖型苜蓿品种（王铁梅，2008）。国外已育成 Wetland、Magnum V-Wet、Lewis 700、BPR-374、Mariner Ⅱ、Prolific、Ripin 等侧根型苜蓿品种，在地下水位高、质地黏重、排水不良的土壤上能正常生长。

第二节　我国不同根型苜蓿育种概况

我国牧草育种起步较晚，与发达国家相比，滞后约半个世纪（Gepts and Hancock，2006）。1949 年以前只有少数学者进行过野生牧草调查、搜集、引种栽培试验工作。现代意义的牧草育种始于 20 世纪 50 年代，广泛开展于 80 年代，1986 年全国牧草品种审定委员会正式成立，极大地促进了我国牧草新品种选育、地方品种整理、国外优良牧草引进及野生牧草栽培驯化的工作。

截至 2015 年，审定登记的苜蓿品种共 77 个，其中育成新品种 36 个，国外引进品种 17 个，野生栽培驯化品种 5 个，整理地方品种 19 个。

育成品种按其育种目标可分为 6 类：①高产品种，如甘农 3 号紫花苜蓿（*M. sativa* L. cv. Gannong No.3）、甘农 4 号紫花苜蓿（*M. sativa* L. cv. Gannong No.4），具有良好的丰产性；②抗病虫苜蓿品种，如中兰 1 号苜蓿（*M. sativa* L. cv. Zhonglan No.1），高抗霜霉病、中抗褐斑病和锈病，产草量比对照陇东紫花苜蓿提高 22.4%～30%以上；甘农 5 号紫花苜蓿（*M. sativa* L. cv. Gannong No.5），高抗蚜虫，产量比对照品种金皇后紫花苜蓿（*M. sativa* L. cv. Golden Empress）提高 14.22%；新牧 4 号紫花苜蓿（*M. sativa* L. cv. Xinmu No.4），抗霜霉病、褐斑病能力优于新疆大叶紫花苜蓿（*M. sativa* L. cv. Xinjiangdaye）；③抗寒品种，如扁蓿豆与紫花苜蓿杂交获得的龙牧 801 杂花苜蓿［*Melilotoides ruthenicus*（L.）Sojak×*M. sativa* L. cv. Longmu 801］、龙牧 803 杂花苜蓿［*M. sativa* L.×*Melilotoides ruthenicus*（L.）Sojak cv. Longmu 803］、龙牧 806 杂花苜蓿［*M. sativa* L.×*Melilotoides ruthenicus*（L.）Sojak cv. Longmu 806］、龙牧 808 杂花苜蓿（*M. sativa* L.f cv. Longmu 808）、草原 1 号杂花苜蓿（*M. varia* Martin. cv. Caoyuan No.1）、草原 2 号杂花苜蓿（*M. varia* Martin. cv. Caoyuan No.2）、草原 3 号杂花苜蓿（*M. varia* Martin. cv. Caoyuan No.3）、图牧 1 号杂花苜蓿（*M. varia* Martin. cv. Tumu No.1）、新牧 1 号杂花苜蓿（*M. varia* Martin. cv. Xinmu No.1）、新牧 3 号杂花苜蓿（*M. varia* Martin. cv. Xinmu No.3）和赤草 1 号杂花苜蓿（*M. varia* Martin. cv. Chicao No.1）等，大部分能在我国北方高纬度、高海拔地区种植；④耐盐品种，如中苜 1 号紫花苜蓿（*M. sativa* L. cv.

Zhongmu No.1）、中苜 3 号紫花苜蓿（*M. sativa* L. cv. Zhongmu No.3）、中苜 5 号紫花苜蓿（*M. sativa* L. cv. Zhongmu No.5），在含盐量 0.3%的盐碱地上比一般栽培品种增收 10%以上，其中中苜 5 号紫花苜蓿干产草量比对照品种中苜 3 号紫花苜蓿提高 15.5%；⑤放牧型品种，为根蘖型苜蓿，如甘农 2 号杂花苜蓿（*M. varia* Martin. cv. Gannong No.2）、中苜 2 号紫花苜蓿（*M. sativa* L. cv. Zhongmu No.2）、公农 3 号杂花苜蓿（*M. varia* Martin. cv. Gongnong No.3），其根系强大，扩展性强，适应用于水土保持、防风固沙、固土护坡；⑥早熟品种，如新牧 2 号紫花苜蓿（*M. sativa* L. cv. Xinmu No.2），比新疆大叶紫花苜蓿早熟 3～5d，并具有再生快的特性。地方品种主要分布于新疆、内蒙古、甘肃、陕西、山西、河北、山东、黑龙江、江苏和云南等省区，具有很强的抗逆性，如肇东紫花苜蓿（*M. sativa* L. cv. Zhaodong）和敖汉紫花苜蓿（*M. sativa* L. cv. Aohan）抗寒性强，在生产上发挥着重要作用。

适宜推广的引进苜蓿品种有格林紫花苜蓿（*M. sativa* L. cv. Grimu）、润布勒杂花苜蓿（*M. varia* Martin. cv. Rambler）、萨兰斯紫花苜蓿（*M. sativa* L. cv. Saranac）、猎人河紫花苜蓿（*M. sativa* L. cv. Hunter River）、三得利紫花苜蓿（*M. sativa* L. cv. Sanditi）、牧歌 401+Z 紫花苜蓿（*M. sativa* L. cv. Amerigraze 401+Z）、阿尔冈金杂花苜蓿（*M. varia* Martin. cv. Algongquin）、德宝紫花苜蓿（*M. sativa* L. cv. Derby）、WL323ML 紫花苜蓿（*M. sativa* L. cv. WL323ML）等，其品质优良，不仅可以直接为生产所利用，而且能拓宽苜蓿种质资源，为培育新品种提供条件。

野生栽培驯化品种共 5 个，即阿勒泰杂花苜蓿（*M. varia* Martin. cv. Aletai）、陇东天蓝苜蓿（*M. lupulina* L. cv. Longdong）、呼伦贝尔黄花苜蓿（*M. falcata* L. cv. Hulunbeier）、德钦紫花苜蓿（*M. sativa* L. cv. Deqin）和清水紫花苜蓿（*M. sativa* L. cv. Qingshui）。其中根茎型清水紫花苜蓿是甘肃农业大学师尚礼教授在甘肃清水灌丛草原地带发现的野生根茎型紫花苜蓿，于 2002 年采集单株在兰州试验站隔离区内分株繁殖，隔离区无性后代开放传粉，收种，经同工酶酶谱分析，细胞学、解剖学、植物学、生物学性状测定与经济价值评定，表明该苜蓿与我国及许多国家已登记苜蓿品种的遗传距离较大，同时获得野生栽培驯化品种；随后在甘肃农业大学兰州牧草试验站进行品种比较试验；在甘肃省天水市麦积区中滩乡（半湿润区）、兰州市榆中县和平镇（半干旱区）和武威市凉州区黄羊镇（干旱区）进行区域适应性试验和生产试验，于 2010 年通过全国草品种审定委员会审定登记，是我国第一个通过国家审定的根茎型苜蓿品种（品种登记号：412）。该品种根茎性状表现稳定，茎斜生或半平卧生长，株型疏松，茎秆纤细且硬，叶片小，叶量多，分枝能力强，具有较强的固土护坡、保持水土能力，耐旱、耐寒、耐践踏和耐牧能力强，有许多其他紫花苜蓿品种所没有的植物学特征和生物学特性。在海拔 1100～2600m 的西北旱区寒区适应性强，春季返青早，秋季枯黄晚，青绿期长。该品种因特有的根茎型根系和极强的扩展性，更适宜用于水土保持、防风固沙和护坡固土，是西北地区进行生态恢复的优良草种。

第三节　我国苜蓿育种的方法

苜蓿为多年生异花授粉植物，其自交（包括人工控制自交）受许多因素的影响，苜蓿又是同源四倍体，与二倍体植物相比，在育种方法和后代选择上有其特点。形态方面的特征妨碍了苜蓿在开花时的自交，致使其自交结实率很低，即使在隔离情况下强迫自交，自交结实率也不过14%左右。因此苜蓿属异花授粉植物，其天然异交率在 25%～75%。我国苜蓿育种通常采用选择育种、杂交育种、雄性不育系育种、生物技术辅助育种、航天育种等方法。各种方法均有应用，应用较多的是选择育种和杂交育种。

一、选择育种

选择育种就是选优去劣，从自然的或人工创造的群体中根据个体的表现型选出具有优良性状、符合育种目标的基因型，并使所选择的性状稳定地遗传下去。这是改良现有品种、育成新品种的重要手段，有混合选择与轮回选择两种方法。我国登记审定的品种，如中苜 1 号紫花苜蓿、中苜 2 号紫花苜蓿、中苜 3 号紫花苜蓿、公农 1 号紫花苜蓿、公农 2 号紫花苜蓿、公农 3 号杂花苜蓿、新牧 1 号杂花苜蓿、新牧 2 号紫花苜蓿、新牧 3 号杂花苜蓿、甘农 2 号杂花苜蓿等都是用选择育种的方法育成的。这种方法实用有效，易于掌握，目前仍然是苜蓿育种最重要的方法之一。

二、杂交育种

杂交育种指不同种群、不同基因型个体间进行杂交，并在其杂种后代中通过选择而育成纯合品种的方法。杂交可以使双亲的基因重新组合形成各种不同的类型，为选择提供丰富的材料；基因重组可以将双亲控制不同性状的优良基因结合于一体，或将双亲中控制同一性状的不同微效基因积累起来，产生在该性状上超过亲本的类型。正确选择亲本并予以合理组配是杂交育种成败的关键。我国登记品种中，甘农 3 号紫花苜蓿和图牧 2 号紫花苜蓿是由品种间杂交育成的；草原 1 号杂花苜蓿、草原 2 号杂花苜蓿、图牧 1 号杂花苜蓿、甘农 1 号杂花苜蓿等均是利用这一特性通过紫花苜蓿与黄花苜蓿杂交而育成的。

三、雄性不育系育种

雄性不育系即雄性的花粉败育，但雌花发育正常，自花授粉不结实，但授予其他品系的花粉则可结实的品系。内蒙古农业大学吴永敷教授从草原 1 号杂花苜蓿中选育出 6 株雄性不育株，中国农业科学院畜牧研究所从大西洋苜蓿中发现 3 株雄性不育株，吉林省农业科学院草地研究所首次在苜蓿单株观察品比试验中发现不育系，并在开放授粉条件下获得了 F_1 代种子（杨青川等，2011）。

四、生物技术辅助育种

生物技术育种主要是将重组 DNA 技术与植物细胞全能性相结合，可以在体外操作基因，并将外源基因转入植物的细胞，再生出转基因植株，从而开创了用基因工程进行苜蓿改良的新途径。一般分子标记辅助育种常常结合常规育种方法，能加速育种进程，更有效地选育出目标品种。我国关于苜蓿生物技术的研究始于 20 世纪 70 年代末，最初以组织培养和体细胞杂交为主，现在已转向转基因和分子标记方面的研究，主要集中于抗逆相关基因的转化及表达特性研究，以提高苜蓿的抗逆性。目前，我国登记的苜蓿品种当中还没有单纯应用生物辅助技术育成的品种。

五、航天育种

航天育种也称空间技术育种或天空育种，就是指利用返回式航天器和高空气球等所能达到的空间环境对植物的诱变作用来产生有益变异，在地面选育新种质、新材料，培育新品种的育种技术。任卫波等（2010）利用傅里叶变换拉曼光谱法对卫星搭载当代的紫花苜蓿种子进行研究的结果表明，与地面对照相比，经卫星搭载后的苜蓿种子 DNA 和 Ca^{2+}的量出现增加趋势，糖类与脂类的量出现降低趋势。其可能是由种子主动修复诱变产生的 DNA 损伤时消耗部分贮存能量所致，而空间飞行过程中的超重导致种子细胞内的 Ca^{2+}浓度升高，飞行因子导致种子提前萌发，DNA 大量合成与复制，种子贮存的能量提前降解消耗。这一结果对苜蓿空间诱变机制的研究有重要参考价值。张文娟等（2010）对神舟 3 号飞船搭载的 4 个紫花苜蓿品种的种子生长成的植株和对照组植株的叶片显微结构进行了分析，结果表明 4 个品种叶片厚度均显著大于对照，叶脉突起度均显著小于对照；栅栏组织厚度显著大于对照；细胞结构紧密度、疏松度与对照均有显著差异。这些变异的产生可能影响其抗性表现，可作为进一步进行抗性选育的依据。王长山（2005）利用第 18 颗返回式卫星搭载了龙牧 803 杂花苜蓿和肇东紫花苜蓿两品种，进行空间诱变处理，研究其细胞学效应，结果表明空间诱变的苜蓿染色体畸变类型均以微核为主；空间诱变作用下，有丝分裂细胞染色体发生各种可见变异。

综上所述，国内外对直根型和根蘖型苜蓿种质资源的收集（李捷等，1997；白静仁，1990）、引种（王成章等，2002；李发明等，2009；刘瑞峰，2004）、育种（全国牧草品种审定委员会，1999；全国草品种审定委员会，2008）、分类（毕玉芬和曹致中，1999）、光合（胡守林等，2008；韩瑞宏等，2007；万素梅，2009）、栽培（郝明德，2004；赵姚阳等，2005；Ottman et al.，1996；韩清芳等，2004）、抗性（王俊杰等，2008；康俊梅等，2004；宋淑明，1998；余玲等，2006；田瑞娟等，2006）、遗传多样性（刘振虎，2004；杨晓莉，2008；于林清等，2009；魏臻武，2003；班霆等，2009）、遗传图谱的构建（王晓娟等，2008）等进行了深入研究，对侧根型苜蓿侧根的发生机制，侧根的遗传特性，土壤、生长环境、种植密度、种植方式及病虫害对侧根的影响等（刘志鹏等，2003）进行了研究，有关根茎型苜蓿的研究非常少，对不同根型苜蓿的对比研究更少。因此，需对不同根型苜蓿进行系统的研究和评价，为不同根型苜蓿在生产中的推广和应用提供理论依据和技术支持。

第二章　根茎型清水紫花苜蓿的形态学研究

第一节　形态标记在苜蓿研究中的应用

作为基因型易于识别的表现形式，遗传标记在植物种质资源的研究和育种工作中有着十分重要的地位。目前，应用较为广泛的遗传标记有形态标记（morphological）、细胞学标记（cytological marker）、生化标记（biochemical marker）和分子标记（molecular marker）。其中形态标记，即植物的外部形态特征标记，主要包括肉眼可见的外部特征，如株高、穗长、千粒重、荚果形状与大小、叶的形状与大小、生长习性、寿命及器官附属物，也包括色素、生理特性和生殖特性等。形态标记简单直观，经济方便，但数量少，多态性差，易受环境条件的影响，并且有一些标记可与不良性状连锁，此外形态标记的获得需要经过诱变、分离纯合的过程，周期较长，因此形态标记的可靠性低，在遗传育种中应用有很大的局限。

利用形态学标记研究紫花苜蓿的遗传多样性，主要是通过观测花色、荚果形状与大小、叶的形状与大小、生长习性、寿命和器官附属物等表型特征。卢欣石和何琪（1997）以中国北方苜蓿主产区的94份材料为样本，以美国标准秋眠性对照品种和来自苏联、伊朗和加拿大等地区的25份材料为对照，研究了中国苜蓿地方品种和审定品种的形态学及生物化学的变异，结果表明，与对照苜蓿材料相比，中国苜蓿生物学特征特性差异显著，同时种群内每一个单项形态特征的差异极其显著。Crochemore（1998）对46个紫花苜蓿栽培种和野生种进行了形态学和农艺学分析，结果表明秋眠和倒伏特性可以区分野生种群和栽培种群，栽培种群之间遗传变异与其生境有关。Zaccardelli（2003）利用形态标记与AFLP标记相结合的方法，分析了来自意大利的不同生态型紫花苜蓿，提出生态型间的差异大于生态型内品种间的差异。李世雄等（2003）对国内28个3龄苜蓿品种种子产量性状的遗传多样性进行了研究。结果表明，绝大多数品种的种子产量及产量构成因素的品种内变异大于品种间变异，种子产量与每株花序数、每花序的小花数、每生殖枝的荚果数、每荚果的种子数和千粒重呈不同程度的正相关，其中与每生殖枝的荚果数显著相关的品种数最多。综观苜蓿种子田的利用年限，每生殖枝的荚果数是一个比较好的种子高产苜蓿品种的选育指标。何承刚等（2004）利用形态标记与RAPD分子标记相结合的方法，对10个紫花苜蓿品种的单位面积单枝数、单枝花序数、花序结荚数、花序种子数、单荚种子数和种子千粒重等种子产量性状的遗传变异进行了研究，指出紫花苜蓿品种间的种子产量性状具有丰富的遗传多样性。姜华等（2005）采用形态标记和 RAPD 分子标记相结合的方法，对 10 个紫花苜蓿品种的花萼直径，花冠长度，花序花朵数，单枝花序数，单位面积花朵数，已弹花百分率，花蜜量，花蜜含糖量及花蜜中蔗糖、果糖和葡萄糖含量等花部特征的遗传变异进行了研究，指出紫花苜蓿品种间的花部特征具有丰富的遗传多样性。

第二节　根茎型清水紫花苜蓿的形态特征

该苜蓿品种为多年生草本，多分枝，枝条斜生或半平卧（图 2-1～图 2-5），绝对生长高度 70～90cm，耐寒，耐旱，繁殖更新能力强，耐牧。根颈区较宽（图 2-6），距地表较深，形成根茎混杂区（图 2-7）。根系发达，其根系入土深度 70～120cm，主根不明显（图 2-8，图 2-9），侧根发达，水平或斜生的根茎位于土表下 15～30cm 深处，伸长可达 1～2m。幼龄根茎节间排列整齐，老龄根茎节间排列混乱，不规则或不明显。根茎上产生的新芽多集中在地下 20cm 内，淡白色（图 2-10～图 2-12）。在生长季节，根茎末端弧形向上生长发育成地上枝，弧形处产生新芽和幼根，新芽在地表下水平或斜生长成根茎，幼根向下生长形成根系（图 2-13）。地上茎斜生或半平卧（图 2-2，图 2-3），浅绿色，粗 2～3mm，多分枝，疏被毛；羽状三出复叶，小叶倒卵形、倒披针形、椭圆形或矩圆状倒卵形，长 5～17mm，宽 4～5mm，先端微凹或截形，具小突尖，基部楔形，上部边缘或仅先端有锯齿，中下部全缘，腹面无毛，背面疏被柔毛；小叶柄长不足 1mm，被毛；托叶斜披针形，长 4～6mm，先端尖，被柔毛；短总状花序腋生，小花密集，16～23 朵，苞片细小，锥状，花梗长 2mm，疏被毛；花萼钟状，长 4～5mm，萼齿 5 枚，狭披针形，稍长或等于萼筒；花冠紫色或蓝紫色，长 7～9mm，旗瓣狭倒卵形或长椭圆形，长约 9mm，先端微凹；翼瓣长圆形，长约 7mm，具纤细的长爪，耳较长，约 1.5mm；龙骨瓣长圆形，稍短于翼瓣，爪长于瓣片，耳长不足 0.5mm；雄蕊 10 枚，二体；子房条形，被毛，有柄，长约 1mm，含胚珠 10～12 个，花柱钻状，微弯，无毛，柱头头状；荚果螺旋形，被毛，顶端具喙，常卷曲 1～2 圈，不开裂，含种子 3～4 枚；种子长约 2mm，肾形，黄褐色。花期 5～10 月（王亚玲和师尚礼，2008）。

苜蓿的硬实率不高，一般在 10%～20%。硬实率是指种子有生活力，但由于种皮不透水，不能吸水膨胀，长期处于干燥、坚硬状态，即使在适宜的水分条件下也不萌发。通常硬实种子出苗晚，影响苗期的整齐性，生长竞争力弱。新收获的种子或在不良环境（如寒冷、干燥、盐碱）条件下收获的种子硬实率较高，一般贮存几年的种子硬实率很低（10%～20%）或没有硬实。

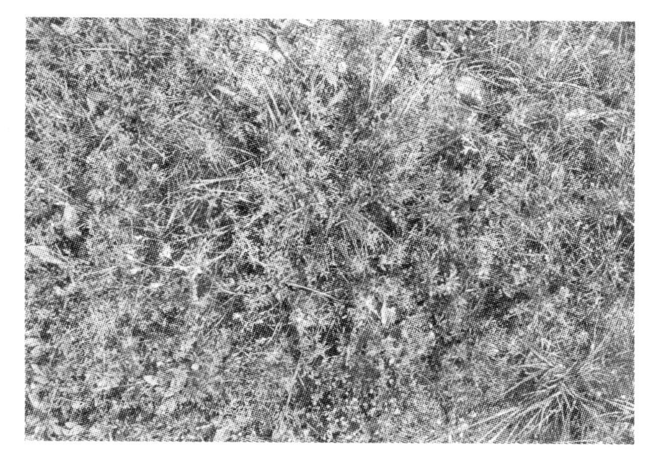

图 2-1　清水紫花苜蓿单株及生境（彩图请扫封底二维码）

图 2-2　清水紫花苜蓿营养繁殖单株（彩图请扫封底二维码）

图 2-3　清水紫花苜蓿单株（彩图请扫封底二维码）

图 2-4 清水紫花苜蓿群体（彩图请扫封底二维码）

图 2-5 清水紫花苜蓿群体（彩图请扫封底二维码）

图 2-6 清水紫花苜蓿根颈（宽颈区）（彩图请扫封底二维码）

图 2-7　清水紫花苜蓿单株根系（网络交织）（彩图请扫封底二维码）

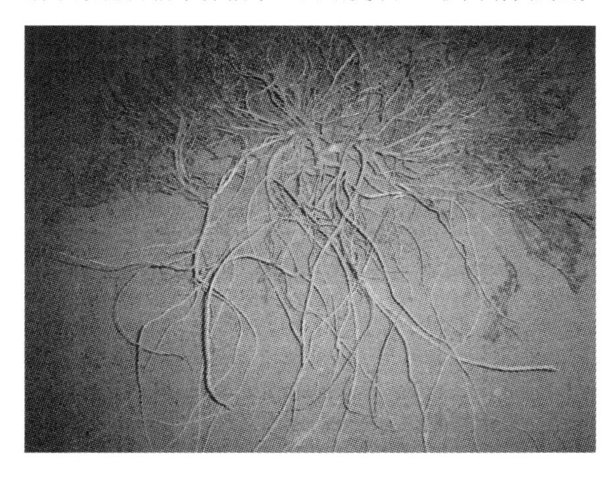

图 2-8　清水紫花苜蓿单株根系（展开）（彩图请扫封底二维码）

图 2-9　清水紫花苜蓿根茎型根系（彩图请扫封底二维码）

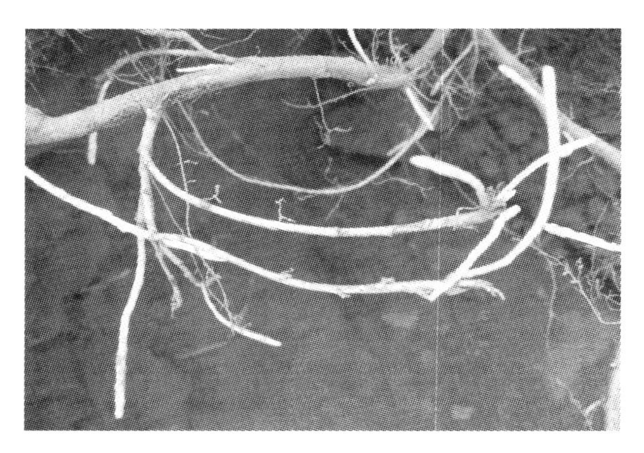

图 2-10 清水紫花苜蓿初生根茎及新生芽（彩图请扫封底二维码）

图 2-11 清水紫花苜蓿根颈芽（彩图请扫封底二维码）

图 2-12 清水紫花苜蓿根颈芽（距地面 27cm）（彩图请扫封底二维码）

图 2-13　清水紫花苜蓿根茎型根系（彩图请扫封底二维码）

清水紫花苜蓿是由野生苜蓿栽培驯化而来的，为减少清水紫花苜蓿播种时浪费种子和提高种子的发芽率，采取种皮破损处理（用刀片划破和砂纸磨破种皮）的方法（表 2-1），使种子发芽率比对照（原种子）发芽率（35.8%）提高了 56.3%～56.9%，比浓硫酸浸种处理的发芽率（80.1%）提高了 12.0%～12.6%，比晒种处理的发芽率（34.2%）提高了 57.9%～58.5%，且幼苗健壮，无任何处理不良反应及危险性。98%硫酸浸种处理后期发芽率虽然达 80.1%，但处理种子发黑，处理成本高且危险性大，不宜推广，而刀片划破和磨破种皮处理工艺简单，处理时间短，成本低，易于人工掌握，易于推广。

表 2-1　根茎型清水紫花苜蓿种子种皮处理方式对发芽率的影响

种皮处理	种子接种数/个	种子萌发数/个	发芽率/%
对照	316	113	35.8
刀片划破	316	293	92.7
砂纸磨破	316	291	92.1
98%硫酸浸种	316	253	80.1
晒种	316	108	34.2

第三章　根茎型清水紫花苜蓿地下结构的解剖特征

第一节　草地植物根系类型划分原则

一、根蘖型的划分原则

植物的根与茎是两个在外部形态和内部解剖结构上差异明显的不同结构。但在自然界，当茎被覆土后或根处于气生状态时，二者往往会出现某种程度的混乱，形成根系类型划分上的一个难点。根蘖是一植株由地面下长出枝条来（达拉诺夫斯卡娅，1962）。最早这一名称是指由根上的不定芽长出枝条，但实际上这些枝条有很多是由根颈附近发生的，即使它是来源茎的组织，也都归入根蘖（哈特曼 HT 和凯斯特 D E，1975）。

从形态解剖学的原理看，根颈部分实质是茎和根构造发生扭转的部位，即根茎转位区。根颈上半部是茎的构造，下半部是根的构造，所以从根颈上半部长出来的枝条，发生位置决定其肯定是茎的构造（哈特曼 H T 和凯斯特 D E，1975；伯姆 W，1985）。因而在划分根系类型时，把根蘖型植物分为 2 个亚型。亚型 I 为典型根蘖型植物（图 3-1），其地下水平根和垂向根一样，外部形态及内部解剖结构均符合植物形态解剖学中根的定义；亚型II（图 3-2）的地下水平横走结构在外部形态上是根的形态特点，但其解剖结构与茎的构造基本相似，而此类之所以不归入根茎型植物，主要是由于其成龄后已根化，在功能上起到根的作用（陈世璜，2001），其次是已无或基本看不到节和节间及退化的鳞片了，这也是生态条件长期影响的结果。例如，轴根型植物未成龄之前，根颈部位土壤被风蚀，根颈裸露

图 3-1　典型根蘖 I 型

1. 主根；2. 垂向根；3. 水平根

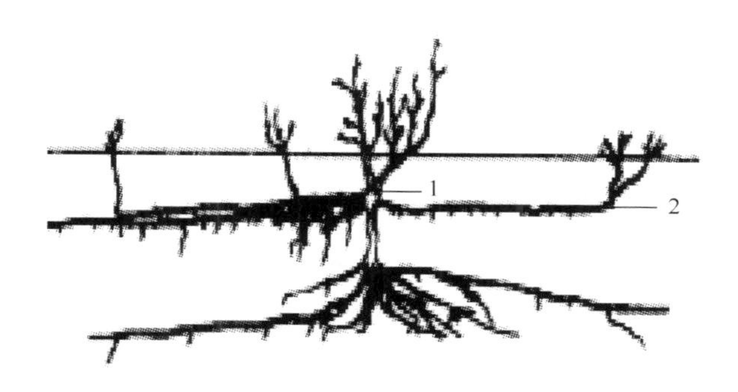

图 3-2　根蘖II型

1. 根颈；2. 地下变态枝条（水平或斜生）

在大气中，植株将永远是轴根型植物。在这个问题上，最好的例子是芯芭（*Cymbaria dahurica* L.），它有轴根型和根蘖型两种根系类型，说明在不同生态条件下，同种植物也可能出现不同的根系类型（王立群，2003）。在自然界，这种类型多数分布在荒漠化草原地区，且为双子叶植物。

二、根茎型的划分原则

根茎型是以变态结构根茎为主体形成的根系类型。根茎型植物根系类型的划分，也存在与根蘖型植物根系类型划分同样的难题。通常，也以划分亚型的方式解决。亚型 I 为典型根茎型植物（图 3-3），具有节和节间，节上具有退化的鳞片叶，解剖结构是典型茎的基本结构，与土壤表面成水平走向，能从节上长出地上枝条并向下产生不定根；亚型 II 的根茎在外部形态上出现明显的根化现象（图 3-4），内部解剖结构以根和茎的混杂为特点，根茎在土壤中横走到一定长度后，受到生境影响就会呈弧形向上形成地上枝条（陈世璜，2001）。

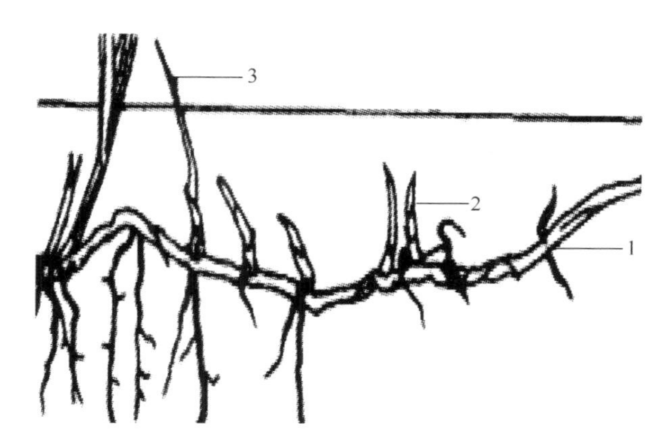

图 3-3　典型根茎 I 型

1. 根茎；2. 芽；3. 地上枝条

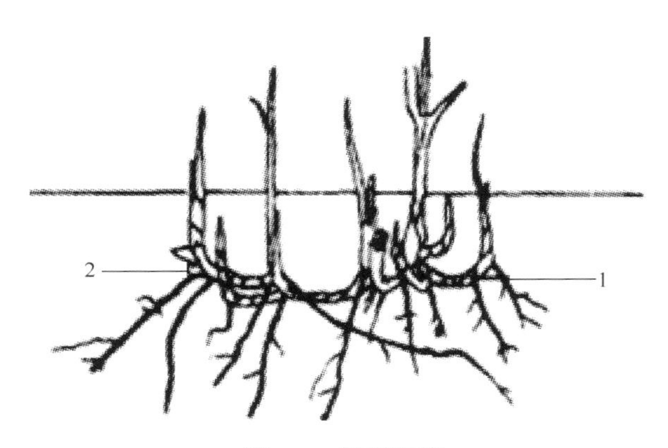

图 3-4　根茎Ⅱ型

1. 根茎（水平或斜生）；2. 根茎芽

第二节　根茎型清水紫花苜蓿地下结构的解剖观察

取清水紫花苜蓿成龄期的三处组织——A 根茎混杂部位：结构类似根的部位发出许多结构类似茎的组织，且类似根的部位有可能是由茎成龄后“根化”所致。B 地下水平横走结构：水平或斜生于土壤中且结构类似茎的组织。C 地下分蘖芽：在结构类似茎的水平横走部位上发出许多淡白色的分蘖芽。A、B、C 三处见图 3-5。

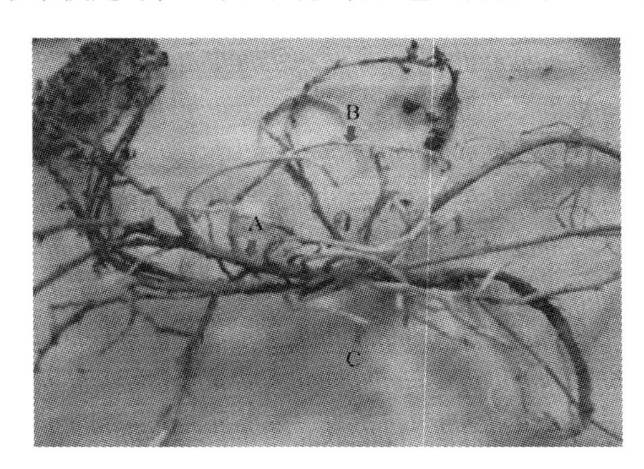

图 3-5　清水紫花苜蓿成龄期地下结构（彩图请扫封底二维码）

A. 根茎混杂体；B. 地下水平横走结构；C. 地下分蘖芽

一、材料与方法

（一）常用试剂配方

（1）FAA 固定液：由甲醛、冰醋酸、70%乙醇各 5ml、5ml、90ml 混合而成。

（2）番红-固绿染色剂：100ml 蒸馏水溶解 1g 番红，得到 1%番红染色液；100ml

蒸馏水溶解 0.1g 固绿，得到 0.1%固绿染色液。

（3）黏片剂：用纱布将蛋清过滤一昼夜，加等量甘油混合，现配现用。

（二）试验方法

采用石蜡切片法，番红-固绿双重染色。

1. 透蜡与包埋

（1）取样、固定和过夜：分别取根、地上茎、地下水平横走结构及地下分蘖芽 0.5～1cm，用 FAA 液固定 24h。

（2）冲洗：将过夜后的样用 70%的乙醇洗 3 次，每次 2h，最后一次保存过夜。

（3）脱水：将保存的材料由 75%乙醇—85%乙醇—95%乙醇—无水乙醇（两次）逐级脱水，每次间隔 2h。

（4）透明：由 1/2 无水乙醇+1/2 二甲苯—纯二甲苯（两次）逐级透明，每次间隔 2h。

（5）浸蜡：在含二甲苯的材料瓶中加碎蜡，放入比石蜡熔点 45℃高的烘箱中。由于二甲苯易挥发，可以不断地加纯蜡，致石蜡溶解到饱和为止，需 1～2d。倒出含二甲苯的石蜡，共换纯蜡 3 次，每次间隔 3h，即可包埋。

（6）包埋：将熔好的石蜡迅速倒入包埋盒中，再将处理材料移入其中，按要求摆正位置，然后包埋盒放入冷水中加速冷却。

（7）蜡块的修整与黏附：将包埋盒中的蜡块按其材料的数量分割成单个材料的蜡块，并根据其切面将块修成方形，然后将蜡块黏附于枕木上。

（8）切片：包埋好的蜡块经修整后，用旋转切片机进行切片。首先将黏附蜡块的枕木定在切片机的夹物部上，然后将磨好的锋利切片刀装在切片机的夹刀部上，调整适宜的角度（15°）后固定。

（9）切片厚度：除根茎混杂体的切片厚度为 12～14μm 外，地上茎、地下水平横走结构及地下分蘖芽的切片厚度均为 8～9μm。

（10）展片：挑选好的、连续的切片放于温水中展片。

（11）黏片：用手蘸取少许黏片剂（蛋清甘油），均匀地涂上一薄层于载玻片上，以看不见为宜，再滴 1～2 滴蒸馏水，选取切好的蜡片置于载玻片上。

2. 染色

（1）脱蜡：将切片放入溶蜡的二甲苯中 10min，使得石蜡全部溶解。

（2）复水：取出二甲苯中的切片，依次移入无水乙醇—95%乙醇—70%乙醇—50%乙醇—35%乙醇—蒸馏水的染色缸中，每次间隔 5min。

（3）番红染色：1%番红水溶液染色 2h。

（4）脱水：用蒸馏水冲去多余染液，将切片依次移入 35%乙醇—50%乙醇—70%乙醇—纯乙醇的染缸中，每次间隔 5min。

（5）固绿染色：0.1%固绿染色 10～40min 后，用纯乙醇脱水 5min。

（6）透明：由 1/2 无水乙醇+1/2 二甲苯—纯二甲苯逐级透明一次，间隔 5min。

（7）封片：用中性树胶封片，然后置于室温晾干。

二、结果与分析

（一）根茎混杂部位的解剖特性

清水紫花苜蓿地下根茎混杂体的解剖结构（图 3-6）由外向内依次为：周皮（包括木栓层、木栓形成层和栓内层）、初生韧皮部、次生韧皮部和韧皮射线、形成层、次生木质部和木射线、初生木质部，为明显的“根次生结构”。根的次生结构包括次生维管组织和周皮两部分。次生维管组织由形成层的次生生长而来，向内形成次生木质部的各种细胞，向外形成次生韧皮部的各种细胞，次生木质部在内，次生韧皮部在外（图 3-6b），这与根初生结构中初生木质部和初生韧皮部相间排列的方式有所不同（金银根，2006）。同时，形成层射线原始细胞向内外产生横行于木质部和韧皮部的薄壁组织，构成了木质部和韧皮部的射线，即木射线和韧皮射线（图 3-6c）。次生木质部中的导管和管胞非常规则地呈辐射状排列，管腔大小不一；次生韧皮部比较薄，木射线明显，但韧皮射线不明显。

根的周皮（图 3-6d）由木栓层、木栓形成层和栓内层三者构成。根的次生维管组织出现后不久，发生自中柱鞘的木栓形成层出现，这个部位与茎（发生自表层或皮层）是不同的；木栓形成层向外产生木栓层，向内产生一至数层栓内层。周皮形成以后，木栓层以外的初生构造，如内皮层、皮层等全部死亡脱落。

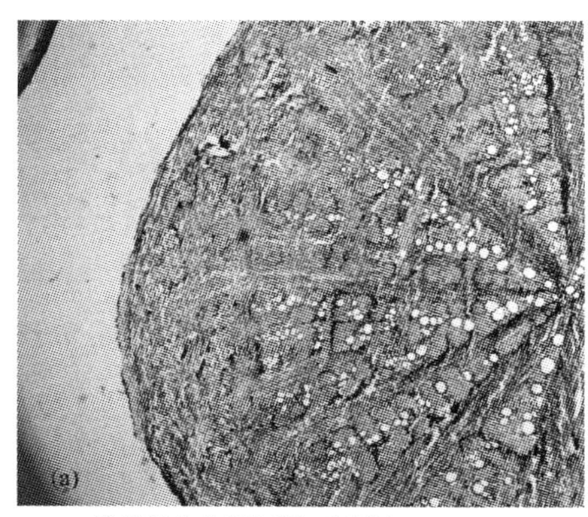

根茎混杂体横切面（局部）×100

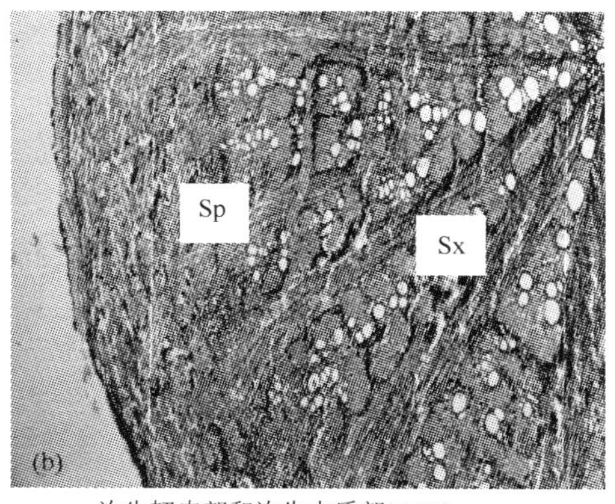

次生韧皮部和次生木质部×180

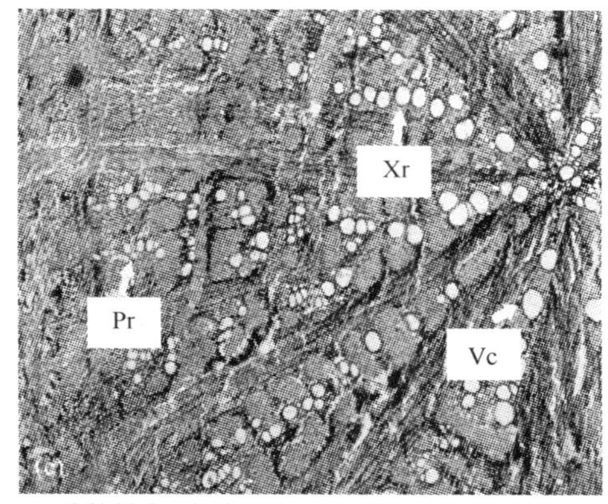

维管射线（韧皮射线、木射线）和导管×180

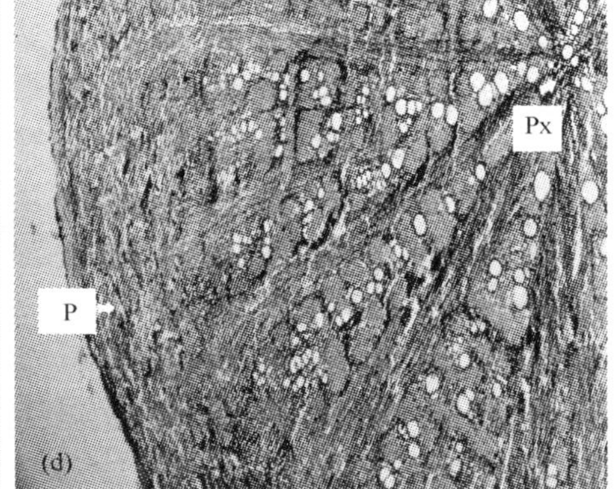

周皮和初生木质部×180

图 3-6 地下根茎混杂体的解剖结构（示根的次生结构）（彩图请扫封底二维码）
Sp. 次生韧皮部；Sx. 次生木质部；Pr. 韧皮射线；Xr. 木射线；Vc. 导管；P. 周皮；Px. 初生木质部

（二）地下水平横走结构的解剖特性

清水紫花苜蓿地下水平横走结构的解剖结构（图 3-7）由外向内依次为：周皮（包括木栓层、木栓形成层和栓内层）、初生韧皮部、次生韧皮部和韧皮射线、形成层、次生木质部和木射线、髓，为明显的“茎次生结构”。茎次生结构概括而来也包括次生维管组织和周皮两部分。次生维管组织由维管束中的形成层，即束中形成层细胞分裂而成，包括次生木质部和次生韧皮部（图 3-7b）。次生木质部的木射线排列整齐，而次生韧皮部的韧皮射线不太明显（图 3-7c），韧皮射线是维管射线的一部分，有横向运输、信息传递、贮存养料的功能（郑湘如，2001）。次生韧皮部在横切面上所占面积比较小，各组成成分的排列也不太规则，其量较次生木质部少。周皮（图 3-7d）由木栓形成层产生，木栓形成层的来源较根复杂，多数起源于皮层。绝大多数木栓形成层的活动期有限，以后的木栓形成层由最初的起始处依次向内形成，直至到达次生韧皮部内的薄壁细胞（郑湘如，2001）。

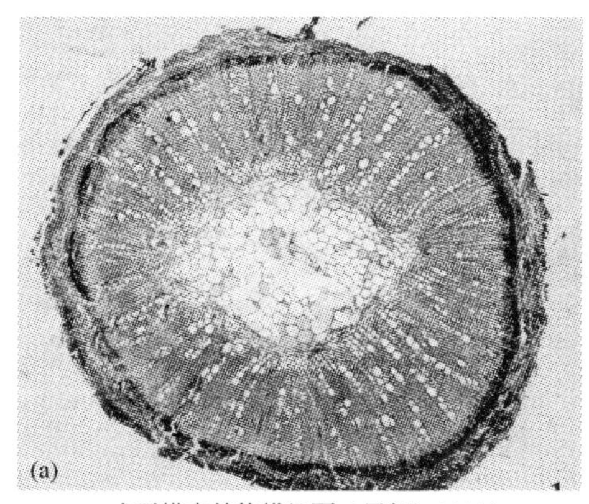

水平横走结构横切面（局部）×100

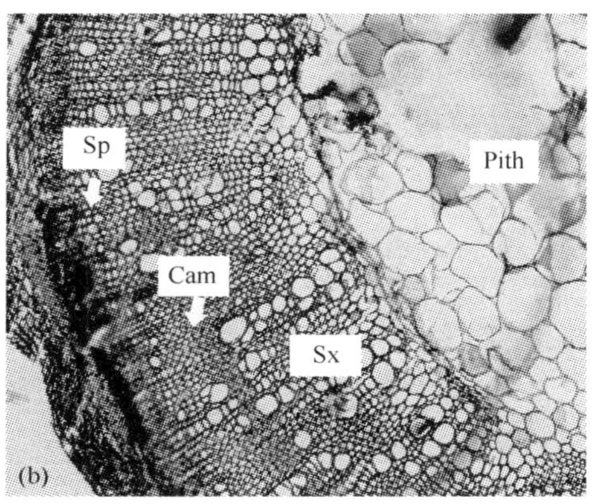

次生韧皮部、次生木质部和形成层×400

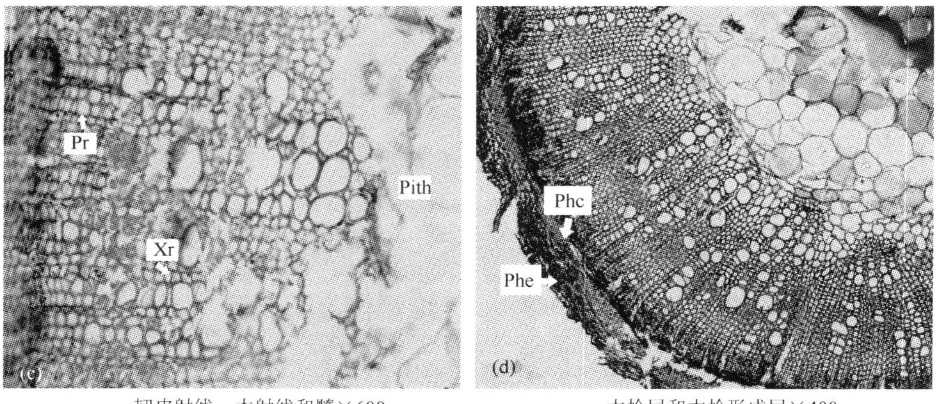

韧皮射线、木射线和髓×600　　木栓层和木栓形成层×400

图 3-7　地下水平横走结构的解剖结构（示茎的次生结构）（彩图请扫封底二维码）

Sx. 次生木质部；Sp. 次生韧皮部；Cam. 形成层；Pith. 髓；Pr. 韧皮射线；Xr. 木射线；Phe. 木栓层；Phc. 木栓形成层

（三）地下分蘖芽的解剖特性

清水紫花苜蓿地下分蘖芽的解剖结构（图 3-8）由外向内依次为：表皮、皮层、初生韧皮部、形成层、初生木质部、髓射线和髓，为明显的“茎初生结构”。茎初生结构概括而来包括维管柱、表皮和皮层三大部分。由于大多数植物缺乏中柱鞘，因此将皮层以内的中央柱状部分称为维管柱，维管柱包括多束维管束、髓射线和髓三部分（郑湘如，2001）。维管束内有明显的初生木质部和初生韧皮部，初生木质部在内，初生韧皮部在外（图 3-8b）。初生木质部包括原生木质部和后生木质部两部分，原生木质部在内，后生木质部在外，为内始式，而初生韧皮部为外始式。茎的中间部分为面积较大的髓（图 3-8c），细胞呈圆形，排列较紧密，细胞间隙小，内含丰富的营养物。髓射线（图 3-8c）是位于各维管束之间的薄壁组织，

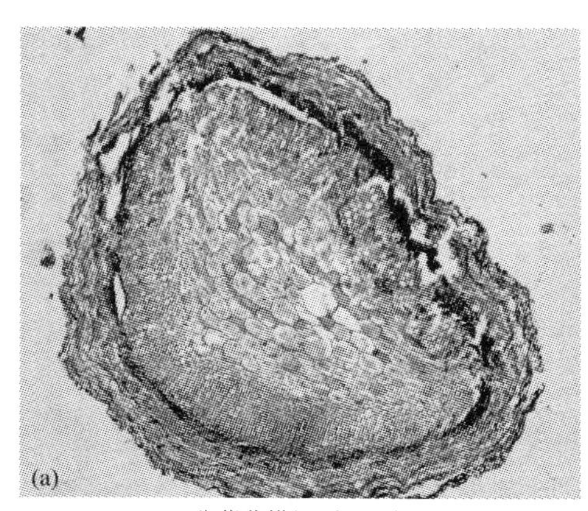

分蘖芽横切面（局部）×100

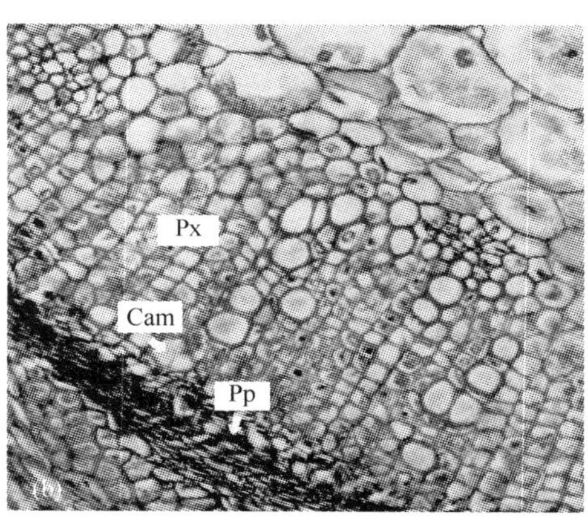

初生木质部、初生韧皮部和形成层×600

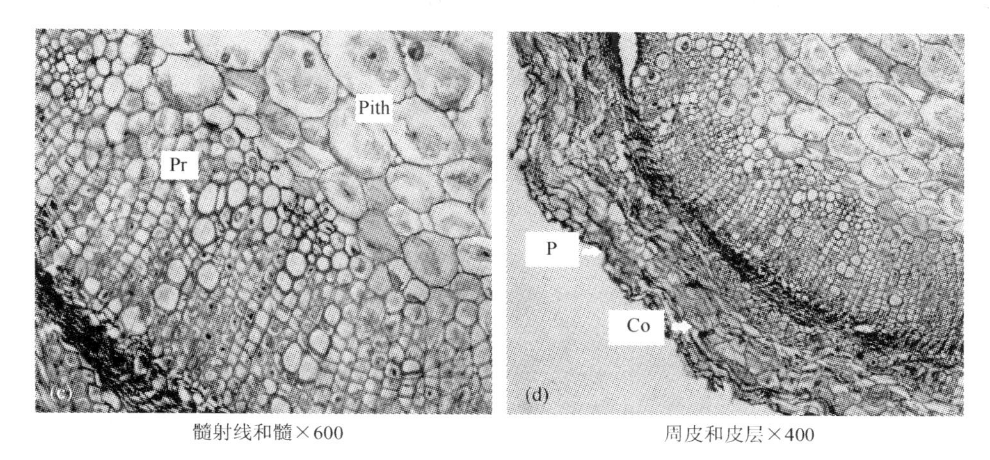

髓射线和髓×600　　周皮和皮层×400

图 3-8　地下分蘖芽解剖结构（示茎的初生结构）（彩图请扫封底二维码）
Px. 初生木质部；Pp. 初生韧皮部；Cam. 形成层；Pr. 髓射线；Pith. 髓；P. 周皮；Co. 皮层

内连髓部，外接皮层，整体呈放射状，有横向运输的作用。在横切面上，幼茎呈长椭圆形，初生结构层次较清楚。表皮细胞排列紧密，没有细胞间隙；表皮层之内是皮层，细胞方形至圆形，细胞排列疏松，有较大的细胞间隙。

三、讨论

（一）根茎混杂部位结构特征的讨论

清水紫花苜蓿的地下结构的特征以根茎混杂为特点，如图 3-5 所示，茎所占地下生物量的比例较根多。结构类似根的根茎混杂体（图 3-5 中 A 处）经解剖观察到次生木质部、次生韧皮部、木栓层等，尤其是辐射状的维管射线（木射线和韧皮射线）汇集于维管柱中央（图 3-6c），这是典型的根结构特征，由此得出根茎混杂部位的主要结构为“根组织”。这种根茎混杂现象可能由植物体成龄后，部分茎“根化”所致，并在生理功能上起根的作用（哈特曼 H T 和凯斯特 D E，1975），根据根的分类原则（王立群，2003；陈世璜，2001），判断清水紫花苜蓿地下水平横走结构有可能是根蘖II型植物。

（二）地下水平横走结构解剖结构的讨论

清水紫花苜蓿地下水平横走结构（图 3-5 中 B 处）经解剖观察到维管柱中的髓（图 3-7b），这是典型的茎结构特征，由此得出该地下水平横走结构为“茎组织”。根据根的分类原则（王立群，2003；陈世璜，2001），典型根蘖植物（即根蘖 I 型）地下水平横走结构的解剖结构为根，而清水紫花苜蓿为茎，故排除其为根蘖 I 型植物类型。

（三）地下结构形态学的比较

在典型根茎型植物（即根茎Ⅰ型）的地下根茎上，有一段段排列规则的节间，且节向上长出地上枝条，向下产生不定根，而清水紫花苜蓿地下根茎混杂部位的形态混乱（图3-5），各节间排列很不规则，故排除清水紫花苜蓿为根茎Ⅰ型植物。

（四）地下分蘖芽解剖结构的比较

地下分蘖芽（图3-5中C处）经解剖观察到初生木质部、初生韧皮部、髓射线和髓等结构，这些都属于茎初生结构（图3-8a），也就是说，分蘖芽的解剖结构是“茎组织”而非“根组织”。

（五）地下水平横走结构末端生芽特征的比较

根茎型植物与根蘖型植物最明显的区别是：根茎型植物地下水平横走结构的末端能向地上生芽，而根蘖型植物不能（王立群，2003；陈世璜，2001）。清水紫花苜蓿的地下水平横走结构在土壤中横走到一定长度后，末端弧形向上形成地上枝条，故初步判断其为根茎型，而非如上猜测的根蘖型。另外，其地下水平横走结构各节间排列混乱，很不规则，这些都是根茎Ⅱ型植物的特性，所以判断清水紫花苜蓿为根茎型植物。

四、小结

清水紫花苜蓿地下水平横走结构的解剖结构为“茎组织”，而典型根蘖植物地下水平横走结构的解剖结构为“根组织”，故排除其为典型根蘖Ⅰ型植物；同时在形态学上，其地下各节间排列混乱，很不规则，故排除其为典型根茎Ⅰ型植物；地下分蘖芽的解剖结构为“茎组织”，而非“根组织”；地下水平横走结构的末端弧形向上形成地上枝条，而根蘖型植物不能。根据以上这些特性，初步判定清水紫花苜蓿为根茎Ⅱ型植物。

第四章　根茎型清水紫花苜蓿的细胞学研究

第一节　染色体核型分析的产生与发展

细胞学标记（cytological marker）是指能明确显示遗传多态性的细胞学特征，主要是根据细胞染色体核型及带型特征进行显示的一种标记。染色体是细胞最核心的部分，是遗传物质的载体，生物染色体的重组常常导致新种的出现，有的科学家甚至认为进化就是自然选择与染色体变化互相作用的结果，染色体在一定程度上能反映物种间的亲缘关系。核型是遗传物质在细胞水平上的表征，与外部形态性状相比，核型受外界环境影响小，是推测物种起源、演化和进行分类、鉴别的重要依据。

1908年McClung最先提出细胞学与分类学存在直接关系，但是当时并没有得到学术界的重视，直到20世纪30年代，人们才承认“细胞分类学”这一新学科的诞生（洪德元，1990）。随后的40年代，科学界又兴起了以细胞染色体研究获得的资料为基础的“物种生物学”。

20世纪50年代，在Stebbins（1958）出版的细胞学经典著作——《植物的变异与进化》强有力的指导下，染色体分析技术已成为系统分类学发展的一个重要动力。70年代出现的染色体分带和80年代开始应用的分子遗传学方法能够直接比较染色体的结构组织和有效检测染色体的同源性，这大大提高了染色体分析的准确度和可靠性，并且给细胞分类学注入了新的活力（徐炳声等，1996）。

一、核型制片的方法

植物染色体制片技术是植物细胞遗传学、染色体工程、植物细胞生物学、植物细胞分类学和物种生物学等众多学科的基本试验技术。该技术在染色体的形态、数量、核型和带型观察中具有特别重要的意义。目前，植物类染色体制片技术主要有常规压片法和去壁低渗法两种（洪立红等，2004）。

（一）常规压片法

常规压片法是由Belling于1921年提出来的最传统的染色体制片方法。它是以人工外加压力使染色体分散、平铺，操作程序简单、快速、机动性大，但该法的缺点在于染色体不易分散，预处理中的盐酸对染色体的显带存在负面影响，不利于核型或带型分析，仅用于检查染色体数目。

（二）去壁低渗法

去壁低渗法是20世纪70年代末由陈瑞阳等（1979）创立的新方法。它是利用酶降解细胞壁，利用表面张力使染色体自行铺开。在充分酶解后，可获得铺张平整、形态比较清晰的染色体制片，特别是对一些形态较小、数目偏多、组织较硬、不易软化的植物制片效果更好。

（三）核型分析方法

染色体核型也称为染色体组型，是生物体细胞内所有可被测定的染色体特征的总称。核型分析主要研究一个物种细胞核内染色体的数目及各个染色体的大小、着丝粒位置、随体有无等形态特征。核型分析一般以体细胞有丝分裂中期的染色体形态为分析材料进行研究，但近年来，因体细胞有丝分裂前中期或晚前期的染色体有许多有价值的形态指标，如染色体分散状态良好、随体清晰可见等，特别是对具形态较小、数目较多染色体的物种来说，此时是识别染色体形态的最佳时期。但不论是有丝分裂中期的染色体，还是前中期或晚前期的染色体，染色体都必须分散、完整，以便对每条染色体的长短臂进行测量。接下来将形态特征相似的染色体配对，通过对每对染色体臂比、长度变异范围、最长与最短染色体长度比、不对称系数等参数的分析，阐明生物染色体组的构成，鉴别出各条染色体的形态特点，为种质资源鉴定提供细胞学依据。

二、核型分析在苜蓿研究中的应用

据韩清芳和贾志宽报道（2004），大多数苜蓿属植物的染色体为 $2n$=32 的四倍体，也有 $2n$=48 的六倍体，以及 $2n$=14 和 16 的二倍体。张为民（2006）对阿尔冈金杂花苜蓿、WL2323ML 紫花苜蓿、WL2232HQ 紫花苜蓿、中苜 1 号紫花苜蓿进行了核型分析，研究发现 4 份材料的染色体数目均为 $2n$=32，多数为中着丝点染色体，核型多为对称型，属于大染色体；但在核型组成上，阿尔冈金杂花苜蓿没有随体，WL2232HQ 紫花苜蓿有 1 对随体，WL2323ML 紫花苜蓿、中苜 1 号紫花苜蓿各有 2 对随体，且 WL2323ML 紫花苜蓿相邻间染色体长度变化大，其余材料变化小。张凤仙等（2008）在云南德钦地区紫花苜蓿的核型研究中发现，其染色体为 $2n$=32 的四倍体。与此同时，我国登记在册的野生黄花苜蓿也为 $2n$=32 的四倍体（贾纳提维纳汗等，1996）。张晓红（2009）对野生南苜蓿进行了核型分析，研究表明南苜蓿有 16 条染色体，核型公式为 $2n$=16=12m+2sm+2T，核型类型为最对称的 1A 型。

第二节　根茎型清水紫花苜蓿的核型分析

染色体是生物体内主要的遗传物质，具有贮存和传递遗传信息的功能。据吴仲庆（2000）、林明敏和朱香萍（2009）报道，对染色体进行核型分析，不仅有助于了解生物的遗传组成、遗传变异规律和发育机制，而且对预测鉴定种间杂交和多倍体育种的结果，了解性别遗传机制及基因组数、物种起源，鉴定进化和种族关系都具有重要的参考价值。高天鹏等（2009）的研究表明，通过对细胞核染色体核型稳定特征（染色体数目、相对长度、着丝点位置、核型不对称系数和随体的有无等）的分析，这些特征可以作为分类指标而被利用。因此，染色体核型分析技术可为研究生物的系统发育和亲缘关系提供依据。本研究通过对根茎型清水紫花苜蓿染色体数目及核型的研究，为其资源鉴定、保存、利用及遗传育种提供了一定的科学依据。

一、材料与方法

以根茎型清水紫花苜蓿为供试材料，以陇东紫花苜蓿、新疆大叶紫花苜蓿、肇东紫花苜蓿、皇后 2000 紫花苜蓿、Pick8925 紫花苜蓿为对照，材料来源详见表 4-1。

表 4-1　核型分析的供试材料

材料	拉丁名	来源
清水紫花苜蓿	*Medicago sativa* L. cv. Qingshui	中国甘肃
肇东紫花苜蓿	*Medicago sativa* L. cv. Zhaodong	中国黑龙江
皇后 2000 紫花苜蓿	*Medicago sativa* L. cv. Regina2000	美国
新疆大叶紫花苜蓿	*Medicago sativa* L. cv. Xinjiangdaye	中国新疆
陇东紫花苜蓿	*Medicago sativa* L. cv. Longdong	中国甘肃
Pick8925 紫花苜蓿	*Medicago sativa* L. cv. Pick8925	加拿大

（一）主要试剂配方

1. 卡诺固定液

冰醋酸∶纯乙醇=1∶3 混合。

2. 1mol/L HCl

取 4.14ml HCl，用蒸馏水稀释至 50ml。

3. 0.2%秋水仙碱

称 0.1g 秋水仙碱先用少量乙醇溶解，再用蒸馏水稀释至 50ml，冰箱贮存备用。

4. 0.002mol/L 8-羟基喹林

取 0.02mol 的 8-羟基喹林，加热溶于 100ml 蒸馏水中。

5. 0.1mol/L HAc-NaAc 缓冲液（pH4.5）

取无水 NaAc 0.9g，加冰醋酸 0.49ml，用蒸馏水稀释至 50ml。

6. 1%果胶酶+1%纤维素酶

称果胶酶、纤维素酶各 0.1g，取 HAc-NaAc 缓冲液（pH4.5）10ml 加以溶解，现配现用。

7. 5%苯酚水溶液

取 5g 苯酚，加热定容至 100ml。

8. 染色剂（改良苯酚品红）

A 液：取 1.5g 碱性品红，用 50ml 70%的乙醇溶解。
B 液：取 10ml A 液与 90ml 5%苯酚水溶液混合。
C 液：取 45ml B 液与 6ml 冰醋酸、6ml 37%的甲醛混合。
染色液：取 C 液 2ml，45%的冰醋酸 90ml，并与 1.8g 山梨醇混合。

（二）试验方法

1. 取材

各材料选取饱满的种子，用水浸泡 12h，使其充分吸水，然后在 28℃恒温条件下培养。当胚根长至 1.0～1.5cm 时，于上午 9：30～10：30 取样。

2. 预处理

将各材料的胚根置于新配制的 0.2%（0.15%、0.1%、0.05%）秋水仙碱+0.002mol/L 8-羟基喹啉中处理 3h、4h。

3. 固定

用新配制的卡诺固定液处理 24h。

4. 酶解

先将步骤 3.中固定好的胚根用蒸馏水冲洗 10min，再在 28℃的培养箱中，以 1%果胶酶+1%纤维素酶处理 1.5h、2h。

5. 再固定

将酶解后的胚根用蒸馏水冲洗 10min 后，用卡诺固定液处理 30min。

6. 染色和压片

将解离后的材料水洗并吸干，挑取根尖乳白色分生组织于载玻片上并切成尽量薄的切片，滴加 1 滴染液染色 4～5min，盖上盖玻片，然后在酒精灯火焰上微微烘烤。从火焰上取下后，用带橡皮头的铅笔以适当的力度敲打盖玻片，以便染色体分开、铺平。

7. 镜检和测量

在显微镜下选择 50 个处于中期分裂，染色体分散良好的细胞拍照。从中选出形态完好清晰的细胞各 5 个（李懋学和张赞平，1996），将图像录入 Olympus 测量软件进行染色体长短臂实际值的测量。

二、核型分析

（一）核型分析标准

（1）按照 Levan 等（1964）的方法，相对长度=（每条染色体长度/染色体组总长度）×100%，其值精确到 0.01。

（2）按照 Kuo 等（1972）提出的核型指标计算方法，染色体长度系数（index of relative length，IRL）=染色体长度/全组染色体平均长度。

（3）染色体长度比=最长染色体长度/最短染色体长度。

（4）按照 Stebbins（1971）的核型分类方法，臂比=长臂/短臂（简写为 Lt/St），其值精确到 0.01。这一数值很有价值，是衡量核型不对称性程度的两个主要指标之一。

（5）臂指数或 NF 值（number fundamental）：早期的核型研究中，把具中和近中着丝粒的“v”形染色体算作两条臂，把具近端或端着丝粒的“j”和“i”形染色体算作一条臂，以此为准统计核型中的总臂数。现在在大多数核型分析中，NF 值是把具近端和端着丝粒染色体的短臂排除后所有臂的总数（洪德元，1990）。

（6）核型不对称系数（As. k%）=长臂总长/全组染色体总长，比值越大，核型越不对称（Arano，1963）。

（7）按照李国珍（1985）提出的方法，着丝粒指数=染色体短臂长度/染色体全长×100%。

（二）核型分类

按 Levan 等（1964）提出的标准进行着丝粒位置的划分（表 4-2）；按李懋学和张赞平（1996）提出的标准进行染色体长度类型的划分（表 4-3）；按 Stebbins（1971）提出的标准进行核型类别的划分（表 4-4），核型进化高低依次是：2C＞2B＞3A＞2A＞1A；按明道绪（2002）的方法计算变异系数，其变异系数按 CV=S/y×100% 计算，其中 S 为核型参数的标准差，y 为核型参数的平均值。

表 4-2 着丝粒位置划分

臂比	染色体类型	符号
1.00	正中着丝粒染色体	M
1.01～1.70	中着丝粒染色体	m
1.71～3.00	近中着丝粒染色体	sm
3.01～7.00	近端着丝粒染色体	st
7.01 及以上	端着丝粒染色体	t

表 4-3 染色体长度类型划分

相对长度系数值	染色体长度	符号
≥1.26	长染色体	L
1.25～1.01	中长染色体	M2
1.00～0.76	中短染色体	M1
≤0.75	短染色体	S

表 4-4 植物核型分类的标准

最长 / 最短	臂比>2：1 的染色体的百分比			
	0.00	0.01～0.50	0.51～0.99	1.00
<2：1	1A	2A	3A	4A
4：1～2：1	1B	2B	3B	4B
>4：1	1C	2C	3C	4C

（三）聚类分析

按谭远德和吴昌谋（1993）提出的方法计算核型似近系数（λ）；按吴昌谋（1996）提出的公式计算核型进化距离（De）。将以上数据输入 SPSS 17.0 软件，运用类平均法聚类。

三、结果与分析

（一）核型分析

由表 4-5 可知，在各材料处染色体中期分裂且分散良好的 50 个细胞中，肇东紫花苜蓿有 76%细胞染色体数为 32 条，皇后 2000 紫花苜蓿有 62%细胞染色体数为 32 条，新疆大叶紫花苜蓿有 80%细胞染色体数为 32 条，陇东紫花苜蓿有 68%细胞染色体数为 32 条，清水紫花苜蓿有 78%细胞染色体数为 32 条，Pick8925 紫花苜蓿有 62%细胞染色体数为 32 条。由此可知，各材料中大多数细胞的染色体数为 32 条，故这 6 份苜蓿材料的染色体皆为 $2n$=32。在各材料中选取 5 个清晰的细胞，分析其核型参数。

表 4-5　各材料的细胞染色体个数观察

材料	出现 32 条染色体的细胞个数	所占比例（总数 50）/%	染色体数目
肇东紫花苜蓿	38	76	$2n$=32
皇后 2000 紫花苜蓿	31	62	$2n$=32
新疆大叶紫花苜蓿	40	80	$2n$=32
陇东紫花苜蓿	34	68	$2n$=32
清水紫花苜蓿	39	78	$2n$=32
Pick8925 紫花苜蓿	31	62	$2n$=32

1. 肇东紫花苜蓿

由 14 对中部着丝点（m）和 2 对亚中部着丝点（sm）染色体组成，带 1 对随体，皆位于第 8 对染色体上（图 4-1，图 4-2a），其中除第 2、8 对为亚中部着丝点染色体（sm）外，其余均为中部着丝点（m）染色体，其核型公式为 $2n$=32=28m+4sm（2SAT）。肇东紫花苜蓿的染色体长度可划分为 3 个类型，第 1 对染色体为长染色体、L 型，第 2～7 对为中长染色体、M2 型，第 8～16 对为中短染色体、M1 型，故染色体长度组成公式为 $2n$=32=2L+12M2+18M1。染色体相对长度变异范围在 4.45～8.12，染色体平均相对长度为 6.25；染色体臂比变化范围在 1.03～1.17，平均臂比为 1.33，臂指数 NF 为 32；最长染色体与最短染色体的长度比值为 1.82；臂比大于 2∶1 染色体所占比例为 0.00%，核型不对称系数 As. k%为 56.97%，核型属于 1A 型（表 4-6，表 4-6-1）。

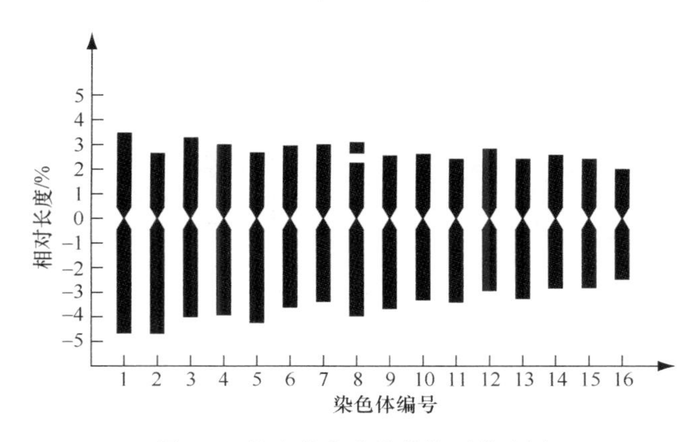

图 4-1　肇东紫花苜蓿的核型模式图

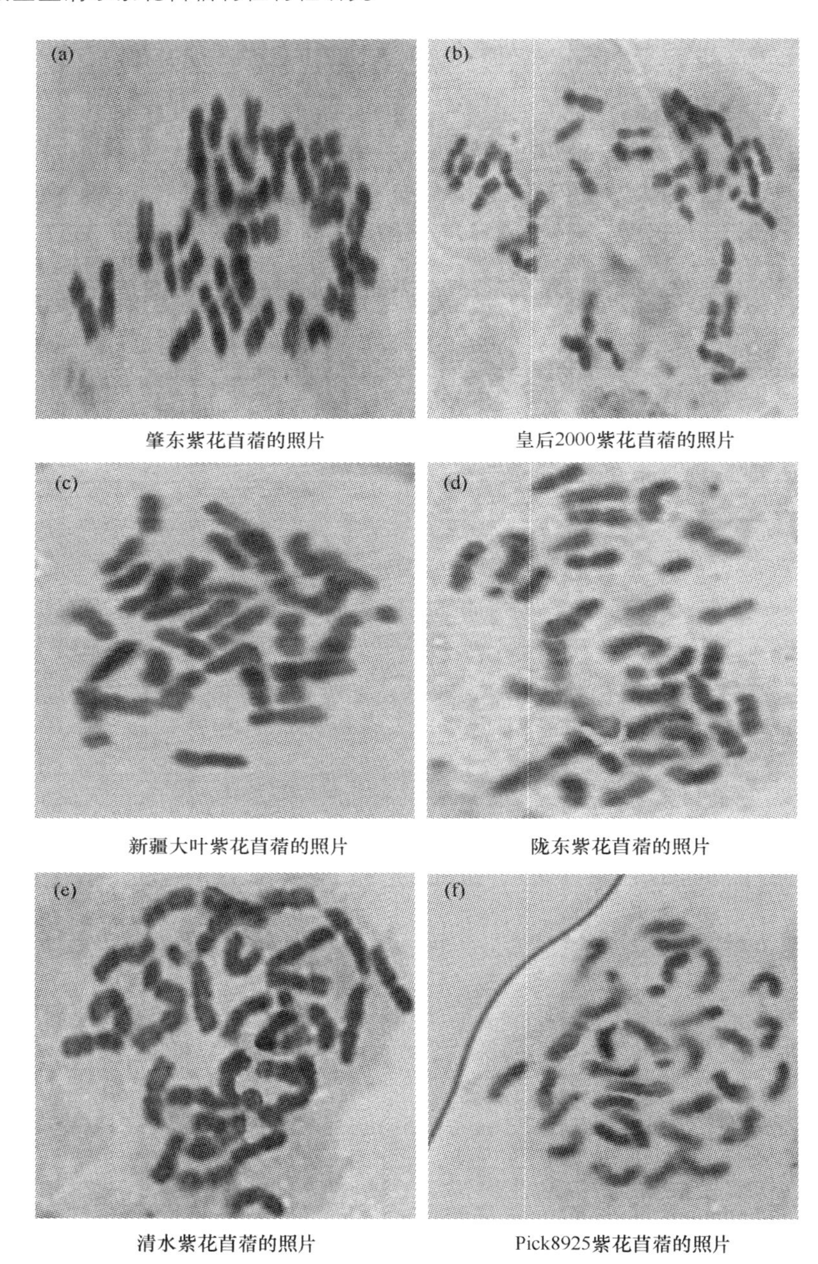

图 4-2 不同苜蓿品种染色体照片（彩图请扫封底二维码）

2. 皇后 2000 紫花苜蓿

由 14 对中部着丝点（m）和 2 对亚中部着丝点（sm）染色体组成，带 1 对随体，皆位于第 2 对染色体上（图 4-3，图 4-2b），其中除第 4、5 对为亚中部着

表 4-6　供试材料的核型参数

苜蓿材料	核型公式	组型公式	长度比	变异系数		臂比大于 2：1 的比例/%	核型不对称系数/%	核型
				相对长度	臂比			
清水紫花苜蓿	2*n*=32=30m（2SAT）+2sm	2*n*=32=2L+18M2+8M1+4S	2.50	20.86	21.91	0.06	56.35	2B
肇东紫花苜蓿	2*n*=32=28m+4sm（2SAT）	2*n*=32=2L +12M2+18M1	1.82	14.60	16.39	0.00	56.97	1A
皇后 2000 紫花苜蓿	2*n*=32=28m（2SAT）+4sm	2*n*=32=2L+16M2+12M1+2S	2.00	16.50	19.65	0.00	56.67	1B
新疆大叶紫花苜蓿	2*n*=32=26m+6sm	2*n*=32=4L+12M2+12M1+4S	2.07	20.92	20.44	0.06	58.95	2B
陇东紫花苜蓿	2*n*=32=30m+2sm	2*n*=32=2L+18M2+8M1+4S	1.92	17.87	17.23	0.00	56.95	1B
Pick8925 紫花苜蓿	2*n*=32=26m（4SAT）+6sm	2*n*=32=2L+16M2+12M1+2S	2.10	16.48	19.13	0.06	57.84	1B

表 4-6-1　肇东紫花苜蓿的核型参数

染色体编号	相对长度			臂比	类型	着丝粒指数	相对长度指数
	短臂	长臂	全长				
1	3.46	4.66	8.12	1.35	m	42.60	L（1.30）
2	2.64	4.67	7.31	1.77	sm	36.06	M2（1.17）
3	3.27	4.00	7.27	1.22	m	45.01	M2（1.16）
4	3.00	3.92	6.91	1.31	m	43.33	M2（1.11）
5	2.66	4.23	6.89	1.59	m	38.65	M2（1.10）
6	2.94	3.60	6.54	1.23	m	44.92	M2（1.05）
7	2.99	3.37	6.36	1.13	m	46.97	M2（1.02）
8	2.26	3.96	6.23	1.75	sm*	36.33	M1（1.00）
9	2.55	3.65	6.20	1.43	m	41.19	M1（0.99）
10	2.61	3.30	5.91	1.26	m	44.15	M1（0.95）
11	2.42	3.39	5.81	1.40	m	41.65	M1（0.95）
12	2.82	2.91	5.72	1.03	m	49.22	M1（0.92）
13	2.42	3.25	5.67	1.35	m	42.62	M1（0.91）
14	2.57	2.81	5.38	1.09	m	47.74	M1（0.86）
15	2.42	2.80	5.22	1.15	m	46.44	M1（0.84）
16	2.00	2.45	4.45	1.22	m	45.00	M1（0.71）

*表示带有随体的同源染色体组，计算时，随体不计入臂长。

丝点染色体（sm）外，其余均为中部着丝点（m）染色体，其核型公式为 2*n*=32=28m（2SAT）+4sm。该材料的染色体长度可划分为 4 个类型，第 1 对染色体为长染色体、L 型，第 2～9 对为中长染色体、M2 型，第 10～15 对为中短染色体、

M1 型，第 16 对为短染色体、S 型，其染色体长度组成公式为 $2n$=32=2L+16M2+12M1+2S。染色体相对长度变异范围在 4.01～8.03，染色体平均相对长度为 6.25；染色体臂比变化范围在 1.08～1.94，平均臂比为 1.30，臂指数 NF 为 32；最长染色体与最短染色体的长度比值为 2.00；臂比大于 2∶1 染色体所占比例为 0.00%，核型不对称系数 As.k%为 56.67%，核型属于 1B 型（表 4-6，表 4-6-2）。

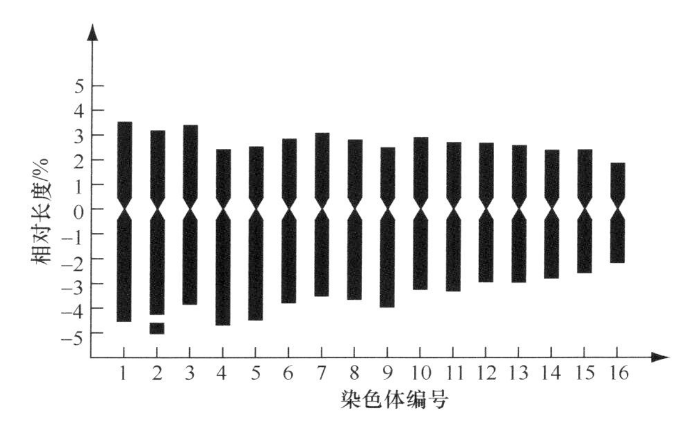

图 4-3 皇后 2000 紫花苜蓿的核型模式图

表 4-6-2 皇后 2000 紫花苜蓿的核型参数

染色体编号	相对长度			臂比	类型	着丝粒指数	相对长度指数
	短臂	长臂	全长				
1	3.51	4.52	8.03	1.29	m	43.71	L（1.28）
2	3.17	4.24	7.41	1.34	m*	42.77	M2（1.19）
3	3.38	3.83	7.21	1.13	m	46.86	M2（1.15）
4	2.40	4.67	7.07	1.94	sm	33.99	M2（1.13）
5	2.51	4.47	6.96	1.78	sm	36.13	M2（1.11）
6	2.83	3.78	6.61	1.34	m	42.78	M2（1.06）
7	3.06	3.50	6.56	1.15	m	46.61	M2（1.05）
8	2.78	3.64	6.43	1.31	m	43.32	M2（1.03）
9	2.48	3.95	6.43	1.59	m	38.55	M2（1.03）
10	2.88	3.24	6.12	1.13	m	47.01	M1（0.98）
11	2.67	3.30	5.97	1.24	m	44.73	M1（0.96）
12	2.65	2.93	5.58	1.10	m	47.51	M1（0.89）
13	2.55	2.95	5.49	1.16	m	46.38	M1（0.88）
14	2.36	2.79	5.15	1.18	m	45.77	M1（0.82）
15	2.38	2.57	4.95	1.08	m	48.00	M1（0.79）
16	1.84	2.17	4.01	1.08	m	45.89	S（0.64）

*表示带有随体的同源染色体组，计算时，随体不计入臂长。

3. 新疆大叶紫花苜蓿

由 13 对中部着丝点（m）和 3 对亚中部着丝点（sm）染色体组成，无随体（图 4-4，图 4-2C），其中除第 4、9、13 对为亚中部着丝点染色体（sm）外，其余均为中部着丝点（m）染色体，其核型公式为 $2n$=32=26m+6sm。该材料的染色体长度可划分为 4 个类型，第 1、2 对染色体为长染色体、L 型，第 3～8 对为中长染色体、M2 型，第 9～14 对为中短染色体、M1 型，第 15、16 对为短染色体、S 型，其染色体组型公式为 $2n$=32=4L+12M2+12M1+4S。染色体相对长度变异范围在 4.16～8.60，染色体平均相对长度为 6.32；染色体臂比变化范围在 1.08～2.13，平均臂比为 1.42，臂指数 NF 为 32；最长染色体与最短染色体的长度比值为 2.07；臂比大于 2∶1 染色体所占比例为 0.06%，核型不对称系数 As.k%为 58.95%，核型属于 2B 型（表 4-6，表 4-6-3）。

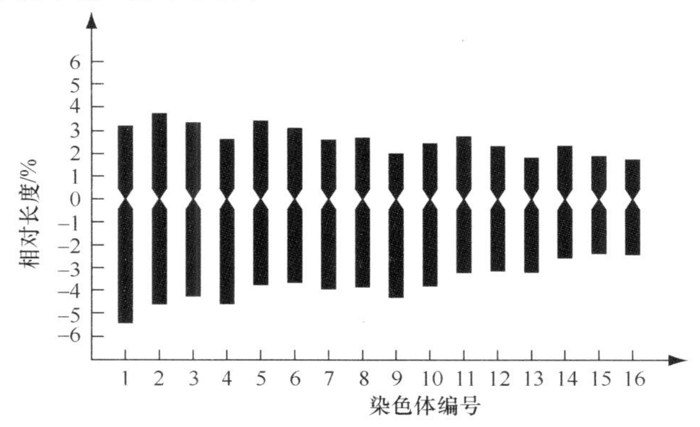

图 4-4　新疆大叶紫花苜蓿的核型模式图

表 4-6-3　新疆大叶紫花苜蓿的核型参数

染色体编号	相对长度			臂比	类型	着丝粒指数	相对长度指数
	短臂	长臂	全长				
1	3.19	5.41	8.60	1.70	m	37.09	L（1.36）
2	3.72	4.60	8.32	1.24	m	44.70	L（1.32）
3	3.34	4.26	7.60	1.27	m	43.98	M2（1.20）
4	2.63	4.59	7.21	1.75	sm	36.42	M2（1.14）
5	3.41	3.76	7.17	1.10	m	47.53	M2（1.13）
6	3.12	3.66	6.78	1.17	m	46.03	M2（1.07）
7	2.62	3.94	6.56	1.51	m	39.88	M2（1.04）
8	2.71	3.85	6.55	1.42	m	41.32	M2（1.04）
9	2.02	4.30	6.32	2.13	sm	31.95	M1（1.00）
10	2.47	3.80	6.27	1.54	m	39.36	M1（0.99）
11	2.76	3.20	5.95	1.16	m	46.31	M1（0.94）
12	2.34	3.13	5.47	1.34	m	42.74	M1（0.87）

续表

染色体编号	相对长度			臂比	类型	着丝粒指数	相对长度指数
	短臂	长臂	全长				
13	1.83	3.18	5.01	1.74	sm	36.54	M1（0.79）
14	2.36	2.54	4.90	1.08	m	48.14	M1（0.77）
15	1.91	2.34	4.25	1.23	m	44.86	S（0.67）
16	1.76	2.39	4.16	1.36	m	42.44	S（0.66）

*表示带有随体的同源染色体组，计算时，随体不计入臂长。

4. 陇东紫花苜蓿

由 15 对中部着丝点（m）和 1 对亚中部着丝点（sm）染色体组成，无随体（图 4-5，图 4-2D），其中除第 8 对为亚中部着丝点染色体（sm）外，其余均为中部着丝点（m）染色体，其核型公式为 $2n$=32=30m+2sm。该材料的染色体长度可划分为 4 个类型，第 1 对染色体为长染色体、L 型，第 2～10 对为中长染色体、M2 型，第 11～14 对为中短染色体、M1 型，第 15、16 对为短染色体、S 型，其染色体组型公式为 $2n$=32=2L+18M2+8M1+4S。染色体相对长度变异范围在 3.84～8.11，染色体平均相对长度为 6.25；染色体臂比变化范围在 1.10～1.92，平均臂比为 1.34，臂指数 NF 为 32；最长染色体与最短染色体的长度比值为 1.92；臂比大于 2∶1 染色体所占比例为 0.00%，核型不对称系数 As.k%为 56.95%，核型属于 1B 型（表 4-6，表 4-6-4）。

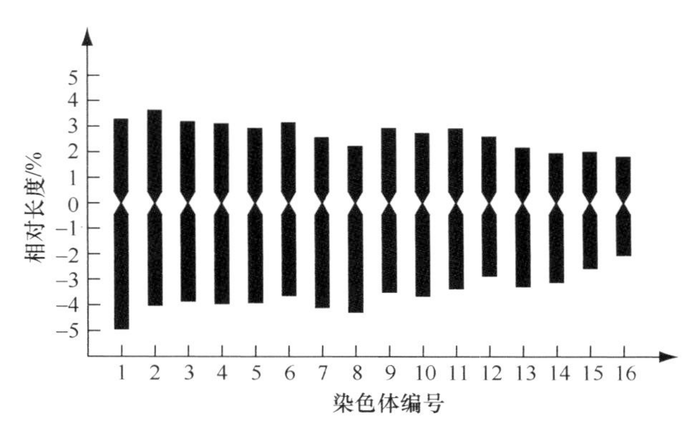

图 4-5　陇东紫花苜蓿的核型模式图

5. 清水紫花苜蓿

由 15 对中部着丝点（m）和 1 对亚中部着丝点（sm）染色体组成，具有 1 对随体，位于第 2 对染色体上（图 4-6，图 4-2E），除第 5 对为亚中部着丝点染色体

表 4-6-4　陇东紫花苜蓿的核型参数

染色体编号	相对长度			臂比	类型	着丝粒指数	相对长度指数
	短臂	长臂	全长				
1	3.27	4.93	8.11	1.51	m	40.29	L（1.30）
2	3.62	4.01	7.65	1.11	m	47.34	M2（1.22）
3	3.17	3.85	7.02	1.21	m	45.19	M2（1.12）
4	3.09	3.94	7.02	1.28	m	43.94	M2（1.12）
5	2.91	3.91	6.82	1.34	m	42.70	M2（1.09）
6	3.13	3.63	6.76	1.16	m	46.27	M2（1.08）
7	2.56	4.09	6.68	1.60	m	38.28	M2（1.07）
8	2.22	4.27	6.49	1.92	sm	34.26	M2（1.04）
9	2.91	3.50	6.41	1.20	m	45.43	M2（1.03）
10	2.72	3.65	6.36	1.34	m	42.72	M2（1.02）
11	2.90	3.36	6.26	1.16	m	46.37	M1（1.00）
12	2.59	2.86	5.45	1.10	m	47.55	M1（0.87）
13	2.16	3.27	5.43	1.52	m	39.76	M1（0.87）
14	1.94	3.11	5.14	1.60	m	37.81	M1（0.82）
15	2.00	2.56	4.55	1.28	m	43.84	S（0.73）
16	1.81	2.04	3.84	1.12	m	47.03	S（0.61）

（sm）外，其余均为中部着丝点（m）染色体，其核型公式为 2*n*=32=30m（2SAT）+2sm。清水紫花苜蓿的染色体长度可分为 4 个类型，第 1 对染色体为长染色体、L 型，第 2～10 对为中长染色体、M2 型，第 11～14 对为中短染色体、M1 型，第 15、16 对为短染色体、S 型，故染色体长度组成公式为 2*n*=2L+18M2+8M1+4S。染色体相对长度变异范围在 3.33～8.34，染色体平均相对长度为 6.25；染色体臂比变化范围在 1.02～2.14，臂指数 NF 为 32；最长染色体与最短染色体的长度比为 2.50；臂比大于 2∶1 染色体所占比例为 0.06%，核型不对称系数 As.k%为 56.35%，核型属于 2B 型（表 4-6，表 4-6-5）。

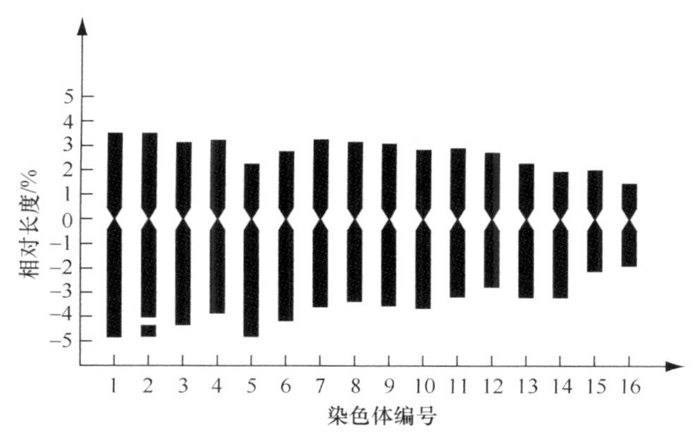

图 4-6　清水紫花苜蓿的核型模式图

表 4-6-5 清水紫花苜蓿的核型参数

染色体编号	相对长度			臂比	类型	着丝粒指数	相对长度指数
	短臂	长臂	全长				
1	3.50	4.84	8.34	1.38	m	41.97	L（1.33）
2	3.50	4.02	7.52	1.15	m*	46.51	M2（1.20）
3	3.12	4.33	7.45	1.39	m	41.89	M2（1.19）
4	3.22	3.86	7.08	1.20	m	45.46	M2（1.13）
5	2.24	4.81	7.05	2.14	sm	31.82	M2（1.12）
6	2.76	4.17	6.93	1.51	m	39.87	M2（1.10）
7	3.25	3.59	6.84	1.10	m	47.55	M2（1.09）
8	3.15	3.36	6.75	1.07	m	46.72	M2（1.08）
9	3.07	3.54	6.61	1.15	m	46.46	M2（1.05）
10	2.82	3.65	6.47	1.30	m	43.53	M2（1.03）
11	2.89	3.16	6.05	1.09	m	47.75	M1（0.96）
12	2.71	2.76	5.47	1.02	m	49.51	M1（0.87）
13	2.26	3.09	5.36	1.37	m	42.27	M1（0.85）
14	1.93	3.19	5.16	1.65	m	37.49	M1（0.82）
15	2.00	2.10	4.10	1.05	m	48.82	S（0.65）
16	1.45	1.87	3.33	1.29	m	43.71	S（0.53）

*表示带有随体的同源染色体组，计算时，随体不计入臂长。

6. Pick8925 紫花苜蓿

由 13 对中部着丝点（m）和 3 对亚中部着丝点（sm）染色体组成，带 2 对随体（图 4-7，图 4-2F），分别为位于第 5、13 对染色体上，其中除第 2、7、10 对为亚中部着丝点染色体（sm）外，其余均为中部着丝点（m）染色体，其核型公式为 $2n=2x=32=26m（4SAT）+6sm$。该材料的染色体长度可划分为 4 个类型，第

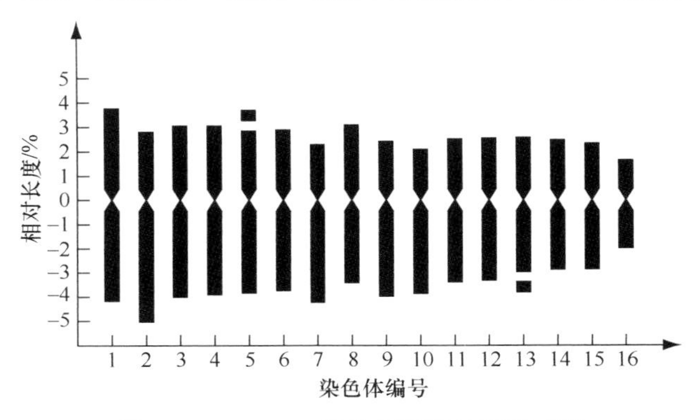

图 4-7 Pick8925 紫花苜蓿的核型模式图

1 对染色体为长染色体、L 型，第 2～9 对为中长染色体、M2 型，第 10～15 对为中短染色体、M1 型，第 16 对为短染色体、S 型，其染色体组型公式为 $2n$=32=2L+16M2+12M1+2S。染色体相对长度变异范围在 3.78～7.92，染色体平均相对长度为 6.25；染色体臂比变化范围在 1.10～1.85，平均臂比为 1.37，臂指数 NF 为 32；最长染色体与最短染色体的长度比值为 2.10；臂比大于 2∶1 染色体所占比例为 0.06%，核型不对称系数 As.k%为 57.84%，核型属于 1B 型（表 4-6，表 4-6-6）。

表 4-6-6　Pick8925 紫花苜蓿的核型参数

染色体编号	相对长度			臂比	类型	着丝粒指数	相对长度指数
	短臂	长臂	全长				
1	3.76	4.17	7.92	1.11	m	47.41	L（1.27）
2	2.80	5.03	7.83	1.80	sm	35.72	M2（1.25）
3	3.06	4.00	7.06	1.31	m	43.30	M2（1.13）
4	3.06	3.90	6.96	1.27	m	43.96	M2（1.11）
5	2.84	3.84	6.67	1.35	m*	42.50	M2（1.07）
6	2.89	3.74	6.63	1.29	m	43.61	M2（1.06）
7	2.29	4.23	6.52	1.85	sm	35.14	M2（1.04）
8	3.09	3.42	6.51	1.10	m	47.52	M2（1.04）
9	2.41	3.98	6.39	1.65	m	37.73	M2（1.02）
10	2.09	3.86	5.94	1.85	sm	35.09	M1（0.95）
11	2.51	3.38	5.88	1.35	m	42.57	M1（0.94）
12	2.54	3.31	5.85	1.30	m	43.42	M1（0.94）
13	2.57	2.97	5.54	1.16	m*	46.36	M1（0.89）
14	2.47	2.87	5.34	1.16	m	46.30	M1（0.85）
15	2.32	2.85	5.17	1.23	m	44.83	M1（0.83）
16	1.64	1.94	3.78	1.18	m	43.42	S1（0.60）

*表示带有随体的同源染色体组，计算时，随体不计入臂长。

（二）核型似近系数

根据供试材料的 8 个核型参数（包括染色体平均相对长度、相对长度极差、长度比、相对长度变异幅度、平均臂比、臂比变异幅度，臂比大于 2∶1 染色体的比例及核型不对称系数）计算出核型似近系数（λ）。从表 4-7 中可以看出，皇后 2000 紫花苜蓿和 Pick8925 紫花苜蓿的核型似近系数最大，λ 为 0.9943，清水紫花苜蓿与肇东紫花苜蓿的核型似近系数最小，λ 为 0.9288。对于清水紫花苜蓿，新疆大叶紫花苜蓿与其核型似近系数最大，λ 为 0.9826，肇东紫花苜蓿与其核型似近系数最小，λ 为 0.9288。反之，清水紫花苜蓿与新疆大叶紫花苜蓿的进化距离最小，而与肇东紫花苜蓿、Pick8925 紫花苜蓿的进化距离最大。各供试材料间的核型似近系数 λ 均在 0.9000 以上，且核型似近系数的变异幅度仅为 1.98%，这体现出了供试材料在核型上的高度稳定性和高度相似性。

表 4-7 供试材料的核型似近系数（λ）和进化距离（De）

苜蓿材料	清水紫花苜蓿	陇东紫花苜蓿	肇东紫花苜蓿	新疆大叶紫花苜蓿	皇后 2000 紫花苜蓿	Pick8925 紫花苜蓿
清水紫花苜蓿	—	0.0470	0.0738	0.0175	0.0393	0.0738
陇东紫花苜蓿	0.9540	—	0.0232	0.0442	0.0113	0.0136
肇东紫花苜蓿	0.9288	0.9770	—	0.0680	0.0295	0.0302
新疆大叶紫花苜蓿	0.9826	0.9567	0.9342	—	0.0411	0.0377
皇后 2000 紫花苜蓿	0.9614	0.9888	0.9710	0.9596	—	0.0057
Pick8925 紫花苜蓿	0.9582	0.9864	0.9702	0.9630	0.9943	—

（三）聚类分析

谭远德和吴昌谋（1993）、吴昌谋（1996）的研究表明，核型似近系数和核型进化距离的聚类结果完全一样，只是尺度不同而已。利用核型似近系数的聚类结果见图 4-8。图 4-8 显示，6 种紫花苜蓿在核型进化距离（De）0.0738（核型似近系数 λ 为 0.9288）处分成两大类。皇后 2000 紫花苜蓿、Pick8925 紫花苜蓿、陇东紫花苜蓿和肇东紫花苜蓿归为一类。在此类中，皇后 2000 紫花苜蓿和 Pick8925 紫花苜蓿的核型进化距离（De）最小（核型似近系数最大），达 0.0057（λ为 0.9943），首先归为一小类。接着这 2 个材料在核型进化距离（De）0.0113（核型似近系数λ为 0.9888）处与陇东紫花苜蓿合拢。最后以上 3 个材料在核型进化距离（De）0.0232（λ为 0.9770）处与肇东紫花苜蓿归为一类。而清水紫花苜蓿与新疆大叶紫花苜蓿在核型进化距离（De）0.0175（λ为 0.9826）处独立于其他供试材料归为一类。

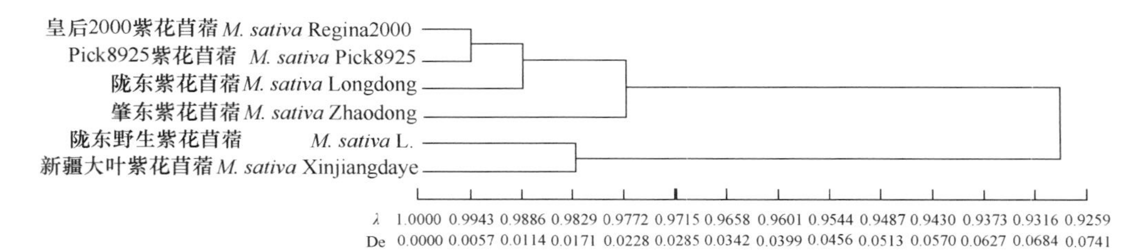

图 4-8 6 个紫花苜蓿材料的核型似近系数和进化距离聚类图

λ. 核型似近系数；De. 进化距离

四、讨论

（一）秋水仙碱做预处理

单独使用秋水仙碱做预处理，虽然能获得较多染色体分裂处于中期的细胞，但染色体的缢痕模糊不清，难以测量长短臂。当秋水仙碱与8-羟基喹啉混合进行处理时，不但能获得处于中期分裂的细胞，而且细胞缢痕较清晰，便于参数分析。另外，制片效果与秋水仙碱处理的浓度与时间有关。本试验将各供试材料放在4个浓度（0.05%、0.1%、0.15%、0.2%）+2个时间长度（3h、4h）做预处理。结果发现，0.15%秋水仙碱+3h的8-羟基喹啉处理强度适用于肇东紫花苜蓿、清水紫花苜蓿和Pick8925紫花苜蓿，0.15%秋水仙碱+4h的8-羟基喹啉处理强度适用于其他材料；而当秋水仙碱的浓度高至0.2%时，无论处理时间长短，各供试材料的染色体变短变粗，极度螺旋直至一点，此种形态只适宜计数，无法在显微镜下分析结构；当秋水仙碱的浓度低至0.1%时，无论处理时间长短，处于染色体中期分裂的细胞较少，获得的核型参数不准确，亦难分析。因此，选择适当的药剂浓度和预处理时间对染色体制片至关重要。

（二）酶解时间

本试验在1%酶浓度下进行2个时间长度（1.5h、2h）的酶解，研究发现，酶处理时间不宜过长，否则显微镜下的细胞结构分离溃散，这可能是因为酶解中纤维素酶对细胞壁长时间处理，使得其中的纤维素消化殆尽，细胞成为原生质团，即裸细胞（李懋学和张赞平，1996；杨晓伶和程舟，2005；刘勇等，2005）；同时，在纤维素酶与果胶酶的共同作用下，细胞进一步分崩溃散，以致无法找到染色体进行后续的试验步骤。所以在1%酶浓度下，处理时间选择1.5h时制片效果最佳。

（三）核型分析

本试验通过对清水紫花苜蓿核型参数的研究，发现其染色体为2*n*=32的四倍体，且核型参数均符合苜蓿参数范畴。Stebbins（1971）提出，高等植物核型进化的基本趋势是由对称向不对称方向发展，系统演化上古老或原始的植物往往具有较对称的核型，而不对称的核型通常出现在进化或特化的植物中。本试验全部供试材料的核型进化程度由高到低依次为：清水紫花苜蓿、新疆大叶紫花苜蓿（2B）＞皇后2000紫花苜蓿、陇东紫花苜蓿、Pick8925紫花苜蓿（1B）＞肇东紫花苜蓿（1A）。即清水紫花苜蓿和新疆大叶紫花苜蓿的染色体最不对称、最为进化，为2B型，而肇东紫花苜蓿的染色体最为对称、最为原始，为1A型。据李懋学和张赞平（1996）、王晓炜等（2008）报道，核型不对称系数是反映染色体对称与否、进化与否的另一个参数指标。本试验中核型不对称系数以新疆大叶紫花苜蓿的最大（58.95%），清水紫花苜蓿的最小（56.35%），表明清水紫花苜蓿的染色体较其他材料对称、原始。但此结论与Stebbins（1971）进行划分所得的结论相悖，其原因可能是全部供试材料间的核型不对称系数相差微小，难以单独依据此值判断核型进化高低，且在制片过程中秋水仙碱混合液对材料的处理浓度、处理时间不当，引起染色体螺旋结构过度凝缩或伸长，致使测量结果不准确，所得的核型参数有误。

根据数值分类学原理和似近分析理论得出的核型似近系数及核型进化距离，能多向、立体、多维和较客观地反映物种间亲缘关系的远近。国内先后对猪（吴圣龙等，2006）、牦牛（钟金城等，1996）、鸡（徐琪等，2004；吉挺等，2008）和榛子（郭媛媛等，2009）进行过核型似近系数的聚类分析，发现聚类结果与品种分化历史基本一致。本试验中，核型皆为1B的皇后2000紫花苜蓿和Pick8925紫花苜蓿，两者的核型似近系数最大（λ为0.9943），并最先在核型进化距离（De）0.0057处归为一类，故其遗传背景较相似，亲缘关系较近。在核型进化距离（De）0.0738处，核型皆为2B的清水紫花苜蓿和新疆大叶紫花苜蓿独立于其他4个供试材料归为一类，故这2个材料的系统演化速度快。特别是根系外部特征有别于其他苜蓿品种的清水紫花苜蓿，其原始种有可能通过基因重组产生适应当地生境的变异新个体，并经营养繁殖的方式（即根茎繁殖）扩大分布范围，以占据有利生态位，进化成积极适应环境变化的新物种，但要深入讨论该苜蓿的根部特异性，还需从细胞分子学领域剖析。

五、小结

根茎型清水紫花苜蓿亚中着丝粒（sm）染色体数目偏少，仅含1对；具长染色体（L型）和短染色体（S型）的比例与大多数材料相同，无特异性；带随体的染色体数目居各材料之中；臂比值NF与其他材料皆为32；染色体相对平均长度和平均臂比与其他材料相比，变化微小，基本无差异；而染色体相对长度变异范围和臂比范围皆为6个材料中最大；6个材料核型进化程度依次为：清水紫花苜蓿、新疆大叶紫花苜蓿＞皇后2000紫花苜蓿、陇东紫花苜蓿、Pick8925紫花苜蓿＞肇东紫花苜蓿。

第五章　根茎型清水紫花苜蓿的遗传生化标记研究

第一节　同工酶的概念及标记原理

常见的生化标记主要包括同工酶标记和种子贮藏蛋白标记。

同工酶是指催化的反应相同而结构及理化性质不同的一组酶，它们几乎存在于所有生物中（雷泞菲等，2000）。同工酶作为一类蛋白质，广泛存在于生物的同一种属，同一个体的不同组织、同一组织或同一细胞中（杜晓明等，1995）。根据同工酶来源和结构的不同，从遗传学的角度可将它分为 4 类：①单基因决定的同工酶；②多基因决定的同工酶；③复等位基因决定的同工酶；④修饰同工酶或次生同工酶（Sergio et al.，2003）。在生物进化过程中，同工酶是为了适应细胞代谢的多方面要求而形成的，因此其功能在生理上表现为对代谢的调节作用（Chevreau et al.，1997）。在遗传上，当一种酶同时受几个基因控制时，这样更容易适应环境的变化，一个基因由于突变而无用时，其他基因的存在仍然可以产生具类似作用的同工酶，这有助于机体适应突变的不利后果（张春晓等，1998；邹春静等，2003）。

研究同工酶的方法和手段有电泳、层析、等电聚焦、凝胶过滤、沉降作用、免疫化学及抑制剂技术等多种，其中应用最广泛的是聚丙烯酰胺凝胶电泳法（杨小艳，2008）。与形态标记、细胞学标记相比，同工酶标记表现近中性，对植物经济性状一般没有大的不良影响，直接反映了基因产物差异，受环境影响较小。同工酶标记在遗传多样性研究中能将调查的酶蛋白显色而不需要任何纯化方法，且用同一染色方法和底物显示出的酶带在遗传和生化上是同源的，进而对植物变异和进化现象做快速的定量研究，具有快速、经济、准确和高分辨率等优点。

同工酶技术在植物研究中的应用打破了传统形态分类学的局限性，为分类学的研究提供了新的方法、手段和依据，极大地推动了分类学的发展，是分类学由宏观向微观发展的一次大跃进（文菊华，2004）。同工酶是基因表达的产物，在一定程度上反映了生物的系统发生，因此，利用同工酶分析技术，从分子水平、遗传背景方面来寻找植物种类间的亲缘关系，能弥补形态分类的不足。同工酶能反映植物生长发育过程中基因的启动与表达，系统进化中基因的突变与重组，因此对同工酶进行分析是从基因产物的角度认识基因的存在与表达，由生化表现型反映基因型，其谱带的差异反映了基因结构的变异，从而在蛋白质水平上揭示物种的遗传基础。同工酶指标不仅是生理指标，而且是可靠的遗传指标，是分析植物体遗传多样性的有效措施。同工酶分析技术是通过电泳和组织化学方法进行特异性染色而把酶蛋白分子分离，并将其位置和活性直接在染色区带以酶谱的形式标记出来。自1972年Miller首次用同工酶技术鉴定了苜蓿杂交种之后，目前该技术已广泛地应用于苜蓿遗传多样性检测、变种和品种的区分鉴定等方面（陈传军等，2005）。到目前为止，被详细研究的同工酶已有几百种，具体运用于植物、动物、微生物、农业及医学等方面。人们研究最多的是过氧化物酶、酯酶和过氧化氢酶。在植物系统发育与进化研究中，同工酶常用于估计种内居群间、居群内基因频率的变化，估计种间、种内分化程度，分析种内亲缘关系等（宋志文等，2001）。

一、同工酶标记在苜蓿中的研究进展

Quiros等（1953）通过对二倍体苜蓿过氧化物同工酶（POD）和亮氨酸氨基肽同工酶（LAP）的研究，发现了分布在4个基因位点的19个POD等位基因和分布在2个基因位点的9个LAP等位基因，并强调了同工酶技术是苜蓿种质资源遗传变异研究的有效方法，也是苜蓿种群遗传结构研究的有效手段。Quiros（1980）在利用同工酶鉴定种质资源时发现，叶组织中酯酶同工酶（EST）和过氧化物同工酶是区分苜蓿四倍体和六倍体植株的有效方法，Quiros（1983）还利用过氧化物同工酶分析了苜蓿基因的连锁结构。1994年Knnpp研究公布了苜蓿荧光脂酶（FEST）酶位点，进一步丰富了苜蓿等位酶标记体系。卢欣石和何琪（1997）通过对亮氨酸氨基肽同工酶（LAP）、过氧化物同工酶（PER）和荧光酯酶同工酶（FEST）进行电泳分析发现，在119份苜蓿材料中检测出5个基因位点共计11个共显性等位基因，中国94份苜蓿材料中多态位点比例达60%，LAP-2基因位点上等位基因数3.18，为美国对照品种的1.7倍，表明中国苜蓿基因交流频繁，品种内杂合性较高，并且提出这与中国特有的地理气候条件及引种驯化有关。毕玉芬（1998）采用等位酶技术，研究了新疆北部地区苜蓿属植物种群的遗传状况并与栽培紫花苜蓿种群进行了比较，结果表明，新疆北部苜蓿野生种群内的遗传多样性水平较高，所有参试种群偏离Hardy-Weinberg平衡，且高于Hamrick和Godt（1989）报道的植物种群平均遗传多样性水平，呈现出杂合体过量现象，这种杂合体过量现象与苜蓿的异型交配和长期自然及人工选择压力有关。杜红梅等（2005）对国外2种多叶型苜蓿及国内外5种三叶型苜蓿幼苗的5种同工酶进行了分析，发现5种同工酶中过氧化物酶、酯酶和淀粉同工酶（AMY）具有多态性，并且利用这3种同工酶酶谱鉴定了供试的7个品种，成功地把供试品种分为3类。邓蓉（2005）采用聚丙烯酰胺凝胶电泳技术，测定了33个紫花苜蓿材料的酯酶、过氧化物酶和亮氨酸氨基肽酶三种同工酶，利用遗传距离进行聚类分析，将33个品种划分为5组并提出同工酶酶谱相似程度与材料的秋眠数之间有一定关系。沙伟等（2007）

采用过氧化物同工酶对 10 个苜蓿品种间亲缘关系进行了研究，得出引进品种与地方品种亲缘关系较远。尹权为等（2009）也采用过氧化物同工酶电泳技术，对供试的 12 个紫花苜蓿品种间的多样性和亲缘关系进行研究，试验共检测到 9 条 POD 酶带，把 12 个紫花苜蓿分成了三类。近年来，同工酶分析法已广泛应用于苜蓿材料亲缘关系、抗逆性、品种鉴定和分类上。

二、种子贮藏蛋白标记的应用

20 世纪 90 年代中后期，一些学者开始转向研究较为稳定的种子贮藏蛋白，通常采用淀粉凝胶电泳（SGE）和聚丙烯酰胺凝胶电泳（PAGE）两种方法，技术手段已经相当成熟。用于遗传多样性分析的种子贮藏蛋白主要包括种子（或幼苗）清蛋白、醇溶蛋白、谷蛋白和球蛋白等，贮藏蛋白的结构和类型只受遗传基因的控制，不受栽培条件、气候因素等的影响，而且其谱带较同工酶丰富，与同工酶相比具有操作简单的特点。种子贮藏蛋白是基因表达的产物，居群间种子贮藏蛋白组成的差异直接反映了品种间遗传上的差异，因而种子贮藏蛋白的研究结果可以用于对居群亲缘关系的分析。李拥军和苏加楷（1998）对苜蓿种子贮藏蛋白多态性进行分析，发现我国苜蓿品种的平均多态位点比例高于北美的苜蓿品种，进一步表明我国苜蓿品种内的变异幅度较大，品种间基因交流迅速，杂合程度较高。于林清等（2001）利用种子贮藏蛋白对来自我国不同地区的黄花苜蓿野生种群进行了研究，提出黄花苜蓿野生种群内和种群间均存在着较大的变异。郭江波和赵来喜（2004）对中国 14 个审定登记的苜蓿育成品种的遗传多样性及亲缘关系进行了分析，提出单粒种子蛋白单体多态性无品种特异性。

综上所述，国内外在苜蓿遗传多样性方面做了大量工作，已从形态学水平、细胞学水平、生理生化水平、分子水平对苜蓿种质资源遗传多样性进行了研究，所涉及的苜蓿属植物包括紫花苜蓿（Falahati-Anbaran et al., 2007）、杂花苜蓿（周良彬等，2010）、黄花苜蓿（高素玲等，2013）、天蓝苜蓿（闫娟等，2008）、扁蓿豆（李志勇等，2012）、南苜蓿（何庆元等，2011）、蒺藜苜蓿、蜗牛苜蓿、刺球苜蓿及海滨苜蓿（杨占花等，2008）等，研究对象包含了品种（呼天明等，2009）、品系（李景欣等，2009）、居群（李飞飞等，2012）、野生资源（马向丽和毕玉芬，2010）等。各研究采用不同的方法对苜蓿材料间的遗传关系进行了分析，取得了丰硕的成果，为苜蓿种质资源研究、保护和利用提供了科学依据，但苜蓿种质资源种类多、数量大、分布广，目前各研究所涉及的材料都非常有限。近年来，随着苜蓿种质资源数量的急剧增加，特别是野生种质资源、育成品种和引进品种的不断增加，苜蓿遗传多样性研究需要不断补充，为苜蓿育种提供依据。

第二节 根茎型清水紫花苜蓿同工酶分析

同工酶是基因表达的产物，其蛋白质多肽链结构中的氨基酸排列顺序是由DNA上结构基因所携带的遗传信息决定的，通过酶谱分析，就能识别控制这些谱带表达的基因，从而从本质上揭示材料间的遗传差异（周延清等，2008）。本研究采用过氧化物酶、过氧化氢酶、淀粉酶对根茎型清水紫花苜蓿和其他28份栽培苜蓿品种的遗传多样性进行检测，以期为进一步开展苜蓿品种遗传改良、杂交亲本选配及野生种质资源利用提供依据。

一、试验材料

本研究以根茎型清水紫花苜蓿为供试材料，以其他28份苜蓿材料为对照，材料来源详见表5-1。

表5-1 供试苜蓿材料及原产地

序号	材料	拉丁名	原产地
1	清水紫花苜蓿	*M. sativa* L. cv. Qingshui	中国甘肃
2	陇东紫花苜蓿	*M. sativa* L. cv. Longdong	中国甘肃
3	公农2号紫花苜蓿	*M. sativa* L. cv. Gongnong No.2	中国吉林
4	Pick8925紫花苜蓿	*M. sativa* L. cv. Pick8925	加拿大
5	维多利亚紫花苜蓿	*M. sativa* L. cv. Victoria	美国
6	猎人河紫花苜蓿	*M. sativa* L. cv. Hunter	澳大利亚
7	美国放牧型紫花苜蓿	*M. sativa* L. cv. America alfagraze	美国
8	Pick3006紫花苜蓿	*M. sativa* L. cv. Pick3006	加拿大
9	大西洋紫花苜蓿	*M. sativa* L. cv. Atlantic	美国
10	美国苜蓿王紫花苜蓿	*M. sativa* L. cv. America alfaking	美国
11	牧歌401+Z紫花苜蓿	*M. sativa* L. cv. Amerigraze 401+Z	美国
12	领先者紫花苜蓿	*M. sativa* L. cv. Pioneer	加拿大
13	拜城野生紫花苜蓿	*M. sativa* L. Wild alfalfa	中国新疆拜城
14	中苜1号紫花苜蓿	*M. sativa* L. cv. Zhongmu No.1	中国北京
15	甘农1号杂花苜蓿	*M. varia* Martin. cv. Gannong No.1	中国甘肃
16	甘农4号紫花苜蓿	*M. sativa* L. cv. Gannong No.4	中国甘肃
17	IS-1044紫花苜蓿	*M. sativa* L. cv IS-1044	美国
18	皇后紫花苜蓿	*M. sativa* L. cv. Alfalfa queen	美国
19	名流紫花苜蓿	*M. sativa* L. cv. Daisy	美国
20	北极星紫花苜蓿	*M. sativa* L. cv. Northstar	加拿大
21	安格紫花苜蓿	*M. sativa* L. cv. Engelhard	英国
22	堪利普紫花苜蓿	*M. sativa* L. cv. Concreep	美国

续表

序号	材料	拉丁名	原产地
23	普列洛夫卡紫花苜蓿	*M. sativa* L. cv. Prerovaka	苏联
24	兰杰兰德紫花苜蓿	*M. sativa* L. cv. Langersteiner	加拿大
25	敖德萨紫花苜蓿	*M. sativa* L. cv. Odessa	乌克兰
26	渭南紫花苜蓿	*M. sativa* L. cv. Weinan	中国陕西
27	德国大叶紫花苜蓿	*M. sativa* L. cv. German big leaf	德国
28	波兰紫花苜蓿	*M. sativa* L. cv. Poland	波兰
29	会宁紫花苜蓿	*M. sativa* L. cv. Huining	中国甘肃

二、试验方法

（一）酶液的提取

淀粉同工酶（AMY）和过氧化氢同工酶（CAT）从种子中提取，用浸泡 24h 的种子提取酶液；过氧化物同工酶（POD）从发芽后第 8 天的幼苗中提取。选取真叶期苜蓿根 1g，加入 4ml 0.1mol/L Tris-HCl 电极缓冲液于冰浴中研磨。研后迅速倒入离心管，8000r/min 下离心 10min 后取上清液，加入等体积 40%的蔗糖溶液混匀，放入–80℃冰箱以备点样。

（二）电泳及染色

采用聚丙烯酰胺垂直板凝胶电泳技术，胶板厚 1.5mm。浓缩胶（4%的 1mol/L Tris-HCl，pH6.8）和分离胶（7%的 1mol/L Tris-HCl，pH8.8）的浓度、凝胶配比及电极缓冲液的离子强度参照周延清等（2008）的配方，并做适当调整。进样量 20μl，以 2%的溴酚蓝作前沿指示剂，恒压电泳，浓缩胶 100V，分离胶 200V，待指示移至玻璃板末端时停止电泳，进行剥胶，并参照张维强和唐秀芝（1993）的方法进行染色，等酶谱清晰后，过氧化氢酶和淀粉酶需立即统计数据并照相，过氧化物酶凝胶需在蒸馏水中浸泡 1～2d，等酶带变成棕红色后统计数据并照相。

（三）数据处理

根据所统计酶谱带的有无，把有带计为 1，无带计为 0，获得“1，0”原始数据矩阵。计算各酶带的迁移率（Rf），Rf=酶带中心的迁移距离/指示剂的迁移距离。计算各酶的多态位点百分率（percentage of polymorphic band，PPB），PPB=（NPB/TNB）×100%，其中 NPB（number of polymorphic band）为多态性条带数，TNB（total number of band）为总条带数。采用 NTSYSpc 2.1 软件进行数据处理，计算供试材料间的相似系数（genetic similarity，GS），GS=$2N_{ij}$/（N_i+N_j），其中 N_{ij} 为材料 i 和 j 共有的酶带数，N_i 为材料 i 的酶带数，N_j 为材料 j 的酶带数。利用 SHAN

程序，以非加权类平均法（unweighted pair group method with arithmetic mean，UPGMA）进行聚类分析，并绘制相似系数树状聚类图和主成分分析图。

三、结果与分析

（一）同工酶酶带分布特征

过氧化物酶是一种以过氧化氢（H_2O_2）作为电子受体催化底物的氧化酶。该酶普遍存在于生物体的不同器官、组织，以及发育的不同时期，并参与呼吸作用、光合作用及生长素氧化等生理活动，且酶活性较高（吴菁华等，2003）。淀粉酶在种子萌发和幼苗生长中（特别是根的生长）起着至关重要的作用，过氧化物酶对生长素诱导的根、芽伸长生长有抵消作用，而过氧化氢酶除与植物的代谢强度、生长发育、衰老有一定关系外，还对过氧化物酶的产物 H_2O_2 有解毒作用（李矩华和余勤，1989）。过氧化物同工酶是基因表达的产物，该酶的基因编码、调控与基因活动的差异，反映了基因型和表现型的相互关系。

图 5-1 显示，29 份苜蓿材料的过氧化物同工酶共表现出 12 条酶带，Rf 值介于 0.265～0.850（表 5-2），其中 Rf 为 0.350、0.430、0.600 的酶带为供试材料的共有酶带，Rf 为 0.265、0.290、0.380、0.500、0.560、0.640、0.740、0.800 和 0.850 的 9 条带为多态性酶带，多态位点百分率为 75.00%。Rf 为 0.290 的酶带仅出现在兰杰兰德紫花苜蓿酶谱中，Rf 为 0.500 的酶带仅出现在清水紫花苜蓿和拜城野生紫花苜蓿酶谱中，Rf 为 0.380、0.740、0.800 和 0.850 的酶带在拜城野生紫花苜蓿酶谱中缺失。供试材料的过氧化氢同工酶共表现出了 9 条酶带（图 5-2），Rf 值介于 0.275～0.800（表 5-2），Rf 为 0.275、0.335、0.590 和 0.620 的酶带为共有酶带，Rf 为 0.295、0.350、0.415、0.510 和 0.800 的酶带为多态性酶带。多态位点百分率为 55.56%。Rf 为 0.350、0.510 的酶带仅出现在清水紫花苜蓿酶谱中，Rf 为 0.800 的酶带仅出现在大西洋紫花苜蓿酶谱中，Rf 为 0.415 的酶带在清水紫花苜蓿酶谱中缺失。淀粉同工酶共表现出了 9 条酶带（图 5-3），Rf 值介于 0.300～0.840（表 5-2），

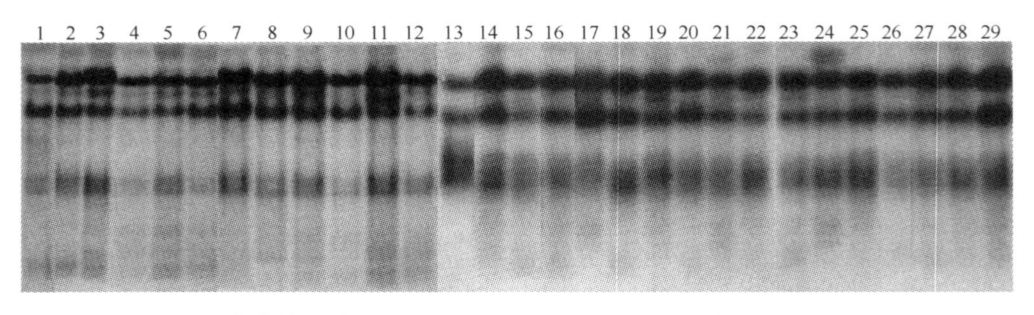

图 5-1　29 份苜蓿材料过氧化物酶（EC 1.11.1.7）电泳图（彩图请扫封底二维码）

图中序号与表 5-1 同；下同

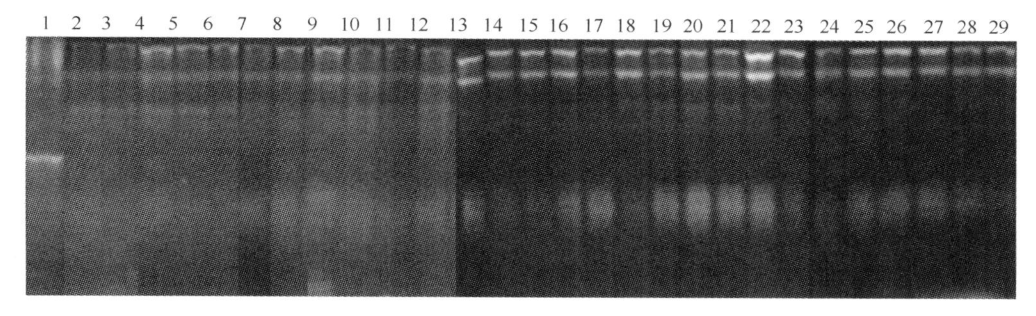

图 5-2　29 份苜蓿材料过氧化氢酶（EC 1.11.1.6）电泳图（彩图请扫封底二维码）

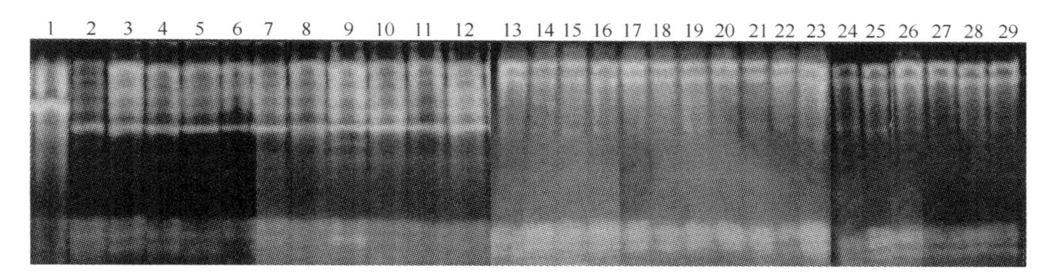

图 5-3　29 份苜蓿材料淀粉酶（EC 3.1.1.1）电泳图（彩图请扫封底二维码）

表 5-2　29 份苜蓿材料 3 种同工酶的酶带迁移率

同工酶	酶代号	酶带编号及迁移率											
		1	2	3	4	5	6	7	8	9	10	11	12
POD	1.11.1.7	0.265	0.290	0.350	0.380	0.430	0.500	0.560	0.600	0.640	0.740	0.800	0.850
CAT	1.11.1.6	0.275	0.295	0.335	0.350	0.415	0.510	0.590	0.620	0.800			
AMY	3.1.1.1	0.300	0.340	0.380	0.430	0.470	0.530	0.740	0.790	0.840			

注：POD 为过氧化物酶；CAT 为过氧化氢酶；AMY 为淀粉酶

Rf 为 0.300、0.340、0.380、0.430、0.470 和 0.840 的酶带为共有酶带，Rf 为 0.530、0.740 和 0.790 的酶带为多态性酶带，多态位点百分率为 33.33%。Rf 为 0.530 的酶带仅出现在大西洋紫花苜蓿酶谱中。

综上所述，3 种同工酶在 29 份苜蓿材料中共检测出了 30 条酶带，包括 13 条共有酶带（POD，3 条；CAT，4 条；AMY，6 条）和 17 条多态性酶带（POD，9 条；CAT，5 条；AMY，3 条）。

（二）供试材料间的相似系数

相似系数是用来比较群体或个体间相似程度的度量参数，平均相似系数越高，说明相似程度越大，遗传背景一致性越强（Nei，1978）。用 NTSYSpc 2.1 软件计算出供试材料间的相似系数矩阵（表 5-3），共获得 29 份苜蓿材料 406 对两两不同

表 5-3　29 份苜蓿材料间的相似系数矩阵

No.	1	2	3	4	5	6	7	8	9	10	11	12	13	14	15	16	17	18	19	20	21	22	23	24	25	26	27	28
2	0.833																											
3	0.800	0.967																										
4	0.800	0.967	0.933																									
5	0.733	0.900	0.933	0.867																								
6	0.767	0.933	0.967	0.900	0.967																							
7	0.767	0.933	0.900	0.967	0.833	0.867																						
8	0.767	0.867	0.900	0.900	0.833	0.867	0.933																					
9	0.700	0.800	0.833	0.767	0.833	0.867	0.800	0.867																				
10	0.733	0.900	0.867	0.933	0.800	0.833	0.967	0.900	0.767																			
11	0.800	0.967	1.000	0.933	0.933	0.967	0.900	0.900	0.833	0.867																		
12	0.767	0.933	0.967	0.900	0.900	0.933	0.933	0.933	0.867	0.900	0.967																	
13	0.733	0.767	0.733	0.800	0.667	0.700	0.833	0.833	0.700	0.867	0.733	0.767																
14	0.733	0.900	0.933	0.867	0.933	0.967	0.833	0.833	0.833	0.800	0.933	0.900	0.733															
15	0.767	0.933	0.900	0.900	0.833	0.867	0.933	0.867	0.800	0.900	0.900	0.933	0.833	0.900														
16	0.767	0.933	0.900	0.900	0.900	0.933	0.933	0.867	0.867	0.900	0.900	0.933	0.767	0.900	0.933													
17	0.700	0.867	0.900	0.833	0.900	0.933	0.867	0.867	0.867	0.833	0.900	0.933	0.767	0.900	0.867	0.933												
18	0.733	0.833	0.867	0.867	0.867	0.900	0.900	0.967	0.900	0.867	0.867	0.900	0.800	0.867	0.833	0.900	0.900											
19	0.733	0.833	0.867	0.800	0.867	0.900	0.833	0.900	0.900	0.800	0.867	0.900	0.800	0.933	0.900	0.900	0.900	0.933										
20	0.767	0.800	0.833	0.833	0.833	0.867	0.867	0.933	0.867	0.833	0.833	0.867	0.833	0.833	0.800	0.867	0.867	0.967	0.900									
21	0.767	0.867	0.900	0.900	0.900	0.933	0.867	0.933	0.867	0.833	0.900	0.867	0.767	0.900	0.800	0.867	0.867	0.967	0.900	0.933								
22	0.733	0.833	0.867	0.800	0.867	0.900	0.833	0.900	0.900	0.800	0.867	0.900	0.733	0.867	0.833	0.900	0.900	0.933	0.933	0.900	0.900							
23	0.767	0.867	0.900	0.833	0.900	0.933	0.867	0.933	0.933	0.833	0.900	0.933	0.767	0.900	0.867	0.933	0.933	0.967	0.967	0.933	0.933	0.967						
24	0.633	0.800	0.833	0.833	0.900	0.867	0.867	0.867	0.800	0.833	0.833	0.867	0.700	0.833	0.800	0.867	0.867	0.900	0.833	0.867	0.867	0.833	0.867					
25	0.700	0.867	0.833	0.900	0.833	0.867	0.933	0.867	0.800	0.900	0.833	0.867	0.833	0.900	0.933	0.933	0.867	0.900	0.900	0.867	0.867	0.833	0.867	0.867				
26	0.733	0.900	0.867	0.867	0.800	0.833	0.900	0.833	0.767	0.933	0.867	0.900	0.867	0.800	0.900	0.900	0.900	0.800	0.800	0.767	0.767	0.800	0.833	0.767	0.833			
27	0.733	0.900	0.867	0.867	0.933	0.900	0.900	0.833	0.833	0.867	0.867	0.900	0.733	0.867	0.900	0.967	0.900	0.867	0.867	0.833	0.833	0.867	0.900	0.900	0.900	0.867		
28	0.733	0.900	0.933	0.867	0.933	0.967	0.900	0.900	0.900	0.867	0.933	0.967	0.733	0.933	0.900	0.967	0.967	0.933	0.933	0.900	0.900	0.933	0.967	0.900	0.900	0.867	0.933	
29	0.767	0.933	0.900	0.900	0.900	0.933	0.867	0.800	0.800	0.833	0.900	0.867	0.767	0.967	0.933	0.933	0.867	0.833	0.900	0.800	0.867	0.833	0.867	0.800	0.933	0.833	0.900	0.900

种质资源间的遗传相似系数，相似系数介于 0.633～1.000，平均值为 0.867，其中清水紫花苜蓿与兰杰兰德紫花苜蓿间的相似系数最小（GS=0.633），亲缘关系最远，其次是拜城野生紫花苜蓿与维多利亚紫花苜蓿（GS=0.677），然后是清水紫花苜蓿与大西洋紫花苜蓿、清水紫花苜蓿与 IS-1044 紫花苜蓿、清水紫花苜蓿与敖德萨紫花苜蓿、拜城野生紫花苜蓿与猎人河紫花苜蓿、拜城野生紫花苜蓿与大西洋紫花苜蓿、拜城野生紫花苜蓿与兰杰兰德紫花苜蓿（GS=0.700）。公农 2 号紫花苜蓿和牧歌 401+Z 紫花苜蓿间的相似系数最大（GS=1.000），表明亲缘关系最近，用 3 种同工酶不能区分其遗传差异。栽培品种间的相似系数介于 0.767～1.000，平均值为 0.883，有 183 对栽培品种间的相似系数大于或等于 0.900，亲缘关系较近，表明苜蓿栽培品种间的遗传相似性相对较高。406 对材料中有 47 对材料间相似系数低于 0.767，其中有 6 对材料为栽培品种，表明仍有部分苜蓿栽培品种间存在较明显的遗传差异性。清水紫花苜蓿与拜城野生紫花苜蓿之间的相似系数为 0.733，清水紫花苜蓿与栽培品种间的相似系数介于 0.633～0.833，平均值为 0.749，拜城野生紫花苜蓿与栽培品种间的相似系数介于 0.667～0.867，平均值为 0.772，以上结果表明野生种质资源与栽培品种之间存在着明显的遗传差异和较远的亲缘关系。

（三）供试材料的聚类分析

用 NTSYSpc 2.1 软件对 29 份苜蓿材料进行聚类分析，绘出树状聚类图（图 5-4）。结果表明，29 份苜蓿材料在相似系数为 0.722 处可聚为 3 类，第 I 类由清水紫花苜蓿组成；第 II 类由拜城野生紫花苜蓿组成；第 III 类由 27 份栽培苜蓿品种组成，在相似系数为 0.863 处聚为 3 个亚类，第 I 亚类包括陇东紫花苜蓿、Pick8925 紫花苜蓿、公农 2 号紫花苜蓿、牧歌 401+Z 紫花苜蓿、领先者紫花苜蓿、维多利

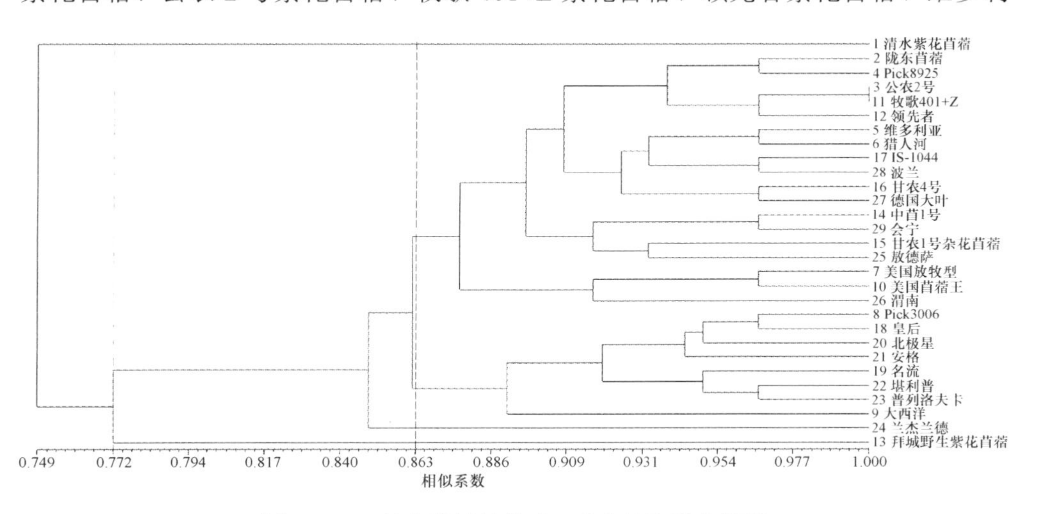

图 5-4　29 份苜蓿材料基于 3 种酶的聚类分析图

亚紫花苜蓿、猎人河紫花苜蓿、IS-1044 紫花苜蓿、波兰紫花苜蓿、甘农 4 号紫花苜蓿、德国大叶紫花苜蓿、中苜 1 号紫花苜蓿、会宁紫花苜蓿、甘农 1 号杂花苜蓿、敖德萨紫花苜蓿、美国放牧型紫花苜蓿、美国苜蓿王紫花苜蓿、渭南紫花苜蓿，第Ⅱ亚类包括 Pick3006 紫花苜蓿、皇后紫花苜蓿、北极星紫花苜蓿、安格紫花苜蓿、名流紫花苜蓿、堪利普紫花苜蓿、普列洛夫卡紫花苜蓿、大西洋紫花苜蓿，第Ⅲ亚类由兰杰兰德紫花苜蓿组成。

（四）供试苜蓿材料的主成分分析

通过 NTSYSpc 2.1 软件，对供试材料进行主成分分析，并根据第 1、第 2 主成分作图，形成各苜蓿材料的位置分布图（图 5-5），图 5-5 中材料间位置相互靠近者表示亲缘关系较近，远离者表示亲缘关系较远。29 份苜蓿种质资源的亲缘关系可以直接从图 5-5 中反映出来，拜城野生紫花苜蓿和清水紫花苜蓿与栽培品种间的位置较远，表明野生种质资源与栽培品种间亲缘关系较远。大西洋、兰杰兰德和渭南紫花苜蓿在图 5-5 中的位置也相对孤立，表现出与其他材料间较远的亲缘关系。大部分栽培品种在图 5-5 中分布在同一区域，表明栽培品种之间的亲缘关系较近。主成分分析结果与聚类分析结果基本相同。

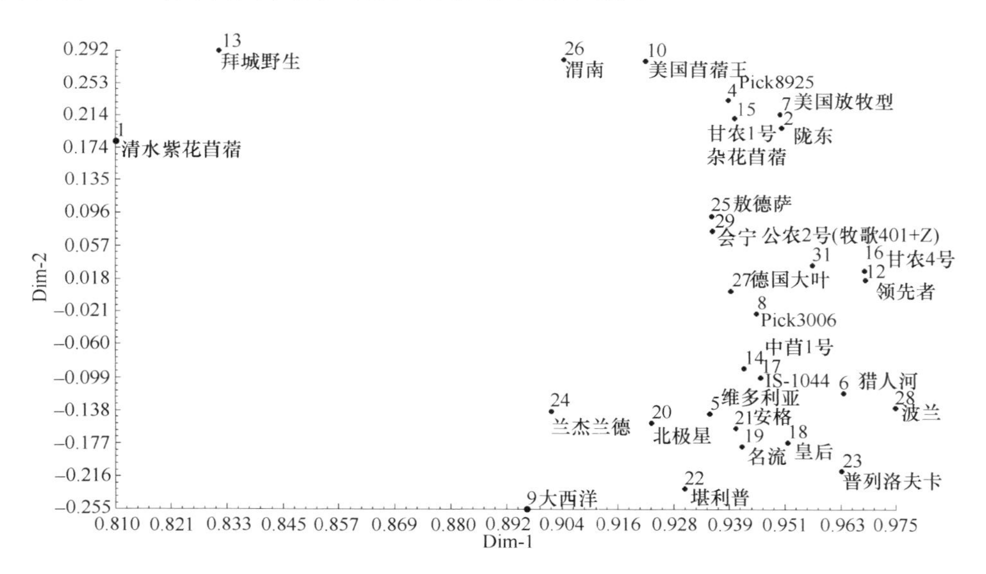

图 5-5　29 份苜蓿材料基于 3 种同工酶的主成分分析图

四、讨论与结论

试验选用了 3 种同工酶对 29 份苜蓿材料进行了分析，共检测到了 30 条酶带，其中 6 条为特异酶带，出现在清水紫花苜蓿、拜城野生紫花苜蓿、兰杰兰德紫花苜蓿和大西洋紫花苜蓿的酶谱中。同工酶是不同基因编码的蛋白质，是基因的直接产物（Xie and Mosjidis，2001）。因此，特异酶带是供试苜蓿材料遗传特异性的表现。多态性酶带数和百分率可以直接反映材料的多态性，间接反映酶谱的多样性信息含量，还可作为度量遗传变异水平高低的指标（于小玉等，2013）。本研究中，过氧化物酶、过氧化氢酶和淀粉酶的多态位点百分率分别为75.00%、55.56%和33.33%，表明供试材料具有一定的变异水平，用同工酶分析苜蓿遗传多样性时，过氧化物同工酶效果最佳，其次为过氧化氢同工酶，然后是淀粉同工酶。尹权为等（2009）采用过氧化物同工酶对12个紫花苜蓿品种的遗传多样性进行了分析，过氧化物酶检测到了9条酶带，多态位点百分率为66.70%。李景欣等（2009）对新品系Dy-2006、龙牧801杂花苜蓿、中苜1号紫花苜蓿和肇东紫花苜蓿的酯酶和过氧化物酶进行了分析，其中过氧化物酶检测到了13条酶带，多态位点百分率为100%。马向丽和毕玉芬（2011）对云南野生和逸生苜蓿资源的过氧化物酶和酯酶同工酶进行了分析，过氧化物酶共检测到10条酶带，多态位点百分率为100%。由于各研究所选材料不同，所得酶带数和多态位点百分率都不尽相同，但这些研究均证明过氧化物同工酶多态位点百分率较高，在苜蓿遗传多样性分析中具有良好的适用性。

29份苜蓿材料间的相似系数介于0.633～1.000，相似系数变幅较大，主要是由野生种质资源与栽培品种之间遗传差异较大所致。野生种质资源经过长期的自然选择，保持了较为丰富的遗传多样性和适应性，往往蕴涵着育种所需要的特殊基因资源（毕玉芬，1997）。本研究表明，清水紫花苜蓿与拜城野生紫花苜蓿之间相似系数为0.733，相似系数相对较小，这与关潇（2009）用SRAP标记对15个国家42份野生紫花苜蓿种质资源的遗传多样性进行研究的结果相似。清水紫花苜蓿与栽培品种间的相似系数平均值为0.749，拜城野生紫花苜蓿与栽培品种间的相似系数平均值为0.772，这些值都远小于栽培品种间的平均相似系数（0.883）。聚类分析结果也显示，清水紫花苜蓿与拜城野生紫花苜蓿分别被聚在两个单独的类中。在主成分分析图中，它们与其他材料间位置较远，表明野生种质资源与栽培品种之间的亲缘关系较远。可通过杂交、细胞融合、转基因等育种手段实现资源有利基因的结合，培育新品种。

27份苜蓿栽培品种间的相似系数介于0.767～1.000，平均值为0.883，其中有183对栽培品种间的相似系数大于或等于0.900，这与李景欣等（2011）利用SSR标记对苜蓿新品系Dy-2006等6个苜蓿品种（品系）亲缘关系进行研究的结果相近。聚类分析把29份苜蓿材料在相似系数为0.722处聚为3类，栽培苜蓿品种全部聚在同一类中。在主成分分析图中，大部分栽培品种间的位置也相对较近，表现出彼此之间具较近的亲缘关系。以下结果表明，总体上栽培品种间的相似系数较大，亲缘关系较近。育种实践表明，种质资源遗传基础的宽窄、遗传多样性的丰富程度、亲缘关系的远近是育种成败与否的关键（云锦凤，2001）。随着苜蓿品种遗传资源的日益枯竭，要在育种领域有所突破，一方面要重视挖掘野生种质资源、地方种质资源及具有特异优良基因的种质资源，引进和利用国外优良品种，尽量拓宽苜蓿育种材料的遗传基础；另一方面可通过远缘杂交打破种间界限，扩大基因组合范围，创造新品种。王赫等（2007）用 RAPD 标记分析了黄花苜蓿、紫花苜蓿和杂花苜蓿品种的遗传多样性，供试材料遗传距离介于 0.488～0.686，平均值为 0.592，聚类分析把 10 份材料聚为 3 类，草原 1 号杂花苜蓿、草原 3 号杂花苜蓿、美国苜蓿王紫花苜蓿和达菲黄花苜蓿为第 1 类，雅酷黄花苜蓿、呼伦贝尔盟黄花苜蓿、蒙古黄花苜蓿和锡林郭勒盟黄花苜蓿为第 2 类，秋柳黄花苜蓿单独聚为 1 类。李飞飞等（2012）用 15 对 SSR 引物和 10 个 ISSR 引物对黄花苜蓿、多变苜蓿及紫花苜蓿共 10 个居群的遗传多样性及亲缘关系进行了研究，结果显示，10 个居群间的遗传距离介于 0.05～0.23，平均值为 0.12。刘磊等（2012a）用 ISSR 标记对胡卢巴（*Trigonella foenum-graecum*）、扁蓿豆和黄花苜蓿间的亲缘关系进行了研究，结果表明，供试材料间的相似系数介于 0.86～0.92。刘磊等（2012b）用 ISSR 标记研究了紫花苜蓿、黄花苜蓿和胡卢巴属植物的亲缘关系，结果表明，紫花苜蓿、黄花苜蓿和胡卢巴种质资源间的相似系数介于 0.85～0.94，其中胡卢巴属材料和紫花苜蓿材料间相似系数为 0.85。这些结果都表明，紫花苜蓿、黄花苜蓿、杂花苜蓿、胡卢巴属植物之间相似系数较大。作为不同种、属的植物，彼此间较小的亲缘关系赋予了它们作为远缘杂交亲本独特的优势和开发潜力。近 60 年来，育种工作者在苜蓿远缘杂交方面进行了大量的研究和实践，已培育出许多优良品种，如甘农 1 号杂花苜蓿、草原 1 号杂花苜蓿、草原 2 号杂花苜蓿、图牧 1 号杂花苜蓿、新牧 1 号杂花苜蓿、龙牧 801 杂花苜蓿、龙牧 803 杂花苜蓿（曹致中，2001；王殿魁等，2008）。美国 Sorensen 等也用一年生蜗牛苜蓿（*Medicago scutellata*）和多年生苜蓿为亲本进行杂交，育成了抗虫苜蓿新品种（云锦凤，2001）。近年来，生物工程技术的迅速发展又为远缘杂交技术注入了新的活力，与诸多植物资源一样，远缘杂交也将成为克服苜蓿种质资源遗传基础狭窄，引领苜蓿育种取得突破性进展的新途径。

29 份苜蓿资源 406 对材料中，有 47 对材料间的相似系数小于 0.767，表现出彼此之间相对较远的亲缘关系，其中有 6 对材料为栽培品种，表明除了野生种质资源具有遗传特异性外，仍有部分栽培品种间存在相对明显的遗传差异。聚类分析表明，栽培品种在相似系数为 0.863 处聚为 3 个亚类，其中兰杰兰德紫花苜蓿单独聚为一个亚类。在主成分分析图中，清水紫花苜蓿、拜城野生紫花苜蓿、兰杰兰德紫花苜蓿、大西洋紫花苜蓿、渭南紫花苜蓿材料等的位置相对孤立，表现出与其他材料间相对较远的亲缘关系。目前，关于遗传距离能否预测杂种优势的研究还存在争议，但也有大量研究表明，亲本的亲缘关系与杂种优势存在一定的相关性（Lee et al.，1989；Smith et al.，1990；何建文等，2013；黄永相等，2013）。在一定范围内，亲本遗传基础差异越大，其后代的分离范围就越广泛，从而获得优良杂种后代个体的机会也就越多（云锦凤，2001）。因此，在苜蓿育种实践中应尽量选择这些与其他材料间亲缘关系较远且综合农艺性状较好的材料为亲本，由于其后代的遗传基础丰富，可能会获得分离范围较大的群体。如果不考虑材料的亲缘关系，只根据农艺性状选配亲本，苜蓿育成品种遗传基础将会日趋狭窄。

与此同时，张雪婷和师尚礼（2009）对清水紫花苜蓿和 40 份其他苜蓿材料的过氧化物同工酶（表 5-4）进行了比较和分析，其电泳照片见图 5-6，POD 酶谱模式图见图 5-7。

表 5-4　供试材料

序号	材料	拉丁名	原产地
1	肇东紫花苜蓿	*M. sativa* L. cv. Zhaodong	中国黑龙江
2	皇后 2000 紫花苜蓿	*M. sativa* L. cv. Cleopatra 2000	美国
3	皇后紫花苜蓿	*M. sativa* L. cv. Cleopatra	美国
4	金皇后紫花苜蓿	*M. sativa* L. cv. Golden Empress	美国
5	新疆大叶紫花苜蓿	*M. sativa* L. cv. Xinjiangdaye	中国新疆
6	三得利紫花苜蓿	*M. sativa* L. cv. Sanditi	荷兰
7	中牧 3 号紫花苜蓿	*M. sativa* L. cv. Zhongmu No.3	中国农业大学
8	捷克紫花苜蓿	*M. sativa* L. cv. Czech	捷克
9	公农 1 号紫花苜蓿	*M. sativa* L. cv. Gongnong No.1	中国吉林省农业科学院
10	牧歌紫花苜蓿	*M. sativa* L. cv. Bucolicaorum	美国
11	牧歌 401+Z 紫花苜蓿	*M. sativa* L. cv. Amerigraze 401+Z	美国
12	陇东紫花苜蓿	*M. sativa* L. cv Longdong	中国甘肃
13	清水紫花苜蓿	*M. sativa* L. cv Qingshui	中国甘肃
14	中兰 1 号苜蓿	*M. sativa* L. cv. Zhonglan No.1	中国农业科学院兰州畜牧兽药研究所
15	飞马紫花苜蓿	*M. sativa* L. cv. Grandeur	荷兰
16	佳木斯紫花苜蓿	*M. sativa* L. cv. Jiamusi	中国黑龙江
17	同心紫花苜蓿	*M. sativa* L. cv. Tongxin	中国宁夏
18	甘农 1 号杂花苜蓿	*M. varia* Martin. cv. Gannong No. 1	中国甘肃农业大学
19	甘农 3 号紫花苜蓿	*M. sativa* L. cv. Gannong No.3	中国甘肃农业大学
20	大西洋紫花苜蓿	*M. sativa* L. cv. Atlantic	美国
21	河西紫花苜蓿	*M. sativa* L. cv. Hexi	中国甘肃河西
22	巨人紫花苜蓿	*M. sativa* L. cv. AmeriStand	美国
23	公农 2 号紫花苜蓿	*M. sativa* L. cv. Gongnong No.2	中国吉林省农业科学院
24	维多利亚紫花苜蓿	*M. sativa* L. cv. Victoria	法国
25	杜普梯紫花苜蓿	*M. sativa* L. cv. Locpuits	美国
26	中农 32 号紫花苜蓿	*M. sativa* L. cv. Zhongnong No.32	中国农业大学
27	Pick8925 紫花苜蓿	*M. sativa* L. cv. Pick8925	加拿大
28	博来维紫花苜蓿	*M. sativa* L. cv. Beaver	加拿大

续表

序号	材料	拉丁名	原产地
29	沃库紫花苜蓿	*M. sativa* L. cv. Wookoo	加拿大
30	阿尔冈金杂花苜蓿	*M. varia* Martin. cv. Algongquin	加拿大
31	德宝紫花苜蓿	*M. sativa* L. cv. Derby	荷兰
32	润布勒杂花苜蓿	*M. varia* Martin. cv. Rambler	加拿大
33	德福紫花苜蓿	*M. sativa* L. cv. Deft	加拿大
34	放牧型苜蓿	*M. sativa* L. cv. Alfagraze	美国
35	Pick3006 紫花苜蓿	*M. sativa* L. cv. Pick3006	荷兰
36	苜蓿王紫花苜蓿	*M. sativa* L. cv. Alfakin	美国
37	雷达克之星紫花苜蓿	*M. sativa* L. cv. Ladak	美国
38	游客紫花苜蓿	*M. sativa* L. cv. Eureka	荷兰
39	哥萨克紫花苜蓿	*M. sativa* L. cv. Cossak	俄罗斯
40	苏联 1 号紫花苜蓿	*M. sativa* L. cv. Russia No.1	俄罗斯
41	格林紫花苜蓿	*M. sativa* L. cv. Grimm	美国

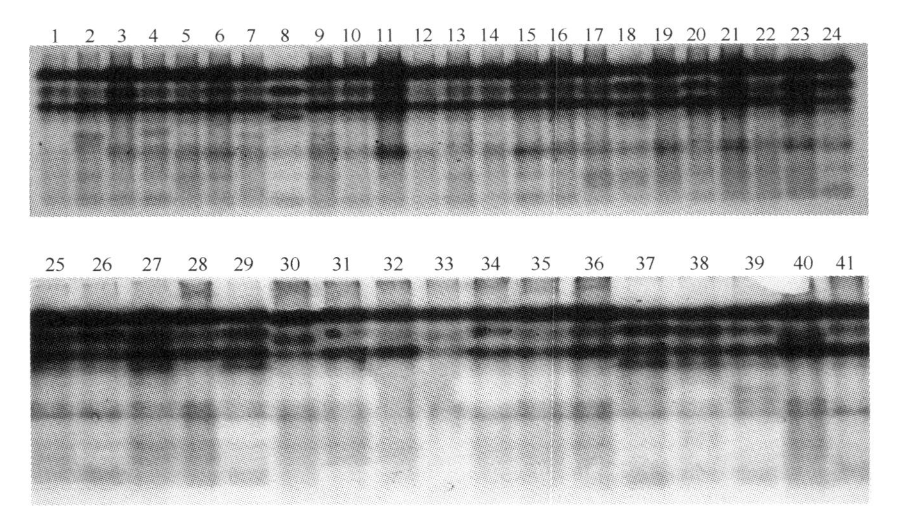

图 5-6 材料 1～41 的凝胶电泳照片（彩图请扫封底二维码）

由图 5-7 可知，供试材料共出现 22 条酶带，出现 9 条、8 条、7 条、6 条、5 条酶带数的材料，依次占全部供试材料的 14.7%、39%、36.5%、7.3%和 2.4%。根据酶带的分布，以迁移率 Rf 值将 22 条酶谱带分成 4 个区，A 区范围 $0.00 \leqslant Rf \leqslant 0.19$，B 区范围 $0.19 < Rf \leqslant 0.53$，C 区范围 $0.53 < Rf \leqslant 0.72$，D 区范围 $0.72 < Rf \leqslant 1.00$，各区出现的酶带及各酶带上出现的材料见表 5-5。

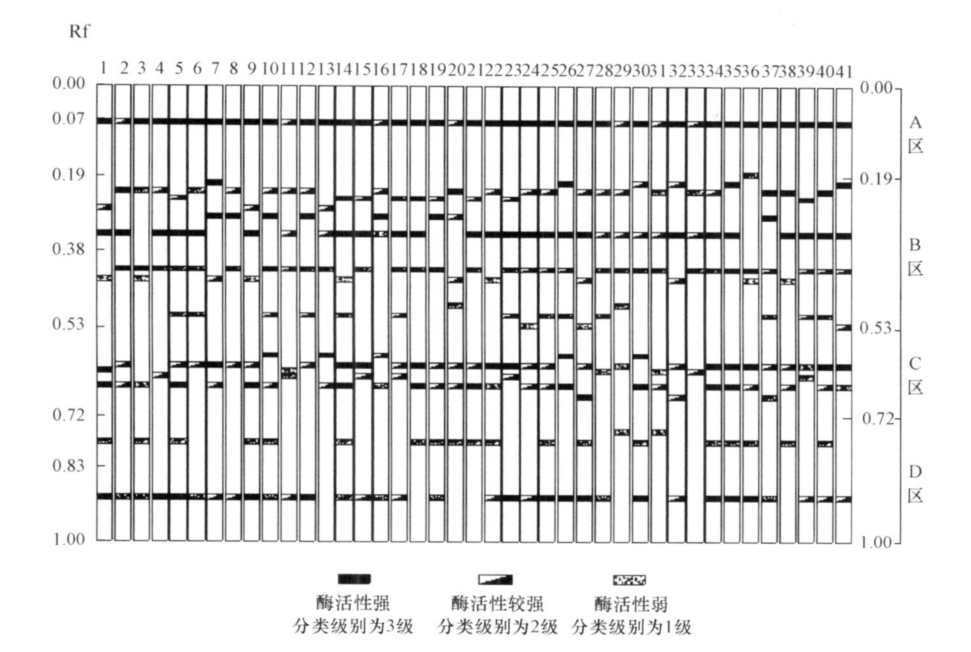

图 5-7　41 份苜蓿材料的 POD 同工酶酶谱模式图

表 5-5　22 条酶带的 Rf 值及出现在该谱带上的材料

酶谱区段	Rf 值	出现酶带的材料编号
A 区（0.00≤Rf≤0.19）	0.07*	1～41
	0.18	36
B 区（0.19＜Rf≤0.53）	0.21	26 30 32 35 41
	0.22	2～4 6 8 10～12 16 20 22 24 25 27～29 31 33 34 37 38 40
	0.24	5 14 15 17～19 21 23 27
	0.26*	1 9 13
	0.28	7 8 10 12 16 19 20 37
	0.32*	2 4～6 9 11 13～18 21～24 35 38～41
	0.39*	2～6 8 10～13 15 17～19 21 23～26 28～31 33 34～37 39～41
	0.42	1 3 7 9 14 20 22 27 32 36 38
	0.47	20 29
	0.49	5 6 10 12 14 17 23 25 26 28 37 39 40
	0.52	4 27 41
C 区（0.53＜Rf≤0.72）	0.58*	10 13 16 26 30
	0.61	5～9 12 14 15 17～25 27 29 32 34～41
	0.62	1 4 11 28 31 34
	0.63	1 15 17 23 39
	0.65*	1～3 5 7 9 10 13 14 16 18～22 25 27 30 34～36 38 40 41
	0.67	27 32 37
D 区（0.72＜Rf≤1.00）	0.75	29 31
	0.77	1～12 14～17 19 22～28 30 32 34～37 39～41
	0.89	1 3 5 9 10 14 17～22 25 27 30 34～36 38 40

*表示清水紫花苜蓿的酶带

A 区（0.00≤Rf≤0.19）出现 Rf0.07、Rf0.18 两条酶带。其中 Rf0.07 酶带出现在全部供试材料中，为全部供试材料的共有谱带，但酶带颜色的深浅不同，除牧歌 401+Z 紫花苜蓿、佳木斯紫花苜蓿、大西洋紫花苜蓿、沃库紫花苜蓿、德宝紫花苜蓿、德福紫花苜蓿 6 份材料的酶带酶活性呈 2 级外，清水紫花苜蓿和其他 34 份材料的酶带酶活性均呈 3 级，较以上 7 份材料的酶活性强；Rf0.18 酶带仅出现在苜蓿王紫花苜蓿中。

B 区（0.19＜Rf≤0.53）共 12 条酶带。在 Rf0.22、Rf0.32、Rf0.39 出现酶带的材料，分别占全部供试材料的 55%、78.05%、75.6%，出现比例较高，应为苜蓿的共有谱带。清水紫花苜蓿仅在 Rf0.32 和 Rf0.39 出现酶带，且 Rf0.32 酶带活性较低，呈 2 级。在 Rf0.18、Rf0.26、Rf0.47、Rf0.52 出现酶带的材料，分别占全部供试材料的 2.44%、7.31%、4.88%、7.32%，出现比例较低，应为特征谱带，即 Rf0.18 酶带是苜蓿王紫花苜蓿的特征谱带，Rf0.26 酶带是肇东紫花苜蓿、公农 1 号紫花苜蓿和清水紫花苜蓿的特征谱带，Rf0.47 酶带是大西洋紫花苜蓿和沃库紫花苜蓿的特征谱带，Rf0.52 酶带是维多利亚紫花苜蓿和 Pick8925 紫花苜蓿的特征谱带。因此，清水紫花苜蓿在 B 区的特征谱带为 Rf0.26，且酶活性较强，呈 2 级。

C 区（0.53＜Rf≤0.72）出现 6 条酶带。在 Rf0.61 和 Rf0.65 出现酶带的材料，分别占全部供试材料的 68.29%、63.14%，是全部供试材料的共有谱带。清水紫花苜蓿在 Rf0.65 出现酶带，且酶活性较强，呈 2 级。在 Rf0.58、Rf0.62、Rf0.63、Rf0.67 出现酶带的材料，依次占全部供试材料的 12.2%、14.63%、12.2%、7.32%。表明 Rf 0.67 酶带是新疆大叶紫花苜蓿、润布勒杂花苜蓿、赛特紫花苜蓿的特征谱带。在 Rf 0.58 处清水紫花苜蓿出现特征谱带，且酶活性强，呈 3 级。

D 区（0.72＜Rf≤1.00）有 3 条酶带，分别为 Rf0.75、Rf0.77 和 Rf0.89 酶带，对应酶带材料依次占全部供试材料的 4.88%、46.34%、80.49%。Rf0.89 酶带是供试材料的共有谱带。Rf0.75 酶带是沃库紫花苜蓿、德宝紫花苜蓿的特征谱带。清水紫花苜蓿在该区未出现酶带。

由此可知，清水紫花苜蓿共检测出 6 条酶带，分别为：A 区 Rf0.07 一条（3 级，强），B 区 Rf0.26（2 级，较强）、Rf0.32（3 级，强）、Rf0.39（1 级，弱）三条，C 区 Rf0.58（3 级，强）、Rf0.65（2 级，较强）两条，D 区未出现。其中，Rf0.26 酶带是清水紫花苜蓿独有的特征谱带。

依据供试材料在 22 个迁移位点上酶带的有无，转化为 0，1 二态性数值，得到 41 份供试材料的二态性矩阵。采用类平均法（UPGMA），将 0，1 二态性矩阵转化为遗传距离矩阵后，作聚类分析树状图（图 5-8），41 份材料的遗传距离在 0.00～0.75，当遗传距离为 0.75 时，分为两大类，清水紫花苜蓿单独聚为一类，其他 40 份苜蓿材料聚为一大类。

综上所述，本研究通过对 41 份苜蓿材料的 POD 同工酶进行分析，共检测出 22 条谱带，其中，Rf0.07、Rf0.22、Rf0.32、Rf0.39、Rf0.61、Rf0.65 和 Rf0.89 共 7 条酶带为苜蓿共有谱带，所有供试材料均有，表明清水紫花苜蓿和大多数苜蓿材料是具有共同起源的（Kahler and Allard，1970）；22 条谱带中有 Rf0.18、Rf0.26、Rf0.47、Rf0.52 和 Rf0.67 5 条特殊谱带，其中 Rf0.26 谱带只在清水紫花苜蓿出现，且频率最低，仅为 7.31%，应为清水紫花苜蓿的特征谱带。这可能是因为清水紫花苜蓿发生了遗传分子水平上的变异，从而导致同工酶的表达与大多数苜蓿材料具有差异（陈家宽和杨继主，1994）。在遗传距离 0.75 处，41 份苜蓿材料聚为两大类，即清水紫花苜蓿单独成类，其他 40 份材料归为一类。由于遗传距离值越大，亲缘关系越远，表明单独成类的清水紫花苜蓿与其他苜蓿材料存在较大的遗传差异，为其在形态学上与其他苜蓿有差异提供了有利支持。

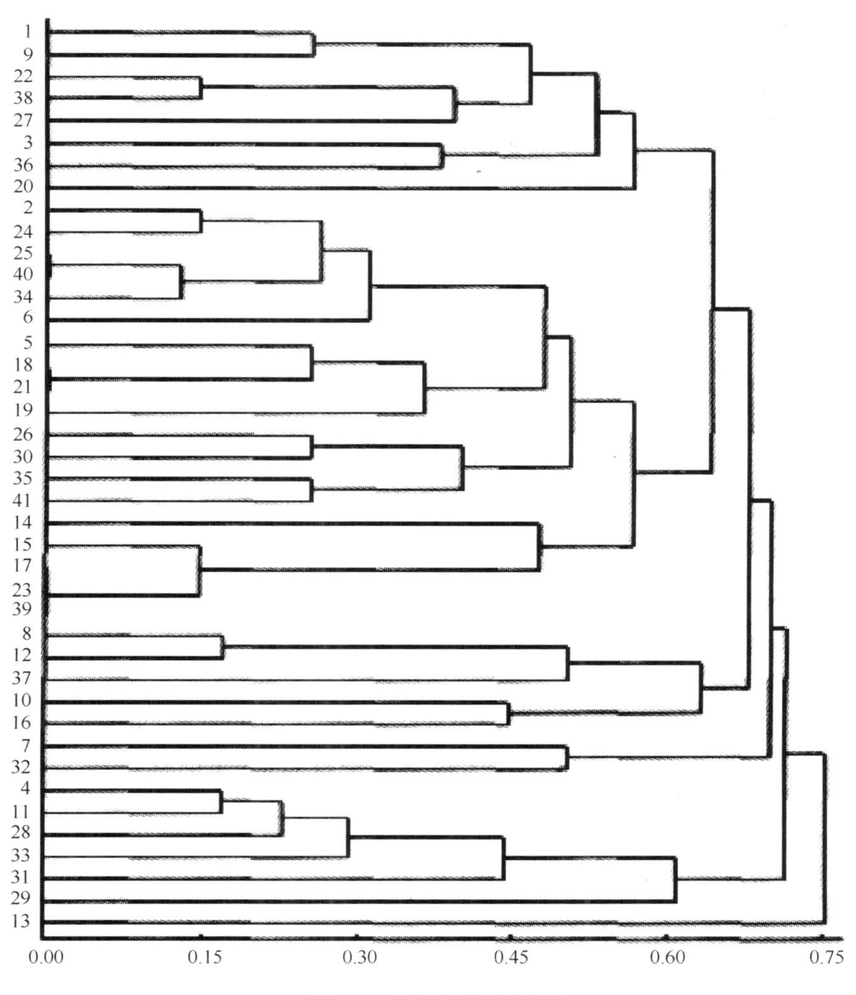

图 5-8　聚类分析树状图

第六章　根茎型清水紫花苜蓿的DNA分子标记研究

第一节　DNA分子标记在苜蓿研究中的应用

一、DNA分子标记技术的发展

DNA是遗传物质的载体，遗传信息就是DNA的碱基排列顺序，因此直接对DNA碱基序列进行分析和比较是揭示遗传变异和多样性最理想的方法。20世纪80年代以来，分子生物技术的快速发展为遗传多样性检测提供了更直接、精确的方法，与传统遗传标记相比，分子标记具有以下优越性（许云华和沈洁，2003）：①不受环境影响。因为环境只影响基因表达（转录与翻译），而不改变基因结构，即DNA的核苷酸序列。②不受组织类别、发育阶段等的影响。生物的任何组织在任何发育阶段均可用于分析。③标记数量多，遍及整个基因组。④多态性高，自然存在许多等位变异。⑤许多标记表现为共显性，能够鉴别纯合基因型和杂合基因型，提供完整的遗传信息。⑥DNA分子标记技术简单、快速、易于自动化。⑦提取的DNA样品，在适宜条件下可长期保存，这对于进行追溯性或仲裁性鉴定是非常有利的。因此，分子标记以其独特的优越性广泛应用于植物的遗传育种研究中。韩雅莉（1996）的研究表明，对生物多样性的研究应重点放在对物种DNA核苷酸排列上差异的比较，只有从这一本质上进行深入研究，才能真正解释种间和种内遗传多样性的实质。

分子标记大多以电泳谱带的形式表现，大致可分为四大类。第一类是新型分子标记，包括单核苷酸多态性（single nucleotide polymorphism，SNP）和表达序列标签（expressed sequence tag，EST）。第二类是PCR与酶切相结合产生的分子标记，包括酶切扩增片段多态性序列（cleaved amplified polymorphic sequence，CAPS）、扩增酶切片段多态性（amplified fragment length polymorphism，AFLP）。第三类是基于DNA分子杂交的分子标记，包括可变数目串联重复序列（variable number of tandom repeat，VNTR）、限制性片段长度多态性（restriction fragment length polymorphism，RFLP）。第四类是基于PCR技术的分子标记，包括随机扩增DNA多态性（randomly amplified polymorphic，RAPD）、内部简单重复序列（inter simple sequence repeat，ISSR）、简单序列重复（simple sequence repeat，SSR）、序列特异性扩增区域（sequence characterized amplified region，SCAR）。

SNP即染色体基因组中单个核苷酸突变而引起的DNA序列的多态性，它以单个碱基的颠换、转换、插入和缺失等形式存在。目前SNP的检测方法大致可以分为两大类：一大类是以单链构象多态性（SSCP）（Orita et al.，1989a，1989b）、变性梯度凝胶电泳（DDGE）（Fischer and Lerman，1979）、酶切扩增多态性序列（CAPS）（Konieczny and Ausubel，1993）、等位基因特异性PCR（allele-specific PCR，AS-PCR）（Suzuki et al.，1991）等为代表的以凝胶电泳为基础的传统经典的检测方法。另一大类是以直接测序、DNA芯片、变性高效液相色谱（DHPLC）（Fasano et al.，2005）、质谱检测技术、高分辨率溶解曲线（HRM）（Gundry，2003）等为代表的高通量、自动化程度较高的检测方法。其中SSCP是PCR扩增的DNA片段在有变性剂的条件下，通过高温处理使双链DNA扩增片段解旋并且维持单链状态，进一步进行非变性聚丙烯酰胺凝胶电泳。DGGE利用双链DNA分子在含有一定浓度梯度变性剂的凝胶中进行电泳时，由于存在突变的双链DNA分子和不存在突变的双链DNA分子在不同的部位解旋而区分。即使只有一个碱基对的不同，两个双链DNA分子在不同的时间发生部分解旋，随之形成有差异的电泳条带。CAPS是将PCR技术与RFLP技术相结合，也称为PCR-RFLP，利用DNA片段在酶切位点上碱基的变异，采用相应的限制性内切酶，对该DNA片段的PCR扩增产物进行酶切，因而产生多态性。DHPLC是在接近DNA解旋温度条件下进行的离子对反相色谱分析，该方法色谱柱中的固相是其决定性因素，固相对于单链DNA和双链DNA有着不同的亲和力。HRM方法通过DNA双链熔解曲线的变化可以反映核苷酸性质的差异。无论何种SNP检测方法，都应该具有以下特点：灵敏度和准确度较高（反应原理严谨）；快速、简便、高通量（操作和分析的自动化程度高）；费用相对低廉（许家磊等，2015）。目前SNP被广泛应用于生物、农学、医学、生物进化等众多领域，在分子遗传学、药物遗传学、法医学及疾病的诊断和治疗等方面发挥着重要作用（唐立群等，2012）。

EST技术是1991年建立起来的一种相对简便和快速鉴定大批表达基因的技术。它是将mRNA转录成cDNA并克隆到载体构建成cDNA文库后，大规模随机挑选cDNA克隆，对其5′端或3′端进行一步法测序，所获序列与基因数据库已知序列比较，从而获得对生物体生长发育、繁殖分化、遗传变异、衰老死亡等一系列生命过程进行认识的技术（忻雅和崔海瑞，2004）。EST标记特别适用于远缘物种间比较基因组的研究和数量性状位点信息的比较。

AFLP技术是由荷兰科学家Zabeau和Vos在1992年发明的一项DNA标记技术，其操作流程主要有：首先用限制性内切酶将基因组DNA消化；其次将人工双链DNA接头通过T4连接酶加在这些限制性片段两端，形成带有接头的特异片段；最后通过PCR引物与接头3′端特异性识别，进行特异的扩增。当基因组 DNA 突变而使限制性酶切位点发生改变，或引物特异识别位点发生改变，或两个限制性位点间发生缺失时，都将产生多态的指纹谱带。AFLP 技术兼具了 RFLP 的可靠性和 RAPD 的灵敏度，标记多态性强，方法简单，结果稳定，无需制备探针和进行分子杂交，信息量大，应用范围广及重复性强等优点。缺点是需要用同位素检测，成本高，且 AFLP 技术受专利保护，多用于非盈利的科学研究。

VNTR 是 Nakamura 于 1987 年发现的，是由基因组内一种短的核心序列重复发生变化而产生的多态性。其分子机制是 DNA 在复制过程中由于 DNA 聚合酶的“滑动”导致姐妹染色单体间发生不等交换。VNTR 标记包括小卫星和微卫星标记，它们的区别在于核心序列的长度不同，前者核心序列长度为 10～60bp，后者核心序列一般只有 1～6bp。VNTR 标记可以用 PCR 方法也可以用 Southern 杂交方法进行检测。用 PCR 方法检测时，首先从基因组中分离出小卫星或微卫星序列，通过测序获得重复序列两侧的单拷贝序列，然后据此单拷贝序列设计引物，扩增出该位点的重复序列。RFLP 方法是用小卫星或微卫星序列作探针，与用限制性内切酶酶切的基因组 DNA 杂交，检测其多态性。

RFLP 作为遗传工具由 Grodjicker 创立（1974 年），1980 年由 Botstein 再次提出，并由 Soller 和 Beckman 于 1983 年最先应用于品种鉴别和品系纯度的测定，这是第一个被应用于遗传研究的 DNA 分子标记技术。其原理是：用限制性内切酶消化基因组 DNA 后，将产生长短、种类、数目不同的限制性片段，这些片段经电泳分离后，在聚丙烯酰胺凝胶上呈现不同的带状分布，通过与克隆的 DNA 探针进行 Southern 杂交和放射自显影后，即可产生和获得反映生物个体或群体特异性的 RFLP 图谱。RFLP 指纹图谱的优点：可靠性较高，因为它由限制性内切酶切割特定位点产生；来源于自然变异，依据 DNA 上丰富的碱基变异，不需任何诱变剂处理；多样性；通过酶切反应来反映 DNA 水平上所有差异，在数量上无任何限制；共显性；能够区别杂合体与纯合体；数量性，可数量化。RFLP 指纹技术的缺点：操作烦琐，费时；具有种属特异性，且只适应单/低拷贝基因，限制了其实际应用；多态位点数仅 1～2 个，多态信息含量低，仅 0.2 左右。线粒体 DNA 的研究使 RFLP 的应用有了新的发展，由于 mtDNA 结构简单，相对分子质量小（仅 15.7～19.5），适合于用 RFLP 分析，而且不受选择压力的影响，进化速度快，适合于近缘物种及种内群体间的比较。另外，mtDNA 属母性遗传，一个个体就代表一个母性群体，有利于群体分析，用有限的材料就能反映群体的遗传结构，因此 mtDNA-RFLP 指纹技术用于遗传多样性的研究有其独到的优势（黄龙花等，2011）。

RAPD 技术是 1990 年由美国的 Williams 和 Welsh 领导的 2 个研究小组几乎同时提出的一种分子标记技术，其原理是：以 PCR 技术为背景，以人工合成的碱基顺序随机排列的寡核苷酸单链为引物，对所研究的基因组 DNA 进行 PCR 扩增，产生多态性的 RAPD 片段，这些扩增片段的多态性反映了基因组相应区域的多态性。RAPD 技术的优点：不需要 DNA 探针；使用随机引物，合成引物时无需预知被研究的生物的基因组序列，一套引物可用于不同生物的研究；技术简便、快速，可免去 RFLP 中的克隆制备、同位素标记、Southern 杂交等步骤；RAPD 分析所需 DNA 量少，每个反应仅需几十纳克的 DNA，仅为 RFLP 的 1/1000～1/200，这对生物早期取样鉴定或在 DNA 样本受限制的情况下大有益处。RAPD 技术的缺点：RAPD 标记为显性分子标记，因此不能在 F_2 代区分纯合体与杂合体，必须进行 F_3 分析；RAPD 扩增中退火温度较常规的 PCR 反应低，一般为 36℃左右，这样能保证短核苷酸引物与模板的稳定配对并允许适当的错配，增大了引物在基因组 DNA 中配对的随机性，提高了对基因组进行分析的效率，但是由于采用的引物短，T_m 值低，扩增结果易受外界因素的影响，试验的重复性较差，因此在试验中只有严格控制试验条件，才能得到可重复、理想的扩增效果。

SCAR 是由 Paran 和 Michelmore（1993）提出的一种基于 PCR 技术的单基因位点多态性遗传标记，是在序列未知的 DNA 标记（RAPD、AFLP 等）基础上，对其特异 PCR 扩增产物进行回收、克隆和测序，根据扩增产物的碱基序列重新设计特异引物（在原标记引物的基础上加 10～14 个碱基），并以此为引物对基因组 DNA 进行 PCR 扩增获得。SCAR 标记具有序列已知、遗传一致、简单易用、重复性好等优点，被广泛用于目标基因的辅助选择、品种鉴定和种质评价、基因定位与遗传图谱构建、植物遗传进化等方面。

ISSR 技术是一种新兴的分子标记技术。用于 ISSR-PCR 扩增的引物通常为 16～18 个碱基序列，由 1～4 个碱基组成的串联重复和几个非重复的锚定碱基组成，从而保证了引物与基因组 DNA 中 SSR 的 5′端或 3′端结合，通过 PCR 反应扩增 SSR 之间的 DNA 片段。SSR 在真核生物中的分布是非常普通的，并且进化变异速度非常快，因而锚定 ISSR-PCR 可以检测基因组许多位点的差异。与 SSR-PCR 相比，用于 ISSR-PCR 的引物不需要预先进行 DNA 测序，也正因如此，有些 ISSR 引物可能在特定基因组 DNA 中没有配对区域而无扩增产物，通常为显性标记，呈孟德尔式遗传，且具有很好的稳定性和多态性。ISSR 检测方法简便，用 2%琼脂糖凝胶电泳分析即可，而 SSR 标记检测一般需用聚丙烯酰胺凝胶垂直电泳。ISSR 标记主要用于品种鉴定、遗传关系及遗传多样性和指纹图谱分析、遗传图谱构建及目的基因的标记等。

SSR 标记由 Litt 和 Luty（1989）提出，其串联重复的核心序列长度为 1～6bp，其中最常见的是双核苷酸重复，即（CA）$_n$ 和（TG）$_n$ 每个微卫星 DNA 的核心序列结构相同，重复单位数目 10～60 个，其高度多态性主要来源于串联数目的不同及重复程度的不完全。SSR 标记的基本原理是：根据微卫星序列两端互补序列设计引物，通过 PCR 反应扩增微卫星片段，由于核心序列串联重复数目不同，因此能够用 PCR 方法扩增出不同长度的 PCR 产物，将扩增产物进行凝胶电泳，根据分离片段的大小决定基因型并计算等位基因频率。SSR 具有的优点：检测快速、信息量大；一般检测到的是一个单一的多等位基因位点；微卫星呈共显性遗传，可鉴别杂合子和纯合子；所需 DNA 量少，即便降解了也能有效地分析鉴定出。缺点：在采用 SSR 技术分析微卫星 DNA 多态性时必须知道重复序列两端 DNA 序列的信息，如不能直接从 DNA 数据库查寻，必须针对每个染色体座位的 SSR 测定并找到其两端的单拷贝序列设计引物并筛选，因而使其开发成本高、工作量大。SSR 标记在苜蓿遗传多样性分析、遗传图谱构建、功能基因定位、分子标记辅助选择和种群内遗传变异检测等方面已广泛应用（Julier et al.，2003；张阿英，2002；刘志鹏，2004；魏臻武，2004；Flajoulot et al.，2005）。实践表明，SSR 标记是研究品种间变异的有效方法（Olufowote et al.，1997；Sandrine et al.，2005）。

二、DNA 标记在苜蓿育种中的应用

DNA 标记应用于牧草方面的研究起步较晚，但在一些重要的牧草中取得相当的进展。

卢欣石和何琪（1997）、毕玉芬（1998）、于林清等（2001）从形态和生化等方面对我国苜蓿品种的遗传多样性进行了研究。魏臻武和盖钧镒（2006）对一年生苜蓿的资源状况进行了论述。Cregan 等（1994）和 Joshi 等（2000）利用 RFLP、RAPD 等分子标记技术对苜蓿 DNA 的多态性进行了分析。李拥军和苏加楷（1998）利用 RAPD 分子标记技术对我国 18 个苜蓿地方品种和北美 9 个苜蓿基本种质来源的代表品种进行了分析，发现我国苜蓿地方品种间的遗传差异较小。杨青川等（2001）等以耐盐苜蓿和敏盐苜蓿为材料，应用 RAPD 技术，对 14 组 280 条随机引物进行了筛选。刘志鹏（2004）利用 SSR 标记技术，对中苜 1 号紫花苜蓿等国内外 5 个耐盐四倍体紫花苜蓿材料和 3 个敏盐材料进行了研究，从 20 对 SSR 引物中筛选出了 9 个具有理想条带的位点，共检测到 65 个等位基因，进一步分析证明了 8 个材料在群体间存在较高的变异，确定了中苜 1 号紫花苜蓿与其他群体间较远的亲缘关系。魏臻武（2004）等构建了 55 个苜蓿品种（系）的 SSR、ISSR 和 RAPD 指纹图谱，并于 2007 年利用 8 对 SSR 引物和 12 个 ISSR 随机引物，通过 PCR 扩增在 55 个国内外苜蓿品种（品系）中获得 126 个多态性位点，将 55 个苜蓿种质划分为 4 个大类群和 7 个类型，分析了我国主要苜蓿地方品种和引进品种的亲缘关系。Flajoulot 等（2005）利用 SSR 标记对品种选育过程中父母本和子代品种间的遗传变异进行分析后认为，品种内基因多样性相对较高，种间变异也很显著。Sandrine 等（2005）利用定位于苜蓿属植物 8 条染色体上的 8 对 SSR 引

物对 7 个苜蓿栽培品种（群）进行遗传分析后提出，SSR 标记是研究苜蓿种群间亲缘关系很有价值的标记系统。毕玉芬等（2005）用 RAPD 技术对 13 份苜蓿材料的遗传多样性进行了分析，其中 12 条引物共产生分子质量不同的 126 个 RAPD 标记，其中多态性条带 116 条，占 92.06%，结果表明半秋眠、不秋眠紫花苜蓿的多态性远高于中国紫花苜蓿地方品种（70.68%），是一类具有较高遗传多样性的苜蓿基因类群。吴宗怀（2007）利用 SSR 标记对 1 份紫花苜蓿、2 份杂花苜蓿和 3 份黄花苜蓿的遗传变异进行了研究，4 个引物共检测出 59 个等位基因，成功地把供试材料聚为 3 类。

遗传图谱反映了基因在染色体上的相对位置，是对基因组系统进行研究的基础，是植物遗传育种的依据。进行分子标记分析时，利用一系列引物可以使检测区域几乎覆盖整个基因组，对整个基因组 DNA 进行多态性分析，有可能找到与数量性状基因或致病基因等相连锁的遗传标记。目前已构建了包括细胞遗传图谱、物理图谱在内的 6 张苜蓿遗传图谱和 5 张蒺藜苜蓿图谱。Brummer 等（1993）、Echt 等（1993）、Kiss 等（1994）分别构建了苜蓿的连锁图，但这些连锁图利用不同的二倍体群体和不同的标记，因此还不能融为一体。Kiss 等（1994）的图谱是根据 *M. falcata* 和 *M. coerulea* 杂交的 F_2 群体绘制，他们利用 89 个共分离的 RFLP、RAPD、同工酶和形态标记位点分析了 138 个 F_2 个体。根据这些标记绘制了 8 个连锁群，对应着 8 条苜蓿染色体，覆盖 659cM 的遗传图距。Brummer 等（1993）利用 CADL 和 *M. coerulea* 的杂交后代 F_2 群体进行图谱的绘制，他们分析了 86 个 F_2 个体的 108 个 RFLP 位点。这些标记与 10 个连锁群有关，覆盖着 467.5cM 的遗传图距。Echt 等（1993）利用两个 CADL 杂交的回交群体绘制图谱，他们建立了两个连锁图，一个是利用 F_1 代分离的 RFLP 和 RAPD 标记，另外一个是利用回交后代分离的 RFLP 和 RAPD 标记，这两个图谱分别有 86 个和 61 个标记位点，有 8 个主要的连锁群，分别覆盖着 603cM 和 553cM 的遗传图距。

到目前为止，还没有报道过一套完整的四倍体苜蓿的遗传图谱。但 Yu 和 Pauls（1993）报道了四倍体苜蓿 F_1 群体中 32 个 RAPD 标记的分离结果，他们发现了 9 个连锁群，分别属于 4 个连锁组。在已报道的苜蓿基因图谱中，有 4 个是二倍体，1 个为四倍体，这是因为异质杂合的四倍体紫花苜蓿自交退化、无偏等位分离估算困难等，增加了其遗传分析的复杂性。在苜蓿属的 8 条染色体上，定位的基因已达数百个。由于苜蓿在全球范围的饲草中占有重要地位，最近一些欧美发达国家正在联合研究、构建苜蓿的基因图谱，这将对未来的苜蓿育种研究产生极大的影响。

以基因图谱为核心的基因组学研究正在成为一个热点，它以大规模的 DNA 测序与计算机识读的生物芯片微矩阵相结合，形成了一门称为生物信息学的新学科。通过对基因组中结构基因和功能基因的分析，可以准确地了解植物生长发育、品质变化、抗病虫、抗逆、固氮等生理生化反应的遗传调控机制，为基因操作提供更有力的工具。

目前已初步构建了 5 个豆科作物的比较图谱，包括蒺藜苜蓿、苜蓿、豌豆、绿豆和大豆。构建了 3 个模式植物蒺藜苜蓿、拟南芥和百脉根之间的比较图谱，为了解苜蓿基因组的详细信息提供了可靠途径。

第二节　根茎型清水紫花苜蓿遗传多样性的SSR分析

形态标记、细胞标记和生化标记都是基因表达的结果，是对基因的间接反映，标记数目有限，多态性较差，易受环境条件的影响。而 DNA 分子标记是直接在 DNA 分子上检测生物间的差异，是 DNA 水平上遗传变异的直接反映。DNA 遗传标记主要包括 RAPD、AFLP、RFLP、SNP、ISSR、SSCP、SSR、SCAR、CAPS、RAMP、TRAP、REMAP、IRAP、SRAP、IMP 等，其中 SSR 标记具有多态性高、重复性好、方法简便等优势，是进行植物品种间遗传多样性研究的理想分子标记，目前已被广泛应用于苜蓿遗传多样性研究领域（段永红和渠云芳，2010）。因此，本研究选用 SSR 标记对根茎型清水紫花苜蓿的遗传多样性进行检测，为其资源鉴定、保存和利用提供科学依据，并为苜蓿品种的遗传改良及杂交亲本的选配提供依据。

一、材料与方法

（一）试验材料

本研究以根茎型清水紫花苜蓿为试验材料，以其他 41 份苜蓿材料为对照，材料来源详见表 6-1。

（二）DNA 的提取

每品种随机选取 100 粒种子，置于铺有双层滤纸的培养皿中，在培养箱内发芽（光照 9h，黑暗 15h，温度 27℃），至第 8 天，随机剪取 40 个单株苗的嫩叶，用 CTAB（十六烷基三甲基溴化铵）法提取 DNA，并用琼脂糖凝胶电泳技术对其质量进行检测。样品 DNA 稀释后，置于－20℃冰箱保存备用。

1. 仪器设备

试验所需仪器设备较为简单，主要有研钵、水浴锅、天秤、离心机、灭菌锅、移液枪和电泳仪等。

2. 化学试剂与用品

主要有 NaCl、EDTA、Tris、HCl、CTAB、β-巯基乙醇、氯仿、异戊醇、异丙醇、乙醇和液氮等。

表 6-1　供试紫花苜蓿材料及原产地

序号	材料	原产地	序号	材料	原产地
1	清水紫花苜蓿 *M. sativa* L. cv. Qingshui	中国甘肃	22	赛特紫花苜蓿 *M. sativa* L. cv. Sitel	荷兰
2	河西紫花苜蓿 *M. sativa* L. cv. Hexi	中国甘肃	23	美国放牧型紫花苜蓿 *M. sativa* L. cv. America alfagraze	美国
3	新疆大叶紫花苜蓿 *M. sativa* L. cv. Xinjiangdaye	中国新疆	24	德宝紫花苜蓿 *M. sativa* L. cv. Derby	荷兰
4	三得利紫花苜蓿 *M. sativa* L. cv. Sanditi	荷兰	25	捷克紫花苜蓿 *M. sativa* L. cv. Czech	捷克
5	巴洛法紫花苜蓿 *M. sativa* L. cv. Baralfa	美国	26	秘鲁紫花苜蓿 *M. sativa* L. cv. Peru	秘鲁
6	肇东紫花苜蓿 *M. sativa* L. cv. Zhaodong	中国 黑龙江	27	Pick3006 紫花苜蓿 *M. sativa* L. cv. Pick3006	加拿大
7	陇东紫花苜蓿 *M. sativa* L. cv. Longdong	中国甘肃	28	阿尔冈金杂花苜蓿 *M. varia* Martin. cv. Algongquin	加拿大
8	甘农 3 号紫花苜蓿 *M. sativa* L. cv. Gannong No.3	中国甘肃	29	大西洋紫花苜蓿 *M. varia* Martin. cv. Atlantic	美国
9	公农 2 号紫花苜蓿 *M. sativa* L. cv. Gongnong No.2	中国吉林	30	美国苜蓿王紫花苜蓿 *M. varia* Martin. cv. America alfaking	美国
10	皇后 2000 紫花苜蓿 *M. sativa* L. cv. Queen 2000	美国	31	牧歌 401+Z 紫花苜蓿 *M. sativa* L. cv. Amerigraze 401+Z	美国
11	飞马紫花苜蓿 *M. sativa* L. cv. Grandeur	美国	32	领先者紫花苜蓿 *M. varia* Martin. cv. Pioneer	加拿大
12	雷达克之星紫花苜蓿 *M. sativa* L. cv. Ladak	美国	33	牧歌紫花苜蓿 *M. varia* Martin. cv. Amerigraze	美国
13	金皇后紫花苜蓿 *M. sativa* L. cv. Golden Empress	美国	34	中兰 1 号苜蓿 *M. sativa* L. cv. Zhonglan No.1	中国 甘肃
14	苏联 1 号紫花苜蓿 *M. sativa* L. cv. Russia No.1	俄国	35	德福紫花苜蓿 *M. varia* Martin. cv. Deft	荷兰
15	巨人紫花苜蓿 *M. sativa* L. cv. Ameri Stand	美国	36	公农 1 号紫花苜蓿 *M. sativa* L. cv. Gongnong No.1	中国 吉林
16	Pick8925 紫花苜蓿 *M. sativa* L. cv. Pick8925	加拿大	37	哥萨克紫花苜蓿 *M. varia* Martin. cv. Cossak	俄罗斯
17	皇冠紫花苜蓿 *M. sativa* L. cv. Phabulous	美国	38	中农 32 号紫花苜蓿 *M. varia* Martin. cv. Zhongnong 32	中国 北京
18	维多利亚紫花苜蓿 *M. sativa* L. cv. Victoria	美国	39	CW787 紫花苜蓿 *M. varia* Martin. cv. CW787	美国
19	猎人河紫花苜蓿 *M. sativa* L. cv. Hunter	澳大利亚	40	沃库紫花苜蓿 *M. varia* Martin. cv. Wookoo	加拿大
20	格林紫花苜蓿 *M. sativa* L. cv. Grimm	美国	41	CW200 紫花苜蓿 *M. varia* Martin. cv. CW200	美国
21	游客紫花苜蓿 *M. sativa* L. cv. Eureka	荷兰	42	博来维紫花苜蓿 *M. varia* Martin. cv. Beaver	加拿大

3. DNA 提取缓冲液

（1）1mol/L Tris-HCl：将 12.115g 的 Tris（三羟甲基氨基甲烷）溶解于约 80ml 双蒸水中，加一定量的浓盐酸，使 pH=8.0，用双蒸水调整终体积至 100ml，高压灭菌。

（2）5mol/L NaCl 溶液：在 80ml 水中溶解 29.22g NaCl，加双蒸水定容至 100ml，高压灭菌。

（3）0.5mmol/L EDTA（pH8.0）：在 80ml 水中加入 $EDTANa_2 \cdot 2H_2O$ 18.61g，在磁力搅拌器上强力搅拌，加氢氧化钠调节 pH 至 8.0，定容至 100ml，高压灭菌。

（4）2×CTAB：1mol/L Tris-HCl（pH8.0）20ml+5mol/L NaCl 56ml+0.5mol/L EDTA 8ml+CTAB 4g，最后加双蒸水定容到 200ml。

（5）24∶1 的氯仿/异戊醇：96ml 氯仿加入 4ml 异戊醇。

（6）乙酸钠（NaAc）溶液（pH5.2）：12.305g 无水 NaAc 加双蒸水溶解定容至 50ml，加冰醋酸调节 pH 至 5.2，高压灭菌。

（7）1×TE 缓冲液（pH8.0）[10mmol/L Tris-HCl（pH8.0）+1mmol/L EDTA（pH8.0）]：1mol/L Tris-HCl（pH8.0）1ml+0.5mol/L EDTA（pH8.0）0.2ml，加双蒸水定容至 100ml，高压灭菌。

4. DNA 提取步骤（李荣华等，2009）

（1）在 65℃的 2ml 无菌离心管中预热 900μl CTAB 提取液。

（2）称取 0.5～1.0g 植物幼嫩叶片搁置于研钵中，加入约 30ml 的液氮，轻轻捣碎叶片，等液氮快挥发完时，快速研磨到粉状（越细越好），把粉末转移到 2ml 无菌离心管中。此步操作应戴手套，防止皮肤冻伤。

（3）加入 5μl β-巯基乙醇，用力振荡 1～2min，马上放入 65℃水浴锅中保温 45min 以上，期间每隔 15min 用手轻微振荡 3 或 4 次。

（4）从水浴锅中取出样品管，加入等体积的 24∶1 的氯仿/异戊醇，盖好管盖后缓慢上下颠倒摇动 5～10min，12 000r/min，4℃下离心 10min。

（5）用移液枪缓慢吸取上层清液 500～700μl 到做好标记的 1.5ml 离心管中。此步操作应非常小心，注意不要吸得过多、过快，避免振荡，以免造成蛋白质污染，如果离心层因振荡引起上清液浑浊，将影响提取效果，此时需要再离心。

（6）在获得的上清液中加入预冷的异丙醇，加入量按吸取上清液体积的 2/3 计，为 330～470μl。轻轻上下摇动离心管，注意观察 DNA 将从溶液中析出。如溶液中 DNA 含量较少，将会观察到管中悬浮有白色的 DNA 颗粒；如样品中 DNA 含量较高，则可观察到白色絮丝状的 DNA 悬浮于溶液中。

（7）4℃，12 000r/mim 下离心 10min；离心后小心倒掉上清液，用纸吸去管壁处多余的溶液，保留 DNA 沉淀于管底。

（8）加入 70%乙醇 600μl 洗涤沉淀，振荡起沉淀数秒钟，5000r/min 条件下离心去上清液。再重复洗涤沉淀 1 次。

（9）室温下干燥 DNA 沉淀，在见到无色胶状物附在管壁时，加入 80μl 无菌蒸馏水溶解沉淀的 DNA。得到的样品于–20℃冰箱长期保存。

（10）采用紫外分光光度计法检测 DNA 的含量，检测 260nm、280nm 处的 OD 值，计算得出 DNA 的含量。例如，OD260/OD280=1.8 左右，DNA 较为纯净；小于 1.8，则有蛋白质污染；大于 1.8，则有 RNA 污染。同时，可进一步用 1%的琼脂糖电泳检测 DNA 的质量，以得到非常直观的效果。

（三）PCR 扩增及电泳

结合条带的清晰度、多态性和稳定性，在前人研究（刘志鹏，2004；魏臻武，2003）的基础上筛选出了 15 对 SSR 引物（表 6-2），由上海生工生物工程技术服务有限公司合成。PCR 反应体系及扩增程序参照杨占花等（2008）的方法。

表 6-2　SSR 引物序列及名称

名称	上游引物（5′→3′）	下游引物（5′→3′）
AFca11	CTTGAG GGAACTATTGTTGAGT	AACGTTTCCCAAAACATACTT
AFca32	TTTTTGTCCCACCTCATTAG	TTGGTTAGATTCAAAGGGTTAC
w6007	GATTTGGGCCTCATTCCTTCTTGT	CCTGAAGGGGGAAAATTGCCCAC
AFca1	CGTATCAATATCGGGCAG	TGTTATCAGAGAGAGAAAGCG
AFct11	GGACAGAGCAAA AGAACAAT	TTGTGTGGAAAGAATAGGAA
AFca16	GGTCGAACCAAGCATGT	TAAAAAACATTACATGACCTCAAA
Afl4	CGGGATTCTTGAATAGATG	GGTTCGCTGTTCTCATG
w6002	CATATTGTTAGATTTGTGG	GTGAGCGTTAAGTTGGTAGAG
Alf1	CTTGGAACTATTGTTGAGT	ACCGTTTCCCAAAACATACTT
w6018	AGCAGGATTTGGGACAGTTGT	ACCGTAGCTCCCTTTTCCA
MTLEC2A	CGGAAAGATTCTTGAATAGATG	TGGTTCGCTGTTCTCATG
AF245	TCTTTCCGTTTATTGATGGAT	GGTATTGAAGGATAAGGAAAT

SSR 反应体系：PCR 反应体系总体积为 10μl，含 DNA 模板（20～90ng/μl）3μl，引物（1×10^{-3}μmol/μl）3μl，dNTP（0.20mmol/L）0.24μl，10×buffer 1.5μl，Mg^{2+}（2.0mmol/L）0.9μl，*Taq* DNA 聚合酶（1U）0.15μl，ddH_2O 补足。

PCR 扩增程序：94℃预变性 3min；94℃变性 30s，52℃退火 1.5min，72℃延伸 1.5min，30 个循环；最后 72℃保温 8min，4℃保存。扩增产物在 30%的聚丙烯酰胺凝胶上进行电泳分离，胶板厚 1.5mm，上样量 10μl，6×DNA loading buffer（溴酚蓝、二甲苯青）为前沿指示剂，1×TBE 为电极缓冲液，恒压电泳，电压 100V，约 5h，指示剂移至距玻璃板末端 2cm 时停止电泳，用硝酸银染色显影后进行凝胶成像。

（四）数据统计与分析

以扩增条带在相对迁移位置的有无，记数为“1”或“0”，建立原始数据矩阵。计算各引物的多态位点百分率（percentage of polymorphic band，PPB），PPB=（NPB/TNB）×100%，其中NPB（number of polymorphic band）为多态性条带数，TNB（total number of band）为总条带数；用POPGENE VERSION 1.31软件统计分析Nei's多样性指数和Shannon信息指数；用NTSYSpc 2.1软件计算供试材料间的相似系数（genetic similarity，GS）；用SHAN程序，以非加权类平均法（unweighted pair group method with arithmetic mean，UPGMA）进行聚类分析，构建聚类图；基于相似系数进行主成分分析，构建二维分析图。

二、结果与分析

（一）SSR标记多态性分析

用SSR标记对供试苜蓿材料的遗传多样性进行研究，引物Afl43的扩增及电泳检测结果见图6-1。15对引物在42份苜蓿材料中共获得231条扩增带，其中163条具有多态性。每对引物扩增的总条带数介于12～22条，平均15.40条，多态性条带数介于6～14条，平均10.87条。多态位点百分率介于50.00%（w6019）～100.00%（AFca1），平均为71.55%。引物Nei's基因多样性指数的变幅为0.1257（Alf1）～0.3831（AFca1），平均为0.2100；Shannon信息指数的变幅为0.2033（Alf1）～0.5638（AFca1），平均为0.3262（表6-3）。

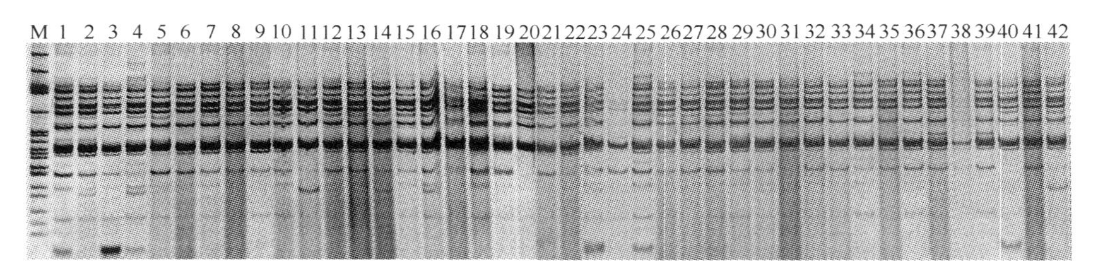

图6-1　引物Afl4对42份苜蓿种质资源的扩增结果（彩图请扫封底二维码）

图中序号与表6-1同

（二）相似系数

相似系数是用来比较群体或个体间相似程度的度量参数，材料间相似系数越小，则亲缘关系越远。结果表明，42份苜蓿种质资源861对材料间的相似系数值介于0.641～0.913，平均为0.791，其中有31对材料间的相似系数介于0.641～0.697，占3.60%，亲缘关系相对较远；有422对材料间的相似系数介于0.701～

表 6-3　SSR 标记基于 42 份紫花苜蓿材料的遗传多样性参数

引物	总条带数	多态性条带数	多态位点百分率/%	Nei's 基因多样性指数	Shannon 信息指数
AFca11	12	11	91.67	0.2186	0.3509
AFca32	12	8	66.67	0.2236	0.3413
w6007	12	9	75.00	0.1803	0.2956
AFca1	13	13	100.00	0.3831	0.5638
AFct11	14	11	78.57	0.2175	0.3344
AFca16	15	12	80.00	0.3043	0.4497
Afl4	15	9	60.00	0.1660	0.2615
w6002	15	11	73.33	0.2455	0.3721
Alfl	18	10	55.56	0.1257	0.2033
w6018	19	13	68.42	0.1857	0.2969
MTLEC2A	20	14	70.00	0.1840	0.2967
AF245	20	14	70.00	0.1462	0.2435
Alfl3	22	13	59.09	0.1616	0.2590
Alf2	12	9	75.00	0.2523	0.3851
w6019	12	6	50.00	0.1553	0.2401
平均	15.40	10.87	71.55	0.2100	0.3262

0.797，占 49.01%；有 404 对材料间的相似系数介于 0.801～0.896，占 46.92%，有 4 对材料间的相似系数介于 0.900～0.913，占 0.46%，亲缘关系相对较近。甘农 3 号紫花苜蓿和 CW200 紫花苜蓿的相似系数最小（GS=0.640），亲缘关系最远；大西洋紫花苜蓿和牧歌 401+Z 紫花苜蓿的相似系数最大（GS=0.913），亲缘关系最近。栽培品种间的相似系数介于 0.641～0.913，平均为 0.795。清水紫花苜蓿与栽培品种间的相似系数介于 0.649～0.788，平均为 0.711，表明清水紫花苜蓿与栽培品种间的亲缘关系相对较远；CW200 紫花苜蓿与其他材料间的相似系数介于 0.641～0.801，平均为 0.720，相似系数较小，与其他材料间亲缘关系相对较远。

（三）聚类分析

对 42 份苜蓿种质资源进行聚类分析，并构建聚类图（图 6-2）。供试材料在相似系数为 0.7785 处可聚为 5 类，第 I 类由清水紫花苜蓿组成。第 II 类由 8 份材料组成，在相似系数为 0.7953 处可聚为 2 个亚类，第 I 亚类由新疆大叶紫花苜蓿、哥萨克紫花苜蓿、三得利紫花苜蓿组成；第 II 亚类由公农 2 号紫花苜蓿、秘鲁紫花苜蓿、沃库紫花苜蓿、德宝紫花苜蓿、德福紫花苜蓿组成。第 III 类由 CW200 紫花苜蓿组成。第 IV 类由 31 份材料组成，在相似系数为 0.8122 处可聚为 4 个亚类，第 I 亚类由河西紫花苜蓿组成；第 II 亚类由巴洛法紫花苜蓿、陇东紫花苜蓿、公农 1 号紫花苜蓿、博来维紫花苜蓿、赛特紫花苜蓿、美国苜蓿王、雷达克之星紫花苜蓿、巨人紫花苜蓿、Pick8925 紫花苜蓿、维多利亚紫花苜蓿、猎人河紫花苜蓿、阿尔冈金杂花苜蓿、皇冠紫花苜蓿、肇东紫花苜蓿、大西洋紫花苜蓿、牧歌 401+Z 紫花苜蓿、中牧 32 号紫花苜蓿、金皇后紫花苜蓿、苏联 1 号紫花苜蓿、皇后 2000 紫花苜蓿、格林紫花苜蓿、游客紫花苜蓿、牧歌紫花苜蓿、中兰 1 号苜蓿、飞马紫花苜蓿、Pick3006 紫花苜蓿、领先者紫花苜蓿组成；第Ⅲ亚类由美国放牧型紫花苜蓿组成；第Ⅳ亚类由甘农 3 号紫花苜蓿和捷克紫花苜蓿组成。第Ⅴ类由 CW787 紫花苜蓿组成。单独聚为类的清水紫花苜蓿、CW200 紫花苜蓿和 CW787 紫花苜蓿，以及单独聚为亚类的河西紫花苜蓿、美国放牧型苜蓿都表现出了与其他材料间具有较远的亲缘关系。

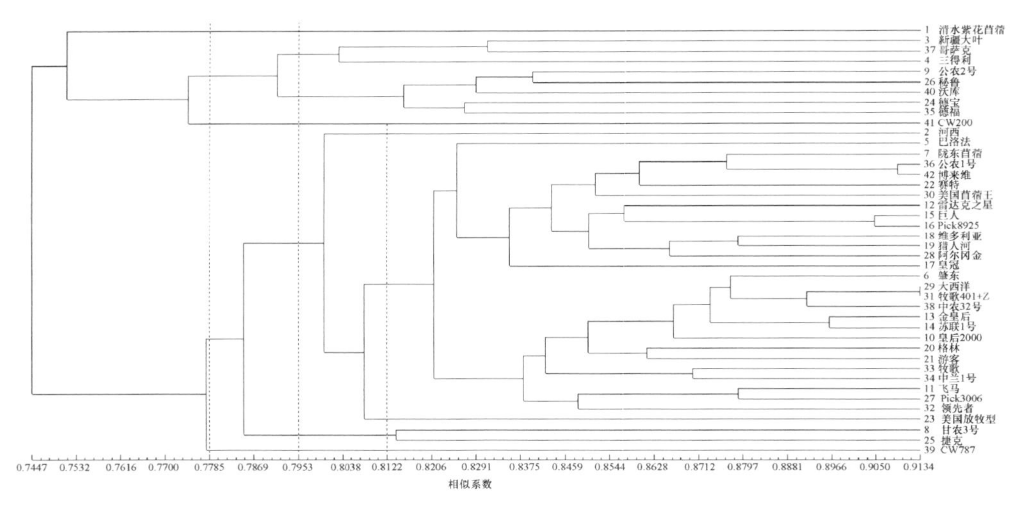

图 6-2 42 份苜蓿材料基于 15 对 SSR 引物的 UPGMA 聚类图

（四）主成分分析

用 NTSYSpc 2.1 软件对供试材料进行主成分分析，并根据第 1 和第 2 主成分构建主成分分析二维图（图 6-3），图中材料间位置相互靠近者表示亲缘关系较近，远离者表示亲缘关系较远。根据材料在图中的位置分布特征，可明显的把供试材料划分为四大类，第Ⅰ类包括清水紫花苜蓿和 CW200 紫花苜蓿；第Ⅱ类包括哥萨克紫花苜蓿、德福紫花苜蓿、新疆大叶紫花苜蓿、公农 2 号紫花苜蓿、三得利紫花苜蓿、德宝紫花苜蓿、沃库紫花苜蓿和秘鲁紫花苜蓿；第Ⅲ类包括 CW787 紫花苜蓿、捷克紫花苜蓿和甘农 3 号紫花苜蓿；第Ⅳ类包括雷达克之星紫花苜蓿、河西紫花苜蓿、美国放牧型紫花苜蓿、猎人河紫花苜蓿、Pick8925 紫花苜蓿、公农 1 号紫花苜蓿、阿尔冈金杂花苜蓿、美国苜蓿王紫花苜蓿、赛特紫花苜蓿、陇东紫花苜蓿、巴洛法紫花苜蓿、皇冠紫花苜蓿、巨人紫花苜蓿、博来维紫花苜蓿、中兰 1 号苜蓿、游客紫花苜蓿、皇后 2000 紫花苜蓿、格林紫花苜蓿、维多利亚紫花苜蓿、牧歌紫花苜蓿、中农 32 号紫花苜蓿、肇东紫花苜蓿、金皇后紫花苜蓿、飞马紫花苜蓿、领先者紫花苜蓿、Pick3006 紫花苜蓿、牧歌 401+Z 紫花苜蓿、大西洋紫花苜蓿、苏联 1 号紫花苜蓿。第Ⅰ类和第Ⅱ类之间、第Ⅲ类和第Ⅳ类之间在图中的位置相对较近，亲缘关系相对较近，但第Ⅰ、Ⅱ类与第Ⅲ、Ⅳ类在图中的位置相对较远，亲缘关系相对较远。主成分分析从不同角度更直观地展示了种质资源间的亲缘关系，其结果与聚类分析基本一致。

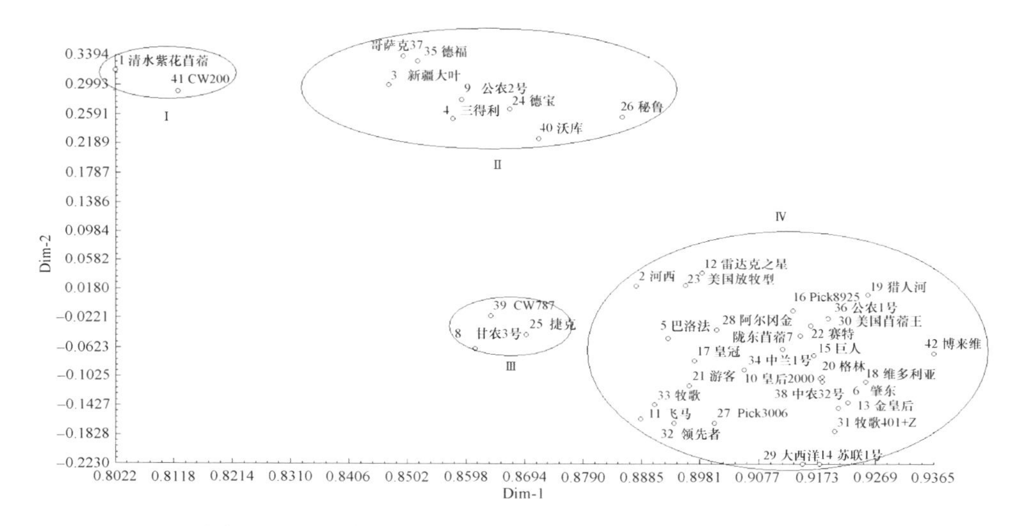

图 6-3　42 份苜蓿材料基于 15 对 SSR 引物的主成分分析图

三、讨论与结论

（一）SSR 标记的检测效率及材料的遗传多样性分析

本研究用 15 对 SSR 引物在 42 份紫花苜蓿材料中共检测到 163 条多态性扩增带，每对引物平均 10.87 条，多态位点百分率平均为 71.55%。王森山等（2010）用 6 对 SSR 引物在 9 份抗蚜苜蓿品种（系）中检测到了 63 条多态性扩增带，每对引物平均 10.50 条，多态位点百分率为 91.30%。李景欣等（2011）用 8 对 SSR 引物在 6 份苜蓿品种（品系）中共扩增出 128 个位点，106 个位点显多态性，每对引物平均 13.25 个，多态位点比例 82.81%。陈斐等（2013）用 16 对 SSR 引物在 82 份苜蓿材料中共检测到 190 条多态性扩增带，每对引物平均 11.88 条，多态位点百分率平均为 83.05%。由于试验所选材料和引物不同，所得结果也不尽相同，但引物的多态性条带平均值及其百分率均相对较高，远高于康俊梅等（2005）用 48 条 RAPD 引物对 9 份苜蓿品种进行研究的结果，俞金蓉（2007）用 10 条 ISSR 引物对 30 份苜蓿品种进行研究的结果及 Talebi 等（2011）用 14 对 SRAP 引物对 4 份伊朗紫花苜蓿种群进行研究的结果，表明 SSR 标记能有效检测苜蓿材料的遗传多样性。

基因型不同的品种，基因组内核苷酸序列也存在差异，当用相同的SSR引物对不同基因组进行体外扩增时，由于基因组上与引物互补DNA片段的数目、位点不同，扩增产物的大小、数目也不同。段永红和渠云芳（2010）认为，扩增产物的多态性能反映材料的遗传多样性。由此可知，现有苜蓿种质资源具有较丰富的遗传多样性。与多态位点百分率相比，基于Hardy-weinberg假设的Nei's基因多样性指数和基于条带表型频率的Shannon信息指数更能客观地衡量材料的遗传多样性水平（刘晓生等，2014），其变幅分别为0.1257～0.3831、0.2033～0.5638，平均为0.2100～0.3262，且两指标大小的变化趋势基本一致，进一步表明供试苜蓿种质资源具有一定水平的遗传多样性。

（二）供试材料间的亲缘关系分析

42份苜蓿种质资源861对材料中，有31对材料的相似系数介于0.641～0.697，与Tucak等（2008）对欧洲、澳洲、南美及北美品种遗传多样性的研究结果相近，表明现有紫花苜蓿种质资源中，有部分材料间的亲缘关系相对较远，遗传背景丰富。聚类分析表明，根茎型清水紫花苜蓿单独聚为一类，CW200紫花苜蓿、CW787紫花苜蓿及单独聚为亚类的河西紫花苜蓿、美国放牧型紫花苜蓿都与其他材料间亲缘关系相对较远，具有相对独立的遗传特性。云锦凤（2001）、严华等（2010）认为，在育种领域，亲本间的亲缘关系在很大程度上决定着后代群体的选择范围，通常认为两亲本遗传差异越大，其杂种优势越大，后代分离范围就越广泛，获得优良个体的机会也就越多。以上结果将为苜蓿杂交亲本的选配提供科学依据。

供试苜蓿种质资源中，有404对材料间的相似系数介于0.801～0.896，占46.92%，4对材料间的相似系数介于0.900～0.913，占0.46%，材料间遗传相似程度较高，亲缘关系较近。李景欣等（2011）用8对SSR引物对苜蓿新品系Dy-2006等6份苜蓿品种（品系）的亲缘关系进行了研究，发现6份苜蓿品种（品系）的遗传距离介于0.033～0.076；Mandoulakani等（2012）用10条IRAP和14条REMAP引物分析8份紫花苜蓿群体的遗传多样性，研究表明，基于两种标记，群体间的遗传距离分别介于0.063～0.151和0.048～0.124，平均为0.110和0.089；张颖娟和王斯琴花（2014）用13条ISSR引物对12份苜蓿材料的遗传多样性进行了研究，发现供试材料的平均遗传距离为0.063。表明现有苜蓿种质资源中，也有大部分材料间的亲缘关系相对较近，遗传基础狭窄。因此，在常规育种实践中，开发利用野生种质资源及具有遗传特异性的材料具有重要意义。

（三）根茎型清水紫花苜蓿的遗传特异性分析

清水紫花苜蓿与栽培品种间的相似系数介于0.649～0.788，平均为0.711，小于栽培品种间的平均相似系数（0.795），聚类分析、主成分分析结果也都表明清水紫花苜蓿与栽培品种间的亲缘关系较远，这与陈立强等（2009，2010）、张雪婷和师尚礼（2009）用同工酶研究清水紫花苜蓿遗传特异性时所得结论相同，进一步在分子水平上更准确地验证了清水紫花苜蓿的遗传特异性。在野生苜蓿种质资源研究领域，马向丽和毕玉芬（2010）用 ISSR 标记对云南 30 份野生和逸生苜蓿资源进行了聚类分析，发现两份野生紫花苜蓿种质资源单独聚为一类；关潇（2009）用 SRAP 标记对 42 份野生紫花苜蓿种质资源的遗传多样性进行了研究，发现各材料间的相似系数介于 0.498～0.882，平均值为 0.686，相似系数较小。表明清水紫花苜蓿与野生种质资源及栽培品种间的亲缘关系较远。野生种质资源是在某一地区自然条件的作用下，经过长期的自然选择形成的。云锦凤（2001）认为，野生种质资源通常携带着抗病、抗虫、抗旱、抗寒、耐盐等优良基因，是新品种培育的宝贵基础材料。但野生紫花苜蓿资源在世界范围内都很稀有，因此保护和利用现有野生苜蓿种质资源具有重要的意义。

第七章　根茎型清水紫花苜蓿的抗旱性研究

第一节　苜蓿抗旱性研究进展

干旱是一个世界性问题。目前，全球干旱半干旱耕地占世界总耕地面积的42.9%，我国干旱及半干旱地区面积占全国总耕地面积的48%（武维华，2003）。因此，干旱成为影响干旱半干旱地区作物产量和品质的主要限制因子。苜蓿是我国干旱半干旱地区植被生态建设和退耕还草的重要草种，并在建设和保护生态环境、调整种植业结构、保持农业可持续发展等方面具有显著的经济效益和社会效益。

苜蓿在干旱胁迫下的适应能力较强，能通过自身的生理代谢、结构发育和形态建造等适应干旱的环境条件。对苜蓿抗旱性的研究一直是牧草学研究的热点之一，研究领域已从形态水平发展到生理、生化及分子生物学等更深入的领域，并取得许多有价值的研究成果。例如，马宗仁和陈宝书（1993）对甘肃境内具不同地理分布的9个苜蓿品种的抗旱性进行了研究，结果表明苜蓿的抗旱性与其地理分布密切相关。陶玲（1998）对甘肃紫花苜蓿进行抗旱等级分类，对21个抗旱性指标进行了测定，应用系统聚类的方法进行分级聚类，将甘肃苜蓿地方材料分为强抗旱性、抗旱性、中抗旱性、弱抗旱性和最弱抗旱性5个抗旱等级。康俊梅（2004）利用反复干旱方法将41份国内外苜蓿品种分为强抗旱、中抗旱和弱抗旱3类等。但苜蓿抗旱性研究与其他作物（玉米、高粱等）相比还相对较少。

一、苜蓿的形态结构与抗旱性

苜蓿处于长期的逆境中可逐渐在形态上形成一系列适应性的改变，以使个体能够在逆境中存活下去，如株型紧凑、叶直立、根系深扎、根系发达、较大的根冠比；茎的疏导组织发达（维管束排列紧密、束内导管多、直径大等）；栅栏组织厚实、叶表面长有茸毛、角质层较厚、气孔下陷等（韩瑞宏，2006；王代军和温洋，1998）。程伟燕等（2003）通过对特莱克紫花苜蓿根、茎、叶、花的形态解剖结构观察发现，特莱克紫花苜蓿角质层较厚，气孔频率高，栅栏组织、海绵组织发达，具有很强的抗旱性、抗逆性和贮水能力。根系的形态结构特征是反映苜蓿对干旱生境适应能力非常重要的一个方面。陈积山等（2008）选择苜蓿根系的根长、根直径、根体积、株高、侧根数、根干重、根夹角、根表面积、株高、根长比、根相对根长值、根相对表面积、根茎新枝高度共13项指标作为根系抗旱性形态结构指标，用数学分析方法筛选出的最具代表性的根系抗旱形态指标为根夹角、根干重、根颈新枝高度。Jean-Marie 等（2007）对西班牙收集的 103 份苜蓿进行了形态学和农艺学的综合评价，认为野生苜蓿资源比人工种植的苜蓿有较好的耐旱性和耐啃食性。

二、苜蓿生理生化特征与抗旱性的关系

（一）渗透调节作用

渗透调节是植物适应干旱胁迫的重要生理机制，是抗旱生理研究最活跃的领域。脯氨酸是水溶性最大的氨基酸，能与细胞中的水分子相结合，增加组织束缚水，还能与膜蛋白亲水基相结合保护蛋白质和膜结构。Hakimi 等（1995）研究认为，植物体内的脯氨酸含量与植物抗逆性密切相关。也有研究认为脯氨酸累积是逆境胁迫产生的结果，其积累量与品种的抗旱性无关（王绑锡等，1989；韩建国等，2001）。周婵等（2002）研究认为，脯氨酸作为抗旱性生理鉴定指标，对各种植物进行量度有其局限性，但作为某些植物受到干旱胁迫时体内生理变化一个比较敏感的参数，仍有重要意义。李文娆等（2007）研究表明，在水分亏缺条件下，苜蓿叶片及根系中脯氨酸对渗透调节的贡献率均最小。李波等（2003）、Zong 等（2000）、余玲等（2006）、韩瑞宏（2006）等证实，干旱条件下苜蓿体内游离脯氨酸含量随胁迫强度的增加和胁迫时间的延长有不同程度的增加，说明干旱胁迫下游离脯氨酸含量的变化可作为衡量苜蓿抗旱能力的指标。可溶性糖是植物在胁迫条件下细胞内的保护物质，它可有效地提高细胞的渗透浓度，降低水势，增加保水能力，对原生质体起到保护作用（崔大练等，2010）。可溶性糖含量高的植物有利于适应干旱生境（汤章城，1998）。李文娆等（2007）研究表明，在干旱胁迫下，可溶性糖含量随着胁迫时间的延长逐渐累积。对于渗透调节物质中的无机离子，Kidambi 等（1990）研究认为，干旱条件下苜蓿植株中 Ca^{2+}、Mg^{2+}、Zn^{2+}和 P^{5+}的含量减少，但 K^{+}的含量增加。

（二）膜脂过氧化

丙二醛（MDA）是膜脂过氧化产物，其含量高低反映了细胞膜过氧化作用强弱和受伤害程度（紫薇薇，2007）。罗英和罗明华（2011）指出干旱胁迫导致 MDA 含量增加，且含量随胁迫强度的增加及时间的延长而增加。韩瑞宏（2006）研究表明，抗旱性强的苜蓿其叶片活性氧产生速率低，丙二醛含量积累少，细胞膜受到的破坏较轻，且复水后恢复程度好。

（三）保护酶活性

超氧化物歧化酶（SOD）是清除 Mehler 反应产物超氧阴离子（O_2^-）的关键

酶，它催化 O_2^-发生歧化反应生成氧化性较弱的 H_2O_2，H_2O_2 又在过氧化氢酶（CAT）和过氧化物酶（POD）的作用下形成 H_2O，减少活性氧对植株体的毒害作用。所以 SOD、CAT 和 POD 活性反映植物体对 O_2^-和 H_2O_2 清除能力的大小，是植物细胞的保护酶类。抗旱性强的植物，在干旱胁迫下，SOD 活性较高，能有效地清除活性氧，阻抑膜脂过氧化，其膜脂过氧化水平较低。刘建新等（2005）研究表明，经水分胁迫后，苜蓿叶片 SOD 活性在处理 1d 后显著提高，3d 后明显下降，下降程度随胁迫强度增加而增大。CAT 活性随胁迫时间的延长和胁迫强度的增大持续下降。POD 活性在轻度胁迫下随胁迫时间延长逐渐升高，但与对照相比变化不明显；在重度胁迫下，POD 活性迅速提高并于处理 3d 时达到最高峰，5d 后迅速下降，说明苜蓿清除活性氧的能力随水分胁迫强度增大和胁迫时间延长而下降。吴晓丽等（2008）等运用灰色关联分析法，对 5 项抗旱指标与 5 个紫花苜蓿品种抗旱性的相关性进行了分析，结果表明各指标与苜蓿品种抗旱性的关联顺序为：游离脯氨酸含量＞SOD＞POD＞相对含水量＞叶片水势，各指标对苜蓿抗旱性的影响，以游离脯氨酸含量最大，其次为 SOD 及 POD，再次为相对含水量，叶片水势的影响最小。

（四）叶片含水量和叶绿素含量的变化

逆境条件下植物叶片相对含水量可反映植物的保水能力，是标志植物水分状况的重要指标之一 。李崇巍等（2002）、周瑞莲（1999）、史晓霞等（2007）、余玲等（2006）研究表明，能维持较高相对含水量的植物，其抗旱能力也较强。

叶绿素是绿色植物进行光合作用的主要色素，其含量的多少与牧草的光合作用和强度有密切的关系。干旱胁迫下叶绿素含量的变化，可以指示植物对干旱胁迫的敏感性，并反映植物的生产性能和抵抗逆境胁迫的能力。干旱逆境影响叶绿素形成，在新陈代谢过程中其含量减少。抗旱性强的苜蓿材料叶绿素持有率高于抗旱性弱的材料（赵宏天等，2003；余玲等，2006）。

第二节　根茎型清水紫花苜蓿抗旱性评价

植物的生长发育经常会遭受干旱胁迫的影响。不同程度的干旱对植物造成一定胁迫，植物会从形态结构、生理生化等多层次上表现出相关的系统适应性。植物幼苗期往往更易受到水分的胁迫。苜蓿作为干旱区、半干旱区、干旱亚湿润地区的优质豆科牧草之一，是解决该类地区蛋白质饲料缺乏问题的主要草种，其需求量越来越大。目前有关根茎型苜蓿抗旱性的研究报道较少，对不同根型苜蓿抗旱性的研究更是少见。为此，本研究以不同根型苜蓿为材料，盆栽模拟土壤干旱条件，从生理生化角度探讨不同程度干旱胁迫对不同根型苜蓿的影响及其抗旱性差异，为不同根型苜蓿在生产中的推广和应用提供理论依据和技术支持。

一、供试材料

供试材料：Ⅰ.根茎型清水紫花苜蓿，Ⅱ.根蘖型野生黄花苜蓿（creeping rooted native *Medicago falcata* material），Ⅲ.根蘖型甘农 2 号杂花苜蓿，Ⅳ.直根型陇东紫花苜蓿。其中材料Ⅰ、Ⅲ、Ⅳ种子均由甘肃农业大学草业学院提供，材料Ⅱ种子由中国农业科学院草原研究所提供。供试材料特征特性如下。

野生黄花苜蓿来自于内蒙古。株型直立，三出复叶，总状花序，花黄色，荚果呈镰状弯曲，成熟荚果为黑褐色，根型为根蘖型。耐旱耐寒，苗期生长缓慢，刈割后再生能力不强。

甘农 2 号杂花苜蓿为根蘖型苜蓿品种。株型半匍匐或半直立，根系具有发达的水平根，根上有根蘖膨大部位，可形成新芽，出土成为枝条。花多为浅紫色和具少量杂色花，荚果为松散螺旋形。该品种开放传粉后代的根蘖株率在 20%以上，有水平根的在 70%以上；扦插且隔离繁殖后代的根蘖株率在 50%～80%，水平根株率在 95%左右。越冬性好，产量一般，在温暖地区比普通苜蓿品种产量稍低。该品种适宜在黄土高原地区、西北荒漠沙质土壤地区和青藏高原北部边缘地区栽培，作为混播放牧、刈牧兼用品种。因其根系强大，扩展性强，更适宜用于水土保持。

直根型陇东紫花苜蓿系地方品种。叶小而色浓绿，花序短而紧凑，花色深紫。长寿，在旱作条件下生产持续期长，第 2～7 年产量高而均衡，头茬草产量高，鲜草产量 30 000～45 000kg/hm^2，但苗期生长缓慢，刈割后再生能力不强。耐旱性强，耐寒性中等，为中早熟品种，适宜栽培区域为黄土高原地区。

二、试验方法

试验于 2010 年 4～7 月在甘肃农业大学温室中进行。将各苜蓿种子播种在口径为 12cm、高 12cm 的塑料花盆中，盆内装经过筛的干土 1kg，土壤基质配置为土∶腐殖质=1∶6。种子均匀撒播于盆中，轻轻用土覆盖 1.5cm，然后用水浇透，待苗齐后间苗、定苗，每盆选留长势均匀的苗 10 株。土壤基质养分含量为：有机质 10.64g/kg、全氮 4.94g/kg、全磷 2.38g/kg、碱解氮 88.2mg/kg、速效磷 31.58mg/kg、速效钾 214.92mg/kg、pH8.25。

播种后第 60 天采用称重法控制水分，分别达到 4 个等级，即对照（CK）、轻度（LS）、中度（MS）和重度（SS）水分胁迫，盆栽土壤最大田间持水量为 26.1%，4 个处理的土壤含水量分别为最大田间持水量的 75%～80%、60%～65%、45%～50%和 30%～35%。达到处理的标准后维持 15d 取样，取样时间为上午 8：00～9：00，每处理选取生长较一致的苜蓿材料 3 株，3 次重复。冲洗干净叶片、根系后，用滤纸吸干多余水分，封入密封袋并迅速放入液氮中速冻，贮存于–80℃超低温冰箱，用于生理指标的测定。

三、测定指标及方法

（一）形态指标的测定

株高，随机取10单株测定其生长高度，取平均值；叶长，植株同一高度同一部位上的三小叶的中间小叶长度；叶宽，植株同一高度同一部位上的三小叶的中间小叶中部最宽处的距离。

（二）生理指标的测定

1. 叶绿素含量测定

采用SPAD-502型叶绿素测定仪测定。

2. 组织相对含水量测定

采用饱和称重法测定。干旱胁迫处理14d后，分别取鲜重为0.2g的叶片和根系，将叶片和根系立刻浸入水中4h，取出，用吸水纸吸干叶片和根系表面水分，称饱和重，然后在105℃下烘0.5h，再在80℃下烘干至恒重，称干重，3次重复。代入公式：

$$组织相对含水量=（W_f-W_d）/（W_t-W_d）\times 100\%$$

W_f为叶片或根系鲜重（g）；W_d为叶片或根系干重（g）；W_t为叶片或根系饱和重（g）。

3. 可溶性糖（water soluble sugar，WSS）含量测定

可溶性糖含量采用蒽酮比色法（邹琦，2000）测定。关键步骤如下，①制作标准曲线：取20ml刻度试管11支，编号，分别配制浓度为0μg/ml、20μg/ml、40μg/ml、60μg/ml、80μg/ml、100μg/ml的葡萄糖溶液，向各管中加入0.5ml蒽酮乙酸乙酯试剂（称取1g蒽酮溶于50ml乙酸乙酯中）和5ml浓硫酸，充分振荡，立即将试管放入沸水浴中，逐管准确保温1min，取出后自然冷却至室温，以空白作参比，在620nm波长下测其光密度，以光密度为纵坐标，糖含量为横坐标绘制标准曲线。②可溶性糖的提取：称取各苜蓿干草和根部样品0.3g，放入大试管中，加入5～10ml蒸馏水，在沸水浴中提取30min（提取2次），提取液过滤入25ml容量瓶中，用蒸馏水冲洗残渣数次，定容至刻度。吸取样品提取液0.5ml于20ml刻度试管中（重复2次），加蒸馏水1.5ml，以下步骤与标准曲线测定相同，测定样品的光密度。③按公式计算：

$$可溶性糖含量（\%）=（C\times V/a\times n）/（W\times 10^6）$$

式中，C 为标准方程求得糖量（μg）；a 为吸取样品液体积（ml）；V 为提取液量（ml）；n 为稀释倍数；W 为样品质量（g）。

4. 游离脯氨酸（proline，Pro）含量测定

采用酸性茚三酮法测定（邹琦，2000）。关键步骤如下，①制作标准曲线：取7支25ml具塞刻度试管，编号，分别向各管准确加入脯氨酸标准液（每毫升含脯氨酸10μg）0ml、0.2ml、0.4ml、0.8ml、1.2ml、1.6ml、2.0ml，再加蒸馏水至2ml，摇匀，向各试管加入2ml冰醋酸和3ml 2.5%酸性茚三酮显色液，混匀后加玻璃球，在沸水中加热40min，取出冷却后向各管加入5ml甲苯充分振荡，以萃取红色物质。静置分层后吸取甲苯层，用紫外分光光度计在波长520nm下比色，以脯氨酸含量为横坐标，消光值为纵坐标，绘制脯氨酸标准曲线。②游离脯氨酸提取（磺基水杨酸提取法）：从液氮中取出经不同处理的苜蓿样品，称取0.5g，加入5ml 3%磺基水杨酸溶液，管口加盖玻璃球，于沸水中浸提10min；冷却至室温后，吸取上清液2ml，加2ml冰醋酸和3ml显色液，于沸水中加热40min，取出冷却后向各管加入5ml甲苯充分振荡，以萃取红色物质。静置分层后吸取甲苯层，用紫外分光光度计在波长520nm下比色。③按公式计算：

$$脯氨酸含量（Pro）=（C \times V/a）/w$$

式中，C 为提取液中脯氨酸浓度（μg），由标准曲线求得；V 为提取液总体积（ml）；a 为测定时所吸取的体积（ml）；w 为样品重（g）。

5. 丙二醛（MDA）含量测定

采用硫代巴比妥酸法测定（邹琦，2000）。关键步骤如下，①MDA的提取：称取剪碎的苜蓿根1g，加入2ml 10%三氯乙酸（TCA）和少量石英砂，研磨至匀浆，再加8ml 10%三氯乙酸进一步研磨，匀浆在4000r/min下离心10min，上清液为样品提取液。②显色反应和测定：吸取离心的上清液2ml（对照加2ml蒸馏水），加入2ml 0.6%TBA溶液，混合物于沸水浴上反应15min，迅速冷却后再离心，取上清液测定532nm、600nm和450nm波长下的消光度。③按下列公式计算：

$$MDA的浓度（\mu mol/L）=6.45（D_{532}-D_{600}）-0.56D_{450}$$

$$MDA含量（\mu mol/g）=MDA的浓度（\mu mol/L）\times 提取液体积（ml）/植物组织鲜重（g）$$

6. 超氧化物歧化酶（SOD）活性测定

采用氮蓝四唑光化还原法测定（邹琦，2000）。关键步骤如下，①酶液提取：取苜蓿样品0.5g于预冷的研钵中，加2ml预冷的磷酸缓冲液在冰浴下研磨成浆，加缓冲液稀释酶液，记录终体积数，取5ml于4000r/min下离心15min，上清液为提取出的酶液。②显色反应：取5ml具塞试管4支，两支作测定管，另两支作对照管，按次序分别加入0.05mol/L磷酸缓冲液1.5ml，130mmol/L甲硫氨酸（Met）

溶液 0.3ml，750μmol/L 氮蓝四唑（NBT）溶液 0.3ml，100μmol/L EDTA-Na_2溶液 0.3ml，20μmol/L 核黄素溶液 0.3ml 和酶液 0.1ml，充分摇匀后将 1 支具塞试管和对照管置于暗处，其他各管立刻置于 4000lx 培养箱中光照反应 20min，反应结束后，以不照光的对照管作空白，在 560nm 波长下测定各管的吸光度。③结果计算：

$$\text{SOD 总活性}=(A_0-A_s)\times V_t/(A_0\times 0.5\times W\times V_1)$$

$$\text{SOD 比活力}=\text{SOD 总活性}/\text{蛋白质浓度}$$

式中，SOD 总活性以每克鲜重酶单位表示；比活力单位以每毫克蛋白酶单位、酶单位/mg 表示。

（三）数据统计分析

用 Microsoft Excel 处理数据并作图，用 SPSS16.0 软件进行显著性分析。本试验各指标的量纲不同，需要对数据进行标准化处理，应用 Fuzzy 数学中隶属函数法（龚明，1989）进行综合评判，对与抗旱性呈正相关的参数株高、叶片长、叶片宽、叶绿素含量、相对含水量、可溶性糖含量、脯氨酸含量和 SOD 活性采用公式 $F_{ij}=(X_{ij}-X_{j\min})/(X_{j\max}-X_{j\min})$ 计算，对与抗旱性呈负相关的参数 MDA 采用公式 $F_{ij}=1-(X_{ij}-X_{j\min})/(X_{j\max}-X_{j\min})$ 计算。式中，F_{ij} 为 i 品种 j 性状测定的具体隶属值；X_{ij} 为 i 品种 j 性状的测定值；$X_{j\min}$ 为 j 性状测定的最小值；$X_{j\max}$ 为 j 性状测定的最大值。

四、结果与分析

（一）水分胁迫对苜蓿幼苗形态特征的影响

植物在遇到逆境时往往会在形态上作出一些反应，以使个体能在逆境中存活下去。从表 7-1 可以看出，在正常供水、轻度胁迫和中度胁迫下，各根型苜蓿的株高变化趋势基本一致，清水紫花苜蓿的株高大于其他 3 份材料，但相互之间差异不显著；在干旱胁迫下，清水紫花苜蓿、黄花苜蓿、甘农 2 号杂花苜蓿的叶片长、叶片宽没有显著的变化；在重度胁迫下，陇东紫花苜蓿的叶片长、叶片宽显著低于对照（$P<0.05$）。

（二）水分胁迫对苜蓿叶绿素含量的影响

叶绿素是绿色植物进行光合作用的主要色素，其含量的多少与牧草的光合作用及其强度有密切的关系。由表 7-2 可知，各根型苜蓿叶绿素含量都随干旱胁迫的加重而降低，其中清水紫花苜蓿和黄花苜蓿在轻度、中度胁迫下叶绿素含量与对照差异不显著，重度胁迫下显著（$P<0.05$）低于对照；甘农 2 号杂花苜蓿在 3 种胁迫下叶绿素含量均显著（$P<0.05$）低于对照；陇东紫花苜蓿在各胁迫下叶绿素含量与对照差异不显著。重度胁迫下，叶绿素含量降幅较大的为清水紫花苜蓿和甘农 2 号杂花苜蓿，分别降低了 8.36%和 9.46%，降幅较小的为陇东紫花苜蓿，

降低了 2.14%，表明干旱胁迫对陇东紫花苜蓿的叶绿素含量影响不严重。

表 7-1　不同根型苜蓿苗期形态指标

材料	处理	苗高/cm	叶片长/cm	叶片宽/cm
I	对照	27.4±2.66 a	1.1±0.16 a	0.6±0.16 a
	轻度胁迫	24.7±2.77 ab	1.1±0.19 a	0.6±0.12 a
	中度胁迫	23.8±2.51 b	1.1±0.11 a	0.5±0.12 a
	重度胁迫	22.5±2.18 b	1.0±0.16 a	0.5±0.16 a
II	对照	27.4±2.68 a	1.3±0.25a	0.8±0.15 a
	轻度胁迫	23.9±2.07 b	1.2±0.19a	0.8±0.16 a
	中度胁迫	22.7±1.92 b	1.2±0.25a	0.7±0.08 a
	重度胁迫	17.6±1.39 c	1.1±0.13a	0.7±0.04 a
III	对照	24.4±1.78 a	1.3±0.18a	0.8±0.11 a
	轻度胁迫	23.2±2.44 a	1.2±0.26a	0.7±0.11 a
	中度胁迫	22.2±2.41 a	1.1±0.15a	0.7±0.10 a
	重度胁迫	17.6±2.25 b	1.0±0.19a	0.7±0.05 a
IV	对照	24.4±2.58 a	1.5±0.38a	0.8±0.15 a
	轻度胁迫	21.4±2.27 ab	1.3±0.19b	0.8±0.08 ab
	中度胁迫	19.7±2.33 b	1.2±0.11b	0.8±0.05 ab
	重度胁迫	14.8±2.07 c	1.1±0.15b	0.7±0.08 b

注：同一物种同一列数据间字母相同者表示差异不显著（P=0.05）；下同

表 7-2　不同根型苜蓿叶片叶绿素含量的变化

材料	对照	轻度胁迫	中度胁迫	重度胁迫
I	38.86±1.23 a	36.44±2.88 a	35.42±2.71 a	30.50±3.40 b
II	36.90±3.74 a	35.50±1.90 a	33.38±2.14 ab	31.10±2.51 b
III	37.16±2.75 a	32.20±2.82 b	29.78±2.10 bc	27.70±1.96 c
IV	35.24±3.11 a	34.48±2.72 a	34.16±3.03 a	33.10±2.23 a

（三）水分胁迫对苜蓿叶片和根系相对含水量的影响

逆境条件下植物叶片、根系相对含水量可反映植物的保水能力，是标志植物水分状况的重要指标（霍红等，2010）。图 7-1a 和图 7-1b 显示，各根型苜蓿叶片、根系相对含水量随干旱胁迫程度的增加呈降低趋势，其中黄花苜蓿的叶片相对含水量在轻度胁迫下与对照差异不明显，中度、重度胁迫下显著（P<0.05）低于对照；其余材料的叶片、根系相对含水量在 3 种胁迫下均显著（P<0.05）低于对照。重度胁迫下，清水紫花苜蓿、黄花苜蓿、甘农 2 号杂花苜蓿、陇东紫花苜蓿的叶片、根系相对含水量比对照分别下降了 21.28%和 10.98%、16.00%和 13.06%、33.99%和 16.11%、13.25%和 11.34%，可见黄花苜蓿和陇东紫花苜蓿在土壤发生干旱胁时保

水能力相对较强。

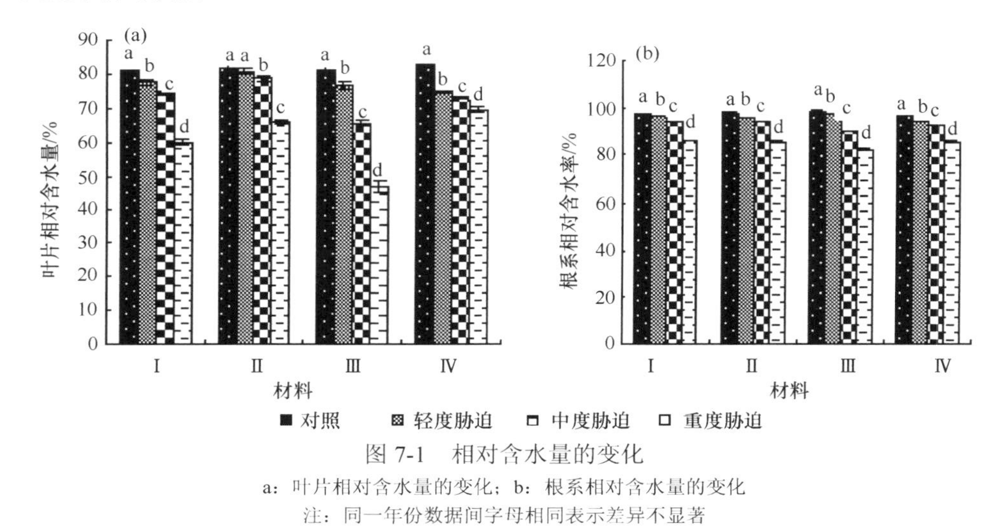

图 7-1 相对含水量的变化

a：叶片相对含水量的变化；b：根系相对含水量的变化

注：同一年份数据间字母相同表示差异不显著

（四）水分胁迫对苜蓿叶片和根系脯氨酸含量的影响

脯氨酸是干旱胁迫下植物体内的渗透调节物质，可以维持原生质与环境的渗透平衡，在干旱逆境下增加，有助于提高植物的抗旱性。由图 7-2a 和图 7-2b 可见，轻度、中度、重度干旱胁迫下各根型苜蓿叶片、根系脯氨酸含量均显著（$P<0.05$）高于对照。重度胁迫下，清水紫花苜蓿、黄花苜蓿、甘农 2 号杂花苜蓿、陇东紫花苜蓿的叶片、根系脯氨酸积累量均达到最大，比对照依次增加了 23.72μg/g 和 72.30μg/g、140.41μg/g 和 34.51μg/g、65.81μg/g 和 115.88μg/g、76.38μg/g 和 33.85μg/g。

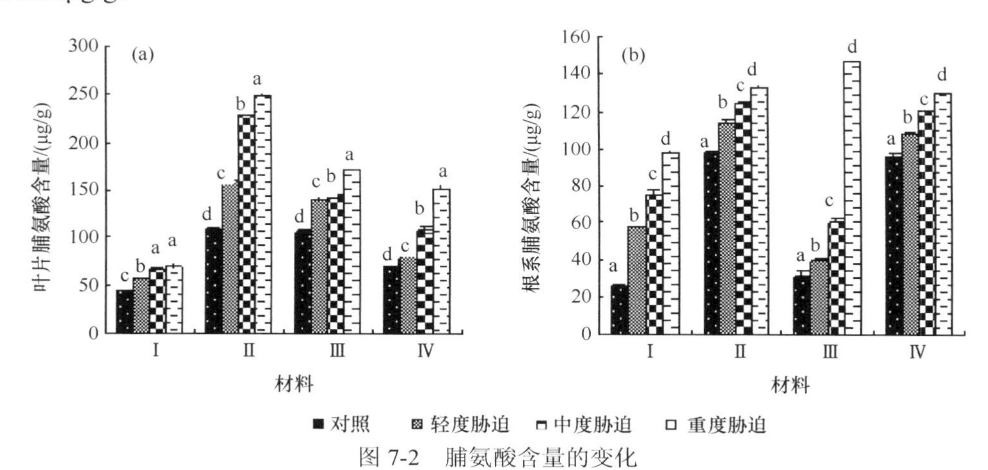

图 7-2 脯氨酸含量的变化

a：叶片脯氨酸含量的变化；b：根系脯氨酸含量的变化

注：不同干旱胁迫下字母相同表示差异不显著（$P<0.05$），下同

（五）水分胁迫对苜蓿叶片和根系 MDA 含量的影响

植物器官受到干旱胁迫往往发生膜脂过氧化作用，MDA 是膜脂过氧化最终的分解产物，其含量可以反映植物遭受干旱伤害的程度。由图 7-3a 和图 7-3b 可知，随干旱胁迫程度加深，各根型苜蓿的叶片、根系 MDA 含量都有不同程度上升，且显著（$P<0.05$）高于对照。重度胁迫下，与对照比较，清水紫花苜蓿、黄花苜蓿、甘农 2 号杂花苜蓿、陇东紫花苜蓿的叶片、根系 MDA 含量分别增加了 33.73μmol/g 和 32.11μmol/g、28.90μmol/g 和 44.78μmol/g、47.51μmol/g 和 82.85μmol/g、61.11μmol/g 和 23.16μmol/g。

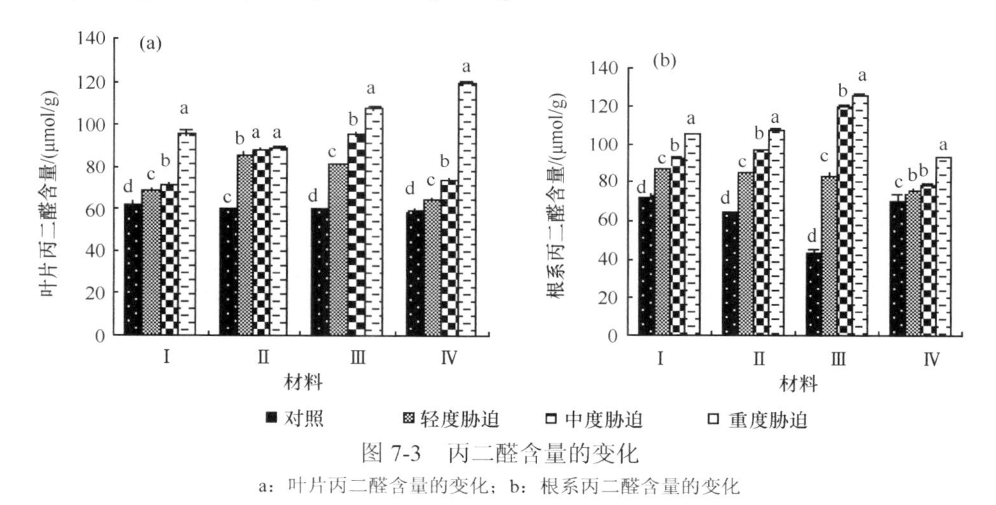

图 7-3　丙二醛含量的变化

a：叶片丙二醛含量的变化；b：根系丙二醛含量的变化

（六）水分胁迫对苜蓿叶片和根系可溶性糖含量的影响

可溶性糖是植物在胁迫条件下细胞内的保护物质，它可有效地提高细胞的渗透浓度，降低水势，增加保水能力，对原生质体起到保护作用。图 7-4a 和图 7-4b 显示，各根型苜蓿可溶性糖含量随胁迫强度的增加都有不同程度上升，其中轻度胁迫下上升幅度相对较小，重度胁迫时大幅度上升，表明可溶性糖含量增加是苜蓿适应干旱环境的一种保护性调节机制。重度胁迫下，清水紫花苜蓿、黄花苜蓿、甘农 2 号杂花苜蓿、陇东紫花苜蓿的叶片、根系可溶性糖含量比对照分别增加了 3.35%和 9.31%、0.82%和 8.98%、3.51%和 3.98%、1.66%和 11.03%，根系的可溶性糖含量增幅远远高于叶片。综合叶片、根系可溶性糖含量的增加程度，可见在重度干旱胁迫发生时，清水紫花苜蓿、陇东紫花苜蓿的可溶性糖调节作用相对较强，有利于植株在干旱环境中维持正常的水分生理作用。

（七）水分胁迫对苜蓿叶片和根系 SOD 活性的影响

一般认为各种逆境条件下都会有活性氧自由基的伤害，SOD 是活性氧清除体系中的关键酶。图 7-5a 和图 7-5b 显示，随着胁迫程度的加深，各根型苜蓿叶片、根系 SOD 活性都逐渐增多，其中除轻度胁迫下陇东紫花苜蓿的叶片 SOD 活性与对照差异不明显外，黄花苜蓿、甘农 2 号杂花苜蓿、陇东紫花苜蓿在不同干旱胁迫下的叶片、根系 SOD 活性都显著（$P<0.05$）高于对照；清水紫花苜蓿在 3 种胁迫下的叶片 SOD 活性与对照差异均不显著，根系 SOD 活性显著（$P<0.05$）高于对照。重度胁迫下，清水紫花苜蓿、黄花苜蓿、甘农 2 号杂花苜蓿、陇东紫花苜蓿的叶片、根系 SOD 活性分别比对照增加了 0.15U/g 和 0.67U/g、3.58U/g 和 1.48U/g、2.67U/g 和 1.21U/g、0.40U/g 和 3.07U/g，其中黄花苜蓿的叶片、根系 SOD 活性增加最为显著。

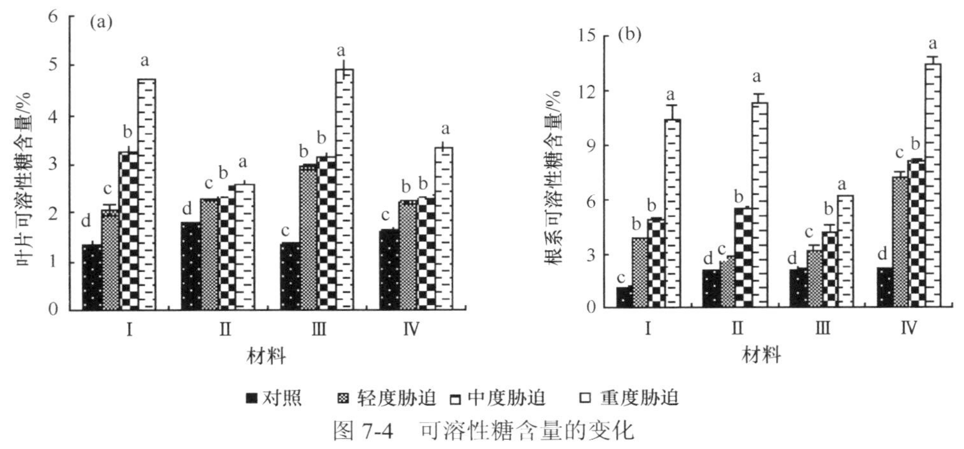

图 7-4 可溶性糖含量的变化

a：叶片可溶性糖含量的变化；b：根系可溶性糖含量的变化

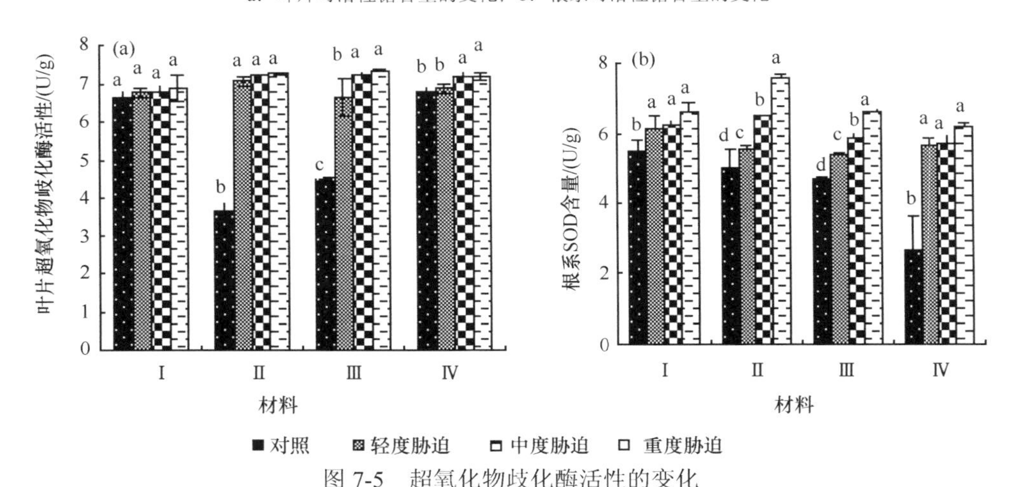

图 7-5 超氧化物歧化酶活性的变化

a：叶片超氧化物歧化酶活性的变化；b：根系超氧化物歧化酶活性的变化

（八）不同根型苜蓿抗旱性综合评价

苜蓿的抗旱性是一个受多因素影响的、复杂的数量性状，用单一指标难以全面准确地反映品种抗旱性的强弱，必须用多个指标进行综合评价。本文采用隶属函数法，将各材料各项指标的隶属函数值加起来求平均值得其综合评价值，综合评价值越大，抗旱性越强，反之则弱。表 7-3 为各根型苜蓿 9 项抗旱参数的综合评判结果，抗旱性强弱顺序为：根蘖型野生黄花苜蓿＞直根型陇东紫花苜蓿＞根茎型清水紫花苜蓿＞根蘖型甘农 2 号杂花苜蓿。

表 7-3　不同根型苜蓿抗旱性综合评价

项目	材料			
	I	II	III	IV
株高	0.668	0.559	0.488	0.355
叶片长	0.295	0.492	0.391	0.488
叶片宽	0.200	0.622	0.508	0.622
叶绿素含量	0.630	0.560	0.370	0.560
相对含水量	0.722	0.819	0.565	0.771
可溶性糖含量	0.231	0.225	0.197	0.324
脯氨酸含量	0.162	0.536	0.355	0.444
丙二醛含量	0.530	0.497	0.438	0.563
SOD 活性	0.765	0.721	0.649	0.682
均值	0.465	0.55	0.448	0.527

五、讨论

干旱胁迫不仅影响叶绿素的生物合成，而且加快已经合成的叶绿素的分解。本研究发现干旱胁迫条件下甘农 2 号杂花苜蓿的叶绿素含量低于其他材料，表明其抵抗逆境胁迫的能力较弱。在整个胁迫阶段，甘农 2 号杂花苜蓿的叶片、根系相对含水量降幅最大，反映出苗期甘农 2 号杂花苜蓿叶片、根系保水能力相对于其他 3 份苜蓿较差，对干旱环境的适应能力较弱，这一研究结果与李崇巍等（2002）报道能维持较高相对含水量的植物其抗旱能力也较强相一致。

干旱胁迫促进了大分子碳水化合物的分解，使得可溶性糖含量上升累积而成为苜蓿叶片与根系共同的渗透调节物质，且根系的增幅大于叶片。本研究表明，清水紫花苜蓿、陇东紫花苜蓿的叶片、根系可溶性糖含量增幅较大，其渗透调节作用相对较强。游离脯氨酸的累积被认为是植物受旱的标志之一，但也有研究认为脯氨酸累积与品种的抗旱性无关（王绑锡等，1989）。本试验中，随干旱胁迫程度的加剧，各苜蓿材料叶片及根系内脯氨酸含量均有不同程度的增加，黄花苜蓿叶片和甘农 2 号杂花苜蓿根系的脯氨酸含量增幅最大。植物在遭受环境胁迫时，活性氧会大大增加（汪月霞等，2007），SOD 是最有效的保护酶，能清除干旱胁迫诱导产生的细胞内活性氧自由基，抑制膜内不饱和脂肪酸的过氧化作用，维持细胞膜的稳定性和完整性，提高植物对干旱胁迫的适应性。各根型苜蓿的叶片、根系 SOD 酶活性随着干旱程度的增加而逐渐增强，黄花苜蓿叶片、根系 SOD 酶活性的变化程度更明显，表明在干旱胁迫下，黄花苜蓿能通过增强保护酶活性来避免干旱对其造成伤害，从而增强抗旱性。

抗旱性是一个受多种因素影响的复杂数量性状，不同植物对某一具体指标的抗旱性反应不一定相同，单一的指标难以全面而准确地反应植物抗旱性的强弱。因此，本试验运用 Fuzzy 数学隶属函数综合评判法，对叶片叶绿素含量，组织相对含水量、可溶性糖含量、脯氨酸含量、SOD 活性及丙二醛含量 6 个生理生化参数进行综合分析，得出其抗旱性顺序为：根蘖型野生黄花苜蓿＞直根型陇东紫花苜蓿＞根茎型清水紫花苜蓿＞根蘖型甘农 2 号杂花苜蓿。根蘖型黄花苜蓿抗旱性最强，这与陈敏（1980）、王俊杰报道黄花苜蓿整体抗旱能力显著高于紫花苜蓿相一致。另外从材料特性分析，黄花苜蓿抗寒性强，Jung（1972）研究证明了耐寒苜蓿材料也具有很强的抗旱性，二者的机制有一定的相关性。直根型陇东紫花苜蓿抗旱性较强，此结果与康俊梅、宋淑明、余玲和周瑞莲等（1991）研究结果一致。根茎型清水紫花苜蓿抗旱性中等，与其来源于甘肃清水灌丛草原地带相关，为野生栽培驯化品种，是长期适应干旱条件的结果。

六、小结

干旱胁迫下，不同根型苜蓿植株的生长、叶片的扩展都受到了抑制，表现为植株生长缓慢，叶片长度、宽度均小于对照；叶片叶绿素含量随干旱胁迫程度增强而降低，直根型陇东紫花苜蓿降低程度小于其他苜蓿材料；叶片、根系相对含水量随着干旱胁迫的加重而减少，其中根蘖型野生黄花苜蓿和直根型陇东紫花苜蓿下降较少；苜蓿叶片及根系的可溶性糖、脯氨酸和 MDA 含量及 SOD 活性随干旱程度的增加而升高，且根系和叶片对干旱胁迫的调节能力不同。经隶属函数综合分析，各根型苜蓿抗旱性强弱顺序为根蘖型野生黄花苜蓿＞直根型陇东紫花苜蓿＞根茎型清水紫花苜蓿＞根蘖型甘农 2 号杂花苜蓿。

第八章　根茎型清水紫花苜蓿的抗寒性研究

第一节　苜蓿抗寒性研究进展

温度是制约植物生长及分布的重要生态因子之一，过低的温度会使植物受到伤害（Bowler et al.，1992）。在我国北方高纬度、高海拔地区，苜蓿普遍存在越冬率低，容易发生冻害和死亡的现象。低温伤害成为制约我国北方苜蓿草地成功建植和可持续利用的关键问题（浦心春，2001）。培育抗寒性强的苜蓿品种是解决这一问题的重要途径。

抗寒性是植物在低温寒冷环境的长期适应中通过本身的遗传变异和自然选择获得的一种抗寒能力。苜蓿喜温暖潮湿的气候，低温是影响苜蓿分布与推广的一个重要限制因素。许多因素制约着苜蓿的抗寒力，如抗寒锻炼开始的时间、锻炼效率、刈割的次数及秋季最后一次刈割的时间、温度大幅度波动时抗寒力的稳定性等，而这些因素又受复杂的基因和环境所制约。

一、苜蓿形态特征与抗寒性的关系

形态特征可以直观反映植物对低温的适应能力。苜蓿的抗寒性在很大程度上取决于根系类型。秋季随着气温下降和日照缩短，大部分苜蓿品种会将地上部分的营养输送到根系中储存，冬季随着气温的下降，根系中储存的养分也会产生相应的变化，以应对低温。Coffindaffer 和 Burger（1958）与 Nittler 和 Gibbs（1959）研究表明，在低温、短日照条件下，抗寒性弱的品种较抗寒性强的品种表现出更加直立的生长特性，且苜蓿秋季植株形态指数与抗寒性间呈显著正相关，到秋季抗寒能力强的苜蓿品种植株生长缓慢，茎分枝且匍匐生长。洪绂曾等（1987）指出，分枝型根系比单个直根能更好地忍受冻拔现象。但国内引种观察表明，在一些地区根蘖型苜蓿并不比直根型苜蓿更抗寒（梁慧敏等，1995），造成这种差异是因为苜蓿抗寒性既取决于其本身遗传特性，又受环境因素对代谢更迭的影响（刘鸿先等，1981）。也就是说，根蘖型苜蓿的根蘖特性具有非常明显的地域性，在有些地区并不比直根型苜蓿更抗寒。梁慧敏和夏阳（1998）从生理生化角度探讨了根蘖型苜蓿与直根型苜蓿的抗寒性差异，研究认为在秋冬季随温度的降低，根蘖型苜蓿的过氧化物同工酶谱带和活性增加快于直根型苜蓿，根蘖型苜蓿的酶活性始终保持较高水平。Schwab 等（1996）发现根颈与根越粗，苜蓿的抗寒性越强，在低温胁迫下，具有较粗根系（根直径大于 10mm）的苜蓿所受伤害要小于根直径在1～5mm的苜蓿。但也有研究表明，根重、根颈粗细与抗寒性无关（Larson and Smith，1963）。Peltier 和 Tysdal（1931）发现秋季具有较多根颈芽的苜蓿品种在春季能较快地进入到返青阶段，提高其越冬率。Shimada和Murakami（1976）研究指出，深根颈较浅根颈表现出更强的抗寒性及产生更多的再生枝条。Cunningham等（1998）认为苜蓿秋季植株生长高度与品种的抗寒能力密切相关。

二、苜蓿生理生化特征与抗寒性的关系

（一）渗透调节作用

植物在逆境下的生长和发育都是受限的，它对外界刺激的反应就是合成和积累大量的蛋白质和与应激耐受性相关的小分子物质（Mastrangelo et al.，2005）。脯氨酸、可溶性糖、可溶性蛋白质是植物体内重要的渗透调节物质，低温胁迫下大量积累可降低细胞水势，增强细胞持水力，缓和细胞外结冰后细胞失水，增强膜的稳定性（于晶等，2008）；这些物质同时是植物越冬的重要能量和更新芽的萌动力，其贮量越高，植物的抗寒性和萌发力就越强（李轶冰等，2009；Gerloff，1967；周瑞莲和赵哈林，1995）。冯昌军等（2005）研究认为，低温胁迫下苜蓿幼苗叶片脯氨酸含量大幅增高，胁迫后脯氨酸含量虽有所下降，但与对照相比其绝对含量仍然很高，证明了苜蓿对低温的适应机制是通过提高胞内小分子物质绝对含量来实现的，脯氨酸绝对含量的增加有利于提高苜蓿的抗寒性。但Wanner和Junttila（1999）报道，脯氨酸在冷锻炼期间含量的上升可能对抗冻性的提高没有什么直接作用，它的提高可能是植物在低温锻炼下代谢上的被动表现，而非适应性反应。刘祖祺和张石城（1994）报道可溶性糖的累积与抗寒性无关。Krasnuk等（1975）发现，低温胁迫导致苜蓿植株体内可溶性蛋白质增多，其中某些蛋白质既能起到酶的作用又有防冷冻的功能。可溶性蛋白质含量的增加与植物抗冷性的增强并不存在因果关系（柴团耀和张玉秀，1999；张庆峰等，2006）。

（二）膜脂过氧化

许多研究证实，膜系统是低温伤害的最初和关键部位，与植物抗性关系密切。在正常条件下，植物体内活性氧的产生与清除处于动态平衡的状态，由于细胞内自由基浓度很低，不会对植物造成伤害。但当植物遭受逆境胁迫时，体内活性氧的产生与清除之间的平衡被破坏，引发膜脂过氧化反应，从而引起膜的渗漏，使细胞膜透性增强（李绍庆，2001）。丙二醛（MDA）作为膜系统磷脂不饱和脂肪酸的过氧化产物对细胞膜起伤害作用（李绍庆，2001；崔国文，2009），有研究认为低温锻炼后MDA含量会明显增加（王以柔等，1995），也有观点认为MDA含量会下降（李晶等，2000）。在一定胁迫强度内，细胞的各种保护机制使得MDA含量维持在一定的水平，但当胁迫强度超过特定阈值后，细胞内代谢失调，自由

基积累，膜脂过氧化作用加大，MDA 含量升高（杜永吉等，2008a；孙广玉，2005）。

（三）保护酶系统

植物体内的保护酶系统（如 SOD、过氧化氢酶 CAT、过氧化物酶 POD 等）对清除活性氧、保护氧化引来的损伤十分有效（Allen，1995；杜永吉等，2008b）。SOD 是植物氧代谢的关键酶，可以催化植物体内分子氧活化的第 1 个中间产物 O^{2-}发生歧化反应形成 H_2O_2 和 O_2，因此在保护酶系统中处于核心地位（Bowler et al.，1992）。CAT 在生物体内参与 H_2O_2 的分解过程。POD 在保护酶系统中主要是起到酶促降解 H_2O_2 的作用，使植物抵抗逆境胁迫下代谢过程产生的有害物质对细胞的伤害，表现出一定的抗逆性。因此，抗氧化物酶活性的高低在一定程度上能够反映植物抗寒性的强弱。抗寒性强的品种保护酶活性高，对环境反应快，抗氧化能力强，受冻害影响最小（邓雪柯等，2005；Shonosuke et al.，1991）。周瑞莲和张普金（1996）对牧草根系中 SOD 和 CAT 活性与抗寒性的研究表明：低温诱导植物体内氧自由基增多的情况下，牧草可通过增强体内 SOD 和 CAT 保护酶活性来降低受低温伤害的程度。冯昌军等（2005）研究表明，在低温胁迫下，国外两个苜蓿品种 Aspire 和 DK141 幼苗叶片 SOD、POD 酶活性先上升后下降，但仍能维持较高的活性水平，来增加机体的抗寒能力，表现出较强的抗寒性。在研究辣椒（马艳青和戴雄泽，2000）、草坪草（马智宏等，2002）、加拿利海枣（廖启等，2002）和茄子（李建设等，2003）时也认为，耐寒性强的品种在低温条件下能保持较高的 SOD 和 POD 活性，对寒害有较强的适应性。

第二节　根茎型清水紫花苜蓿抗寒性评价

苜蓿能否安全越冬取决于其根系的抗寒性。目前，有关根蘖型、直根型苜蓿抗寒性的差异及影响因素已有报道，对根茎型苜蓿抗寒性的研究少见报道，对不同生态区不同根型苜蓿抗寒性的比较研究鲜见报道。为此，本试验以不同根型苜蓿为材料，研究田间自然降温条件下 3 个生态区不同根型苜蓿的越冬率、根系的体内渗透调节物质、细胞膜脂过氧化和保护酶活性的变化，并根据指标测定值的变化趋势，采用隶属函数法对 3 个生态区不同根型苜蓿的抗寒能力进行综合评价，为不同根型苜蓿在生产中的推广和应用提供理论依据和技术支持。

一、试验区概况

（一）甘肃天水试验区

位于甘肃省天水市麦积区中滩镇，北纬 34°42′，东经 105°39′，海拔 1100m，属大陆半湿润季风气候，年均温 11.6℃，年极端最低气温–14.2℃，降水量 427.1mm，蒸发量 1504mm，相对湿度 68%，无霜期 201d，日照时数 1802.7h，≥0℃的积温 4011.5℃，≥10℃的积温 3395℃，沙壤土。播种期：2009 年 4 月 23 日。出苗期：2009 年 5 月 1 日。

（二）甘肃兰州试验区

位于甘肃省兰州市榆中县和平镇，北纬 35°52′，东经 104°09′，海拔 1874.1m，属温带半干旱大陆性气候，年均温 9.7℃，降水量 320mm，蒸发量 1664mm，无霜期 177d，日照时数 2770h，≥0℃的积温 2000～3800℃，≥10℃的积温 1500～3200℃，黑垆土。播种期：2009 年 4 月 3 日。出苗期：2009 年 4 月 20 日。

（三）甘肃武威试验区

位于甘肃省武威市黄羊镇，北纬 37°55′，东经 102°40′，海拔 1530.8m，属温带干旱荒漠气候，年均温 7.2℃，降水量 150mm，蒸发量 2019.9mm，无霜期 154d，灌淤土，具备灌溉条件。播种期：2009 年 4 月 13 日。出苗期：2009 年 4 月 24 日。

3 个生态区的土壤化学性状见表 8-1。

表 8-1 供试土壤基本理化性质

生态区	土层深度/cm	pH	有机质/（g/kg）	全氮/（g/kg）	全磷/（g/kg）	速效氮/（mg/kg）	速效磷/（mg/kg）	速效钾/（mg/kg）
天水麦积	0～20	8.62	19.33	5.51	3.15	105.00	15.17	129.96
	20～40	8.50	9.07	5.65	3.12	102.20	6.97	244.92
兰州榆中	0～20	8.47	13.48	5.37	3.79	74.20	10.93	164.94
	20～40	8.55	6.92	5.37	3.72	68.60	3.01	109.94
武威凉州	0～20	8.70	10.60	7.07	3.32	88.20	13.24	119.95
	20～40	8.67	10.38	5.37	3.03	84.00	9.77	69.94

二、供试材料

同第七章。

三、测定内容和方法

（一）越冬率的调查

分别于 2009 年 10 月 5 日、2010 年 10 月 8 日在各试验小区内选择 3 个 50cm 直线段，做好标记，查明各直线段内的株数，并于翌年（2010 年和 2011 年），当土壤解冻、苜蓿开始返青时，用小铲铲掉周围的土露出根颈部，并使各植株之间彼此分离，然后计算越冬后存活的株数和越冬率。越冬后存活的株数=植株总数–

根茎部脱水、腐烂等死亡的株数；越冬率=（存活总株数/植株总数）×100%。

（二）生理指标的测定

分别于2009年9月15日、10月15日、12月15日，2010年1月15日、3月15日从各试验小区中随机挖取供试材料的根系，对根系的脯氨酸（proline，Pro）含量、丙二醛（malondialdehyde，MDA）含量、可溶性糖（water soluble sugar，WSS）、可溶性蛋白质（soluble protein，SP）含量、过氧化氢酶（catalase，CAT）活性和超氧化物歧化酶（superoxide dismutase，SOD）活性进行测定，三次重复。

1. 游离脯氨酸含量（Pro）测定

同第七章。

2. 可溶性糖（WSS）含量测定

同第七章。

3. 丙二醛（MDA）含量测定

同第七章。

4. 可溶性蛋白质（soluble protein，SP）含量测定

采用考马斯亮蓝G-250染色法（邹琦，2000）测定。关键步骤如下，①制作标准曲线：取6支具塞试管，编号，分别向各管准确加入蛋白质标准液（每毫升含牛血清蛋白质100μg）0ml、0.20ml、0.40ml、0.60ml、0.80ml、1.00ml，再加蒸馏水至1ml，配制成浓度为0μg/ml、20μg/ml、40μg/ml、60μg/ml、80μg/ml、100μg/ml，在每支试管中加入5ml考马斯亮蓝G-250溶液，盖塞，反转混合数次，放置2min后，在595nm下比色。以蛋白质浓度为横坐标，吸光值为为纵坐标绘制标准曲线。②称取鲜样0.5g，用5ml蒸馏水研磨提取，吸取样品提取液1.0ml，放入具塞试管中（每个样品设置两个重复），以下步骤与标准曲线测定相同，测定样品的光密度。③按公式计算：

$$样品中蛋白质的含量（mg/g）=（C\times V_T）/（V_1\times FW\times 1000）$$

式中，C为查标准曲线值（μg）；V_T为提取液总体积（ml）；FW为样品鲜重（g）；V_1为测定时加样量（ml）。

5. 过氧化氢酶（catalase，CAT）活性测定

采用高锰酸钾滴定法（邹琦，2000）测定。关键步骤如下，①酶液提取：取苜蓿根2.5g，加入pH7.8的磷酸缓冲液少量，研磨成匀浆，转移至25ml容量瓶中，用该缓冲液冲洗研钵，并将冲洗液转入容量瓶中，用同一缓冲液定容，4000r/min下离心15min，上清液为过氧化氢酶的粗提液。②取50ml锥形瓶4个（2个测定，

2 个对照)，测定瓶中加入酶液 2.5ml，对照瓶中加入煮死酶液 2.5ml，再加入 2.5ml 0.1mol/L H_2O_2，同时计时，于 30℃恒温水浴中保温 30min，立即加入 10%H_2SO_4 2.5ml。③用 0.1mol/L $KMnO_4$ 标准溶液滴定 H_2O_2，至出现粉红色（在 30min 内不消失）为终点。④结果计算：

$$酶活[mg/(g\cdot min)]=(A-B)\times V_T\times 1.7/(W\times V_1\times t)$$

式中，A 为对照 $KMnO_4$ 滴定毫升数（ml）；B 为酶反应后 $KMnO_4$ 滴定毫升数（ml）；V_T 为酶液总量（ml）；V_1 为反应所用酶液量（ml）；W 为样品鲜重（g）；1.7 表示 1ml 0.1mol/L 的 $KMnO_4$ 相当于 1.7mg H_2O_2。

6. 超氧化物歧化酶（SOD）活性测定

同第七章。

（三）数据统计分析

用 Excel 和 SPSS 统计软件进行分析。对数据进行标准化处理后，对与抗寒性呈正相关的参数脯氨酸、可溶性蛋白质、可溶性糖含量、CAT 活性和 SOD 活性采用公式 $F_{ij}=(X_{ij}-X_{j\min})/(X_{j\max}-X_{j\min})$ 进行计算；对与抗寒性呈负相关的参数 MDA 含量采用公式 $F_{ij}=1-(X_{ij}-X_{j\min})/(X_{j\max}-X_{j\min})$ 进行计算。

四、结果与分析

（一）不同根型苜蓿田间越冬率的观测

越冬率能够直观地反映植株在同一田间条件下抗寒能力的强弱。由表 8-2 可知，从各苜蓿材料两年的越冬率均值可以看出，天水地区各根型苜蓿越冬率最高，

表 8-2　不同根型苜蓿的越冬率　（%）

生态区	材料	越冬率		平均
		2010 年	2011 年	
天水麦积	Ⅰ	100.0	100.0	100.0
	Ⅱ	100.0	100.0	100.0
	Ⅲ	100.0	100.0	100.0
	Ⅳ	100.0	100.0	100.0
兰州榆中	Ⅰ	99.8	99.4	99.6
	Ⅱ	100.0	100.0	100.0
	Ⅲ	99.6	99.5	99.6
	Ⅳ	99.2	98.7	98.9
武威凉州	Ⅰ	98.7	97.5	98.1
	Ⅱ	100.0	100.0	100.0
	Ⅲ	98.4	98.0	98.2
	Ⅳ	92.8	91.6	92.2

可达 100%；兰州地区各根型苜蓿越冬率均达 98%以上，可见越冬能力较强；武威地区各根型苜蓿越冬率均达 92%以上，其越冬能力稍低。总体看来，4 份苜蓿材料的越冬率都很高，均达到 92%以上，表现出很强的抗寒性。

（二）田间抗寒性测定过程中月平均气温和土温的变化

由图 8-1 可知，甘肃天水、兰州、武威 3 个生态区 9 月至翌年 3 月的平均气温分别在 16.8～6.2℃、13.2～2.1℃、14.9～2.5℃内波动，平均土温分别在 18.3～8.2℃、15.5～5.0℃、13.5～3.0℃内波动，其中 1 月的平均气温和土温均最低，在天水、兰州和武威分别为–2℃和–3.1℃、–7.8℃和–6.9℃、–7.8℃和–16.8℃。

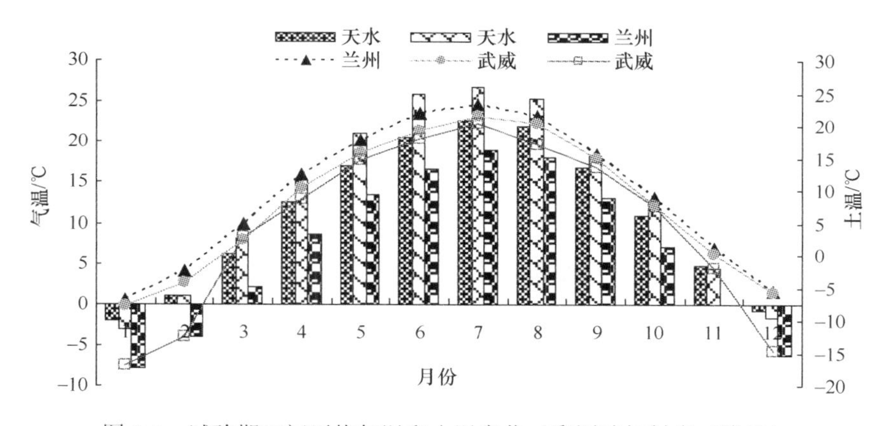

图 8-1　试验期田间平均气温和土温变化（彩图请扫封底二维码）

（三）不同生态区各根型苜蓿生理生化指标的动态变化

1. 脯氨酸含量的变化

脯氨酸是植物在逆境条件下产生并积累的一种小分子渗透调节物质，它可以防止失水，增强蛋白质的水合作用，保护生物大分子结构和功能的稳定。由表 8-3 可见，3 个生态区各根型苜蓿根系 Pro 含量随温度季节变化呈现先上升后下降的趋势。9～12 月，甘农 2 号杂花苜蓿在榆中根系 Pro 含量略有增加，但增幅不显著，其余增幅显著（$P<0.05$），其中甘农 2 号杂花苜蓿在天水 12 月时根系 Pro 积累到最大含量；随着寒冷的加剧，12 月到翌年 1 月中旬，甘农 2 号杂花苜蓿在天水 Pro 含量开始迅速下降，这说明甘农 2 号杂花苜蓿与其他 3 份材料相比对低温较为敏感，其余根系 Pro 含量持续增加，且在翌年 1 月积累到最大含量；1～3 月，不同生态区各根型苜蓿 Pro 含量均下降，除甘农 2 号杂花苜蓿和陇东紫花苜蓿在天水翌年 3 月时根系 Pro 含量显著低于上一年 9 月的含量（$P<0.05$）外，其余均显著高于上一年 9 月的含量（$P<0.05$）。

表 8-3　不同根型苜蓿在 3 个生态区根系脯氨酸含量变化　（单位：μg/g）

生态区	材料	根取样日期				
		9 月 15 日	10 月 15 日	12 月 15 日	1 月 15 日	3 月 15 日
天水麦积	Ⅰ	217.68±0.34 e	307.62±0.55 c	354.14±0.16 b	414.99±0.72 a	287.52±0.28 d
	Ⅱ	114.18±0.67 e	356.60±0.38 d	361.72±0.54 b	414.77±0.64 a	358.41±0.84 c
	Ⅲ	225.36±0.46 d	358.55±0.60 b	360.20±0.80 a	273.15±0.67 c	178.36±0.19 e
	Ⅳ	152.30±0.60 d	265.34±0.29 c	347.61±0.57 b	409.32±0.58 a	125.30±0.16 e
兰州榆中	Ⅰ	284.76±0.48 e	351.51±0.56 d	354.13±0.80 c	558.75±1.05 a	535.47±1.15 b
	Ⅱ	349.51±0.33 d	362.61±0.72 c	362.92±0.33 c	585.31±2.79 a	567.10±0.63 b
	Ⅲ	359.65±0.60 c	360.26±0.50 c	361.07±1.32 c	574.03±1.25 a	554.33±1.31 b
	Ⅳ	326.43±0.44 e	357.07±0.71 d	366.45±0.40 c	576.22±0.55 a	556.29±1.19 b
武威凉州	Ⅰ	287.58±3.99 d	356.95±0.47 c	354.58±0.20 c	564.67±0.41 a	560.35±1.23 b
	Ⅱ	349.54±0.46 d	363.09±0.32 c	363.15±0.82 c	589.41±0.58 a	564.08±2.09 b
	Ⅲ	291.23±0.75 e	360.38±0.54 d	365.39±0.63 c	575.57±0.50 a	563.80±1.51 b
	Ⅳ	331.46±0.56 e	360.31±0.45 d	371.39±0.45 c	599.57±0.70 a	583.60±0.99 b

注：同一行数据间字母相同者表示差异不显著（P=0.05）；下同

2. MDA 含量变化

MDA 是植物遭受低温胁迫时生物膜系统膜脂过氧化的最终产物，其浓度高低代表膜脂过氧化强度及膜系统的受伤害程度（敖嘉等，2010），直接关系到植物抗寒能力的强弱。由表 8-4 可见，随着秋天气温下降，各根型苜蓿根系 MDA 含量均在 10 月中旬达到最高；随气温进一步降低，各根型苜蓿根系 MDA 含量降幅显著（P<0.05），均于翌年 1 月中旬达到最低，可见各根型苜蓿经过抗寒锻炼后，体内的抗寒机制逐渐启动，细胞抗膜脂过氧化能力增强，从而减小了低温对膜脂的损害；1 月以后，气温逐渐回升，除清水紫花苜蓿和陇东紫花苜蓿在武威根系 MDA 含量增幅不显著外，其余均显著增加（P<0.05），其中黄花苜蓿在各生态区 MDA 含量最高。

3. 可溶性蛋白质含量变化

蛋白质是生命的物质基础，植物在低温胁迫下通过加强可溶性蛋白质的合成来增强抗寒性。由表 8-5 可见，3 个生态区各根型苜蓿根系 SP 含量随生育期温度的变化呈先升高后降低的变化趋势。9～10 月，各根型苜蓿根系 SP 含量在天水和武威显著增加（P<0.05），在兰州显著降低（P<0.05）；10～12 月，清水紫花苜蓿和陇东紫花苜蓿根系 SP 含量在武威有所降低，其余持续增加（P<0.05）；随着低温强度的增加，12 月到翌年 1 月，3 个生态区各根型苜蓿根系 SP 含量急剧增加（P<0.05），并达到最大值；1 月以后开始下降，但所有材料在翌年 3 月根系 SP 含量仍显著高

表 8-4 不同根型苜蓿在 3 个生态区根系 MDA 含量变化 （单位：μmol/g）

生态区	材料	取样日期				
		9 月 15 日	10 月 15 日	12 月 15 日	1 月 15 日	3 月 15 日
天水麦积	Ⅰ	49.09±0.14 b	61.50±0.33 a	40.94±0.29 c	16.92±0.17 e	31.26±0.16 d
	Ⅱ	40.27±0.23 c	47.67±0.47 a	45.33±0.29 b	29.20±0.26 e	38.95±0.11 d
	Ⅲ	47.11±0.27 b	55.29±0.16 a	41.92±0.17 c	18.85±0.20 e	38.09±0.33 d
	Ⅳ	45.72±0.26 b	63.81±0.33 a	37.14±0.18 c	21.62±0.29 e	28.05±0.22 d
兰州榆中	Ⅰ	18.31±0.69 c	30.80±0.25 a	21.44±0.43 b	12.17±0.14 e	14.10±0.21 d
	Ⅱ	40.51±0.64 c	47.93±0.78 a	45.04±0.77 b	15.90±0.37 e	28.59±0.27 d
	Ⅲ	28.42±0.04 b	31.98±0.04 a	21.73±0.03 c	13.50±0.05 e	17.18±0.02 d
	Ⅳ	29.15±0.01 b	38.58±0.10 a	25.86±0.21 c	13.67±0.47 e	16.85±0.29 d
武威凉州	Ⅰ	35.53±0.12 b	44.65±0.36 a	20.72±0.57 c	16.41±0.02 d	17.32±0.27 d
	Ⅱ	44.09±0.84 b	72.19±0.12 a	38.20±0.37 c	25.93±0.39 e	32.14±0.04 d
	Ⅲ	46.56±0.23 b	51.17±0.49 a	25.82±0.90 c	16.18±0.06 d	24.91±0.07 c
	Ⅳ	33.97±0.22 b	41.54±0.40 a	27.57±0.04 c	24.92±0.07 d	25.84±0.35 cd

于上一年 9 月的含量（$P<0.05$）。田间越冬期间，根茎型清水紫花苜蓿根系 SP 含量相对较高且持续增加时间较长，对品种的抗寒及生存具有重要生理意义。

表 8-5 不同根型苜蓿在 3 个生态区根系可溶性蛋白质含量变化（单位：mg/g）

生态区	材料	取样日期				
		9 月 15 日	10 月 15 日	12 月 15 日	1 月 15 日	3 月 15 日
天水麦积	Ⅰ	11.33±0.21e	20.31±0.15 d	29.36±0.29 c	91.91±0.53 a	72.36±0.53 b
	Ⅱ	10.57±0.13 e	28.73±0.19 d	30.24±0.58 c	80.65±0.59 a	61.42±0.36 b
	Ⅲ	7.53±0.09 e	15.07±0.03 d	18.43±0.03 c	74.11±0.16 a	60.15±0.14 b
	Ⅳ	12.55±0.19 e	18.60±0.18 d	19.75±0.59 c	81.44±0.58 a	52.70±0.41 b
兰州榆中	Ⅰ	36.23±0.80 d	27.23±0.12 e	38.48±0.53 c	99.40±0.58 a	91.11±0.41 b
	Ⅱ	29.85±0.14 d	25.45±0.36 e	36.66±0.39 c	91.48±0.29 a	70.47±0.18 b
	Ⅲ	30.24±0.16 c	19.95±0.27 e	23.30±0.62 d	79.21±0.35 a	72.72±0.09 b
	Ⅳ	20.20±0.58 d	16.65±0.13 e	25.11±0.74 c	80.79±0.38 a	72.16±0.08 b
武威凉州	Ⅰ	15.98±0.49 e	26.03±0.77 c	22.50±0.12 d	92.84±0.80 a	85.91±0.19 b
	Ⅱ	16.34±0.20 e	26.61±0.32 d	31.01±0.47 c	81.37±0.26 a	75.47±0.34 b
	Ⅲ	12.47±0.13 e	19.62±0.66 d	21.96±0.43 c	94.77±0.51 a	74.18±1.76 b
	Ⅳ	24.02±0.69 c	26.25±0.26 c	20.20±0.58 d	83.59±2.93 a	69.97±0.91 b

4. 可溶性糖含量变化

可溶性糖含量（WSS）是一种低温保护物质，可提高细胞溶胶的浓度，增加细胞持水能力，从而降低细胞质的冰点，还可缓解细胞质过度脱水，保护细胞质胶体不致遇冷凝固，从而提高植物抗寒性（Shonosuke et al.，1991）。由表 8-6 可见，3 个生态区各根型苜蓿随着秋冬温度的下降，根系 WSS 含量都普遍升高，随翌年温度的回升，根系 WSS 含量都呈现降低趋势。9～12 月，3 个生态区各根型苜蓿根系 WSS 含量缓慢增加；12 月到翌年 1 月，除甘农 2 号杂花苜蓿在兰州根系 WSS 含量增加不显著外，其余均显著增加（$P<0.05$），且达到最大值，此时正值隆冬时节，根系 WSS 含量较高，表明苜蓿根系 WSS 含量在整个冬季都保持较高的水平；1 月后，除清水紫花苜蓿在兰州根系 WSS 含量降幅不显著外，其余均显著降低（$P<0.05$），这可能是由于 WSS 作为春季再生能源被消耗转移利用，苜蓿抗寒能力开始下降。在整个测试期内，根茎型清水紫花苜蓿在每一时期根系 WSS 含量的积累不都是最高，但能以最少的消耗度过冬季，证明其具有较好的抗寒能力。

表 8-6　不同根型苜蓿在 3 个生态区根系可溶性糖含量变化　（单位：mg/g）

生态区	材料	取样日期				
		9 月 15 日	10 月 15 日	12 月 15 日	1 月 15 日	3 月 15 日
天水麦积	Ⅰ	148.71±0.10 b	149.60±0.05 b	150.58±0.24 b	175.49±0.27 a	103.48±0.12 c
	Ⅱ	142.89±0.84 d	145.86±0.28 c	150.99±0.54 b	183.10±2.61 a	114.99±2.08 e
	Ⅲ	146.91±0.07 c	150.71±0.03 b	152.15±0.03 b	169.15±0.16 a	62.79±0.14 d
	Ⅳ	137.28±0.01 bc	135.78±0.30 c	139.63±0.02 b	149.81±0.03 a	65.53±0.07 d
兰州榆中	Ⅰ	150.82±0.04 b	152.43±0.02 b	152.79±0.00 b	181.59±0.62 a	179.39±0.29 a
	Ⅱ	146.03±0.27 c	146.24±0.14 c	155.01±0.87 b	183.24±2.38 a	140.09±1.96 d
	Ⅲ	152.89±0.03 ab	155.18±0.03 a	155.23±0.01 a	155.65±0.84 a	143.36±0.84 b
	Ⅳ	145.89±0.00 b	148.78±0.04 b	148.75±0.02 b	170.21±0.55 a	139.50±0.53 c
武威凉州	Ⅰ	147.65±0.04 d	150.81±0.05 d	160.86±0.02 c	185.44±0.05 a	178.29±0.46 b
	Ⅱ	144.25±0.41 e	148.13±0.28 d	155.79±0.14 c	182.65±0.46 a	178.22±2.42 b
	Ⅲ	150.41±0.01 d	151.84±0.00 d	153.59±0.02 c	183.70±0.02 a	173.97±0.21 b
	Ⅳ	153.15±0.03 d	157.19±0.02 c	148.50±0.01 e	168.18±0.20 a	163.38±0.29 b

5. SOD 活性变化

SOD 可以及时清除自由基和活性氧，提高植物组织的抗氧化能力和抗性。一般认为，抗寒性强的品种具有较高的 SOD 活性（浦心春，2001）。由表 8-7 可知，9～10 月，各根型苜蓿在 3 个生态区根系 SOD 活性均升高，根系 SOD 活性在 12 月达到峰值，这可能是由于低温胁迫下植物体内活性氧的产生增多，植物启动保护机制使 SOD 活性升高，以防御活性氧的伤害。12 月到翌年 1 月，根系 SOD 活性均下降，说明植物对低温都有一定的耐受范围，植物体内的保护机制会受损；1～3 月，各根型苜蓿在武威、甘农 2 号杂花苜蓿在天水、黄花苜蓿在兰州的根系 SOD 活性有所升高，其余变化不大。

表 8-7　不同根型苜蓿在 3 个生态区根系 SOD 活性变化　（单位：U/g）

生态区	材料	取样日期				
		9 月 15 日	10 月 15 日	12 月 15 日	1 月 15 日	3 月 15 日
天水麦积	Ⅰ	5.91±0.16 c	6.23±0.14 b	7.19±0.09 a	5.00±0.21 d	4.78±0.22 d
	Ⅱ	6.33±0.21 b	6.35±0.17 b	6.89±0.11 a	5.66±0.19 c	5.48±0.34 c
	Ⅲ	5.33±0.18 b	6.11±0.18 a	6.23±0.21 a	4.77±0.27 c	5.39±0.10 b
	Ⅳ	6.08±0.11a	5.32±0.12 c	5.85±0.14 b	5.18±0.15 c	4.81±0.07 d
兰州榆中	Ⅰ	5.72±0.25 b	6.27±0.14 a	6.30±0.16 a	4.60±0.09 c	4.50±0.10 c
	Ⅱ	6.06±0.07 b	6.58±0.14 a	6.27±0.16 b	2.69±0.19 d	4.34±0.21 c
	Ⅲ	6.37±0.06 a	6.43±0.13 a	6.57±0.08 a	3.84±0.32 b	3.89±0.27 b
	Ⅳ	5.85±0.06 b	6.61±0.26 a	6.95±0.18 a	5.48±0.34 b	3.85±0.22 c
武威凉州	Ⅰ	6.09±0.19 b	6.43±0.09 a	6.60±0.18 a	5.19±0.14 d	5.54±0.20 c
	Ⅱ	6.16±0.24 b	6.74±0.26 a	6.58±0.03 a	5.13±0.05 d	5.63±0.06 c
	Ⅲ	6.22±0.15 b	6.44±0.13 ab	6.53±0.06 a	4.59±0.18 d	4.94±0.12 c
	Ⅳ	5.32±0.13 b	6.06±0.13 a	6.23±0.56 a	4.58±0.14 c	4.86±0.11 bc

6. CAT 活性变化

CAT 是植物体内的一种保护酶类，存在于植物的所有组织中，与植物的抗逆性密切相关，抗寒品种具有较高的 CAT 活性（Wanner and Junttila，1999）。由表 8-8 可知，各根型苜蓿在 3 个生态区根系 CAT 活性随气温的变化都呈现先升高后降低的趋势。9～12 月，各根型苜蓿根系 CAT 活性普遍升高，除黄花苜蓿外，在天水清水紫花苜蓿、甘农 2 号杂花苜蓿和陇东紫花苜蓿根系 CAT 活性均在 12 月达到最高值；12 月中旬到翌年 1 月，各根型苜蓿在兰州、武威和黄花苜蓿在天水根系 CAT 活性均于翌年 1 月达到最高值，1 月以后显著降低（$P<0.05$）。

表 8-8　不同根型苜蓿在 3 个生态区 CAT 活性变化　[单位：mg/（g·min）]

生态区	材料	取样日期				
		9 月 15 日	10 月 15 日	12 月 15 日	1 月 15 日	3 月 15 日
天水麦积	Ⅰ	14.62±0.34 e	22.51±0.20 c	54.40±0.35 a	29.52±0.34 b	19.52±0.15 d
	Ⅱ	20.61±0.17 e	35.30±0.36 c	55.41±0.70 b	71.23±0.47 a	24.74±0.40 d
	Ⅲ	28.53±0.31 d	40.40±0.28 b	55.50±0.44 a	33.49±0.26 c	16.26±0.00 e
	Ⅳ	20.81±0.01 d	27.42±0.03 c	42.52±0.02 a	29.26±0.30 b	11.44±0.28 e
兰州榆中	Ⅰ	26.77±0.34 c	26.88±0.20 c	84.87±0.76 b	105.14±1.01a	16.30±0.01 d
	Ⅱ	33.94±0.68 e	52.67±0.85 c	85.63±0.40 b	106.64±0.51 a	41.12±0.61 d
	Ⅲ	39.23±0.03 d	44.44±0.03 c	76.54±0.01 b	87.42±0.84 a	24.18±0.84 e
	Ⅳ	33.12±0.69 d	36.52±0.08 c	43.48±0.26 b	48.97±0.85 a	6.08±0.03 e
武威凉州	Ⅰ	33.57±0.68 c	44.12±0.68 b	43.42±1.02 b	50.28±0.18 a	22.91±1.35 d
	Ⅱ	43.07±1.52 e	63.20±1.02 c	98.50±1.52 b	108.97±0.25 a	47.05±1.02 d
	Ⅲ	41.62±1.88 e	47.84±0.86 d	79.59±2.88 b	87.69±1.48 a	62.05±1.86 c
	Ⅳ	22.72±0.30 e	31.94±0.68 c	46.09±3.05 b	51.64±0.60 a	26.28±0.67 e

（四）田间低温胁迫下不同根型苜蓿抗寒性的综合评价

植物受到逆境胁迫后，受多种因素影响，生理变化是错综复杂的（杨敏生等，1997），孤立地用某一指标表示这一复杂的生理过程，很难真实地反映植物的抗寒性本质（沈漫等，1997）。因此，采用隶属函数值法对各项指标测定值用模糊数学隶属度公式进行定量转换，根据函数值的大小对不同生态区 3 类根型苜蓿抗寒性进行综合评定，综合评定值越大，抗寒性越强，反之则弱。3 个生态区各根型苜蓿 7 项抗寒指标的综合评判结果见表 8-9，不同根型苜蓿抗寒性强弱顺序为：根蘖型野生黄花苜蓿材料＞根茎型清水紫花苜蓿＞根蘖型甘农 2 号杂花苜蓿＞直根型陇东紫花苜蓿。同一材料在不同生态区抗寒性强弱的顺序为：兰州＞武威＞天水。

表 8-9　不同根型苜蓿抗寒性的综合评判

生态区	材料	越冬率/%	脯氨酸	MDA 含量	可溶性蛋白质	可溶性糖	SOD 活性	CAT 活性	综合评价值
天水麦积	Ⅰ	1.00	0.417	0.537	0.408	0.675	0.695	0.214	0.564
	Ⅱ	1.00	0.426	0.532	0.380	0.691	0.769	0.344	0.592
	Ⅲ	1.00	0.340	0.532	0.292	0.600	0.641	0.280	0.526
	Ⅳ	1.00	0.300	0.548	0.321	0.512	0.613	0.197	0.499
兰州榆中	Ⅰ	0.97	0.624	0.880	0.515	0.820	0.621	0.446	0.697
	Ⅱ	1.00	0.683	0.776	0.581	0.745	0.556	0.563	0.701
	Ⅲ	0.95	0.676	0.827	0.409	0.731	0.609	0.470	0.667
	Ⅳ	0.88	0.665	0.789	0.386	0.717	0.680	0.269	0.627
武威凉州	Ⅰ	0.82	0.640	0.754	0.448	0.830	0.730	0.319	0.649
	Ⅱ	1.00	0.683	0.495	0.420	0.807	0.748	0.642	0.685
	Ⅲ	0.78	0.653	0.631	0.404	0.815	0.679	0.561	0.645
	Ⅳ	0.00	0.690	0.690	0.406	0.777	0.605	0.288	0.494

将各项指标隶属度平均值与综合评定值进行相关分析，结果表明，田间越冬期脯氨酸、可溶性蛋白质、可溶性糖、MDA 含量与综合评价值达到极显著相关，相关系数分别为 0.862、0.845、0.823、0.954；SOD、CAT 活性与综合评定值相关系数为 0.169、0.666，没达到显著水平。说明在低温胁迫下，脯氨酸、可溶性蛋白质、可溶性糖含量越高，MDA 含量越少，抗寒性越强。用综合评定结果与各生态区地理气候因子做相关分析，结果表明综合评定结果与纬度呈正相关，相关系数为 0.434，但不显著；与经度、年均温、年均降水量呈负相关，其相关系数分别为–0.434、–0.584、–0.487，相关性不显著；与海拔呈显著正相关，相关系数为 0.999，这说明各根型苜蓿的抗寒能力随生态区海拔的升高而增强，反映了各根型苜蓿抗寒能力遗传变异与环境变化的关系。

五、讨论

生境对苜蓿越冬性有一定的影响，特别是苜蓿抵御倒春寒时生境起着关键作用，温度是影响苜蓿安全越冬的主要因素。3 个生态区全年的平均气温、平均土温均为天水最高，武威最低，故在天水 4 份苜蓿越冬率最高，兰州次之，武威最低。

植物在遭受环境胁迫时，活性氧会大大增加（许桂芳，2009），MDA 是植物遭受逆境伤害时细胞膜脂过氧化的产物，对细胞起伤害作用。本研究中各根型苜蓿在 3 个生态区根系 MDA 含量均呈现先增加后降低然后再增加的变化趋势。9 月气温下降，各根型苜蓿根部积累了大量的 MDA，10 月 MDA 含量达到最大值，翌年 1 月降低到最低值，这是因为持续低温期间根系中 Pro、SP 和 WSS 都不同程度地主动积累，从而提高植物细胞的渗透调节能力，有效防止了活性氧对膜脂和蛋白质的过氧化作用；另外，SOD、CAT 是酶促防御系统的重要保护酶类，其活力在抗寒锻炼后持续升高并协同作用及时清除体内的活性氧和自由基，对细胞起到保护作用。翌年 1～3 月，由于低温保护物质 Pro、SP 和 WSS 逐渐减少及保护酶 SOD 和 CAT 活性减弱，MDA 含量又开始逐渐升高。相关分析得出，低温胁迫下脯氨酸、可溶性蛋白质、可溶性糖、MDA 含量与综合评价值呈极显著正相关，说明这几项指标可作为各根型苜蓿抗寒性的鉴定指标，其他作为参考指标，来综合评价其抗寒性。不同生态区的光照、温度、水分、营养条件、土壤物理状况及其他生态因子对根系的生长均有不同程度的影响，相关分析表明，各根型苜蓿抗寒能力随着不同生态区海拔的升高而增强，这是各根型苜蓿对各生态区综合生态因子变化的遗传适应。

植物的抗寒性是其生理生化特征综合作用的遗传表现，因此单一抗寒指标难以判断植物对寒冷的综合适应能力（于晶等，2008），隶属函数分析提供了一条在多指标测定基础上对苜蓿抗寒性进行综合评价的途径。本研究运用隶属函数法对各根型苜蓿的越冬率，根系脯氨酸、可溶性糖、可溶性蛋白质和丙二醛含量及过氧化氢酶和超氧化物歧化酶活性 6 个生理生化参数进行综合分析，得出其抗寒性顺序为根蘖型野生黄花苜蓿＞根茎型清水紫花苜蓿＞根蘖型甘农 2 号杂花苜蓿＞直根型陇东紫花苜蓿。这与洪绂曾等（1987）、梁慧敏和夏阳（1998）的试验结论一致，说明分枝型根系比单个直根能更好地忍受冻拔现象。

六、小结

本研究以根茎型清水紫花苜蓿、根蘖型甘农 2 号杂花苜蓿和野生黄花苜蓿和直根型陇东紫花苜蓿为材料，在甘肃天水、榆中和武威 3 个生态区，测定 3 类根型的 4 份苜蓿材料在秋末至翌年初春根系脯氨酸、丙二醛、可溶性糖及可溶性蛋白质含量，过氧化氢酶和超氧化物歧化酶活性 6 项指标的变化。研究表明，在 3 个生态区，3 类根型苜蓿根系 MDA 含量随气温均呈先升高后降低再升高的变化趋势；脯氨酸、可溶性糖含量和 CAT 活性均随气温的下降而增加，随气温升高而降低；而可溶性蛋白质含量和 SOD 活性，在不同生态区不同品种间随气温变化的规律不同。应用隶属函数法进行抗寒性综合评判，得出根蘖型野生黄花苜蓿的抗寒性最强，根茎型清水紫花苜蓿次之，直根型陇东紫花苜蓿最不抗寒；同一品种在不同生态区抗寒性强弱顺序为榆中＞武威＞天水，与所在地的海拔呈显著正相关。

第九章　根茎型清水紫花苜蓿根系的发育能力研究

第一节　不同根型苜蓿根系的研究概况

根系是植物吸收水分和养分的主要器官，同时具有合成有机物，支持和固定植株，改变土壤的物理、化学和生物特性及固持水土等功能（孙洪仁等，2008）。自然生态环境条件，如土壤通气性、土壤紧实度或土壤水分状况、光照和温度等对根系的生长均有不同程度的影响（Misra，1956）。不同品种的根系在不同的环境条件下表现出不同的特点，即表现出各自的根系发育特性（吴新卫等，2007）。

长期以来，国内外学者对侧根型、直根型和根蘖型苜蓿进行了大量研究。与其他根型相比，侧根发达的苜蓿植株具有庞大的毛根系统（Lamb et al.，1999），其有利于根系从土壤中吸收养分，从而提高植株产量、品质和对不良环境的抵抗力（Chloupek，1982）。Burton 将侧根性状突出的黄花苜蓿与侧根型紫花苜蓿和直根型紫花苜蓿分别杂交，发现紫花苜蓿的侧根性状受多种基因的控制（刘志鹏等，2003）。McIntosh 和 Miller（1981）报道苜蓿侧根性状的表达对环境很敏感。洪绂曾等（2007）对国内育成的公农 3 号杂花苜蓿、图牧 3 号紫花苜蓿、图牧 4 号紫花苜蓿等苜蓿品种进行了根蘖性状及持久性能的研究，结果表明根蘖苗中距主根 40～80cm 处的匍匐根分生组织最活跃。高振生等（1995）研究表明，根蘖苜蓿植株地下水平根在整个生长季节内均有根膨大部位和根蘖芽的形成，在第 2、3 年表现较多，第 1 年和第 4 年以后均表现较少，且半干旱草原地区最适于根蘖型苜蓿生长和根蘖性状的发育。高振生等（1990）对不同生长年限根蘖型苜蓿的结种量及其性状间关系进行了研究，表明不同的株系单株结籽量差异很大，根蘖性状与种子产量性状不相关，但种子产量与荚果螺旋数呈极显著正相关。梁慧敏（1994）研究表明，在不同生境下苜蓿根系变异很大，根茎习性多出现在半湿润地区，在干旱地区很少发生，根蘖习性则相反，在干旱和半干旱地区才有发育。梁慧敏和曹致中（1996）研究了不同种植密度对根蘖性状的影响，表明过分密植（100.0 株/m^2）使得水平根减少，根蘖株率下降。Heinrichs（1965）发现 Rambler 根蘖苜蓿随行距增加，行间出现的枝条增多，单株根风干重与密度呈直线负相关，群体根风干重与其呈曲线回归，低、高种植密度的根量明显小于中密度，根蘖型苜蓿的种植密度以 25.0 株/m^2 左右为宜。王铁梅（2008）把苜蓿根蘖性状的发生及表现划分为 5 个时期，其中根蘖节时期、根蘖芽时期为根蘖发生时期，根蘖枝条时期、根蘖株丛时期和二级根蘖时期为根蘖表现时期，对根蘖性状发生进行解剖学研究表明，根蘖芽起源于根部木栓形成层分生组织。孙启忠等（2001）、吴新卫等（2007）对苜蓿根颈和根系的形态学特性进行了研究；韩清芳等（2008）对不同秋眠级数苜蓿品种的根颈变化特征进行了分析；郭正刚等（2002）、万素梅等（2004）、马其东等（1999）、史纪安等（2009）对直根型不同苜蓿品种的根系发育能力进行了研究，均表明根系生物量、根系体积、侧根数在不同苜蓿品种间差异显著，侧根的发生部位受不同深度土壤含水量影响。

第二节　根茎型清水紫花苜蓿根颈与根系特性的研究

苜蓿近地面上的根冠部称为根颈，由真叶以下的胚轴发育而成，是产生枝条的重要部位，直接影响苜蓿生产性能和可持续利用（孙启忠等，2001；王月胜等，2008）。多年来，国内外学者对苜蓿的研究集中于地上枝条部分，而对地下根系的研究较少，目标零散。有关根茎型苜蓿的根系特性研究鲜见报道。为此，本研究以 3 类根型苜蓿为材料，对其在天水半湿润、兰州半干旱和武威干旱 3 个不同生态区自然生长条件下根系的发育情况进行了系统研究，探讨了其生长发育规律，为区域化种植提供理论依据。

一、试验区概况及供试材料

同第七章。

二、试验设计

3 个生态区均采用完全随机设计，4 个处理，3 次重复，12 个小区，播深 2cm，行距 30cm，小区面积 15.0m^2（3.0m×5.0m），相邻 2 小区间隔 0.5m 的保护行，播种量 12kg/hm^2。试验期间不施肥，除武威黄羊镇试验点每年需冬灌之外，其余地区均不灌溉。

三、试验方法

用 Marquez-Ortiz 法（1996）和 Johnson 法（1998）测定苜蓿的根颈和根系形态。天水地区于种植当年 2009 年 7 月 20 日（第 1 茬，T1）、9 月 2 日（第 2 茬，T2），生长第 2 年 2010 年 5 月 24 日（第 3 茬，T3）、7 月 22 日（第 4 茬，T4）、8 月 25 日（第 5 茬，T5），生长第 3 年 2011 年 5 月 28 日（第 6 茬，T6）、7 月 20 日（第 7 茬，T7）、8 月 27 日（第 8 茬，T8）苜蓿初花期刈割时进行取样；兰州地区于种植当年 2009 年 8 月 1 日（第 1 茬，T1），生长第 2 年 2010 年 6 月 5 日（第 2 茬，T2）、7 月 27 日（第 3 茬，T3）、9 月 3 日（第 4 茬，T4），生长第 3 年

2011年6月8日（第5茬，T5）、7月29日（第6茬，T6）、9月4日（第7茬，T7）苜蓿初花期刈割时进行取样；武威地区于种植当年2009年8月3日（第1茬，T1），生长第2年2010年6月16日（第2茬，T2）、7月30日（第3茬，T3）、9月14日（第4茬，T4），生长第3年2011年6月18日（第5茬，T5）、8月1日（第6茬，T6）、9月15日（第7茬，T7）苜蓿初花期刈割时进行取样（表9-1）。各生态区每小区选取3个生长均匀的样方（1.0m×1.0m），割掉地上部分，地下部分用壕沟法挖去土层，截取30cm土层根系，取代表性单株3株，清水洗净，自然风干后测定根颈指标。同时，用壕沟法挖取根系深见根端，每个样方取代表性单株3株，清水洗净，测定根系指标，并调查根茎（根蘖）植株百分率、根茎（根蘖）苗伸展范围。

表9-1　不同生态区各根型苜蓿初花期刈割时间

生态区	刈割时间							
	第一茬（T1）	第二茬（T2）	第三茬（T3）	第四茬（T4）	第五茬（T5）	第六茬（T6）	第七茬（T7）	第八茬（T8）
半湿润区（天水）	2009.7.20	2009.9.2	2010.5.24	2010.7.22	2010.8.25	2011.5.28	2011.7.20	2011.8.27
半干旱区（兰州）	2009.8.1	2010.6.5	2010.7.27	2010.9.3	2011.6.8	2011.7.29	2011.9.4	
干旱区（武威）	2009.8.3	2010.6.16	2010.7.30	2010.9.14	2011.6.18	2011.8.1	2011.9.15	

四、测定指标及方法

（一）根颈形态

（1）根颈入土深度：从地表到根颈膨大处（从地表到根颈上端的垂直距离）。

（2）根颈直径：用游标卡尺测根颈膨大处。

（3）根颈分枝数：从根颈直接长出的分枝。

（4）分枝直径：用游标卡尺测分枝基部。

（5）根颈入土速率用每100d根颈向下生长的长度（cm）表示，根颈增粗速率用每100d根颈直径增加量（cm）表示。

（二）根系形态

（1）主根长度：根颈以下主根一直到主根$d \geqslant 0.1$cm处的长度。

（2）主根直径：在0～10cm土层，测定根颈下主根中间处粗度。

（3）主根直径增粗速率：用每100d主根直径增加量（cm）表示。

（4）侧根数：侧根离主根40cm处的$d \geqslant 0.1$cm时，可计入，$d < 0.1$cm时，不计入。

（5）侧根直径：从主根长出的侧根，直径≥0.05m计入。

（6）侧根直径增粗速率：用每100d侧根直径增加量（cm）表示。

（三）根茎、根蘖率

调查根茎、根蘖植株及根茎、根蘖苗伸展范围。

（四）根系体积和生物量的测定

3个生态区于2009年、2010年、2011年头茬草刈割期，在长势均匀的地方选取3个60cm×60cm的样方，每10cm一层挖取根系，把挖取的根系放在双层纱布内洗干净，在量筒中测定根系的体积；把样品带回实验室，放在105℃的烘箱中，烘24h，称取根系干重，计为根系生物量。

五、数据分析

采用DPS 3.01和SPSS 16.0统计软件对数据进行处理。DPS 3.01进行方差分析、新复极差测验，SPSS 16.0进行相关分析及主成分分析。

六、结果与分析

（一）不同根型苜蓿根颈特性

1. 根颈直径变化

由表9-2可知，天水、兰州和武威3个生态区各根型苜蓿根颈直径差异明显。在天水、武威地区，甘农2号杂花苜蓿的根颈直径在各茬收获时均显著高于清水紫花苜蓿、黄花苜蓿和陇东紫花苜蓿（$P<0.05$）；第3年最后一次刈割时，甘农2号杂花苜蓿在天水、武威地区根颈直径最粗，分别为1.98cm和1.60cm，清水紫花苜蓿最小，分别为1.37cm和0.98cm。在兰州地区，黄花苜蓿根颈直径在种植当年第1茬收获时显著小于甘农2号杂花苜蓿（$P<0.05$）；在第2年各茬收获时均与甘农2号朵花苜蓿差异不显著，但显著高于清水紫花苜蓿和陇东紫花苜蓿（$P<0.05$）；在第3年各茬收获时均显著高于其他3份材料（$P<0.05$）；在第7次刈割时，黄花苜蓿根颈直径最粗，为1.56cm，清水紫花苜蓿最细，仅为1.29cm。

由图9-1可知，在天水地区，黄花苜蓿和甘农2号杂花苜蓿的根颈增粗速率在种植当年第2次刈割时比清水紫花苜蓿和陇东紫花苜蓿大。在生长第2年和第3年的第2次刈割时，由于夏季温度升高，促进了根颈的增粗，各根型苜蓿根颈增粗生长均达到最快；在第3次刈割时，由于各生态区秋季温度持续偏高，各根型苜蓿根颈持续增粗生长，但小于第2次刈割时根颈直径增长。3年内，各根型苜蓿根颈生长受温度的影响非常明显，在温度较高的夏季和秋季，根颈直径增长较快。

表 9-2　不同生态区各根型苜蓿根颈直径的比较　　（单位：cm）

刈割时间	天水麦积				兰州榆中				武威凉州			
	I	II	III	IV	I	II	III	IV	I	II	III	IV
T1	0.68 c	0.75 b	0.82 a	0.75 b	0.73 b	0.75 b	0.84 a	0.76 b	0.58 c	0.75 b	1.04 a	0.48 d
T2	0.69 c	0.85 b	0.91 a	0.79 b	0.79 c	0.96 a	0.98 a	0.87 b	0.62 c	0.78 b	1.21 a	0.68 c
T3	0.76 d	0.92 c	1.11 a	1.01 b	0.85 b	1.18 a	1.17 a	0.95 b	0.65 c	0.84 b	1.24 a	0.79 b
T4	0.90 c	1.13 b	1.26 a	1.13 b	0.93 b	1.28 a	1.25 a	0.98 b	0.74 c	0.95 b	1.29 a	0.90 b
T5	0.93 d	1.24 b	1.32 a	1.17 c	1.04 c	1.42 a	1.33 b	1.11 c	0.82 c	1.13 b	1.34 a	1.14 b
T6	1.04 d	1.49 b	1.65 a	1.27 c	1.24 d	1.52 a	1.43 b	1.35 c	0.91 c	1.25 b	1.43 a	1.24 b
T7	1.26 d	1.65 b	1.86 a	1.45 c	1.29 c	1.56 a	1.47 b	1.45 b	0.98 c	1.36 b	1.60 a	1.33 b
T8	1.37 d	1.74 b	1.98 a	1.55 c								
平均	0.95	1.22	1.36	1.14	0.98	1.24	1.21	1.07	0.76	1.01	1.31	0.94

注：同一生态区同一行数据间字母相同者表示差异不显著（P=0.05）；下同

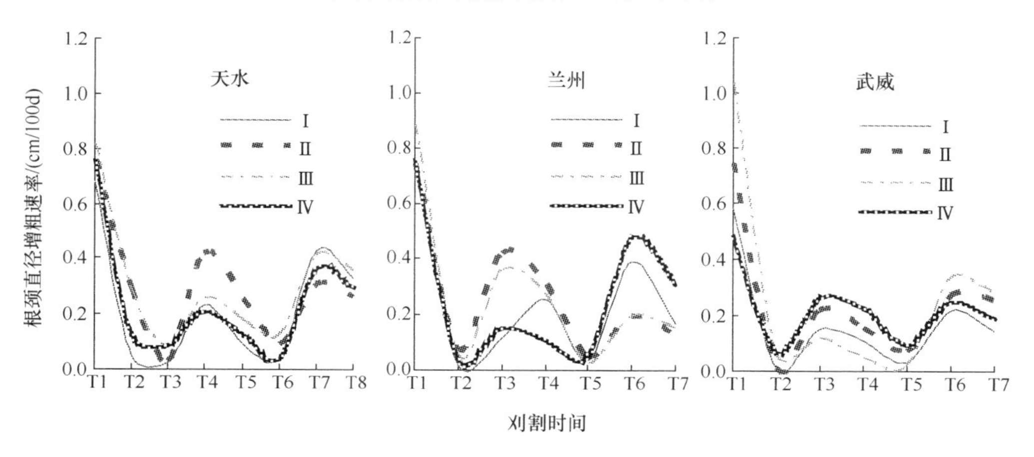

图 9-1　不同根型苜蓿根颈直径增粗速率变化（彩图请扫封底二维码）

2. 根颈入土深度变化

由表 9-3 可知，生长前 3 年，不同根型苜蓿根颈入土深度差异显著（$P<0.05$）。随着生长年限的延长，苜蓿根颈入土深度逐渐增加。经过 3 年生长，清水紫花苜蓿在天水和兰州地区根颈入土深度均最深，分别为 8.8cm 和 10.1cm，显著大于黄花苜蓿、甘农 2 号杂花苜蓿和陇东紫花苜蓿（$P<0.05$）；黄花苜蓿在武威地区根颈入土深度最深，为 9.1cm，显著大于其他 3 份材料（$P<0.05$）。

由图 9-2 可知，苜蓿播种当年，在天水地区各根型苜蓿根颈入土深度差异不显著；在兰州地区，甘农 2 号杂花苜蓿入土最深，为 3.2cm；在武威地区，清水紫花苜蓿入土最浅，仅 3.2cm。生长第 2 年和第 3 年，第 2 次刈割时处于苜蓿年内生长期的 5～7 月，光照强，温度逐渐增高，土温随之升高，加上第 1 茬生长

表 9-3 不同生态区各根型苜蓿根颈入土深度变化 （单位：cm）

刈割时间	天水麦积				兰州榆中				武威凉州			
	I	II	III	IV	I	II	III	IV	I	II	III	IV
T1	2.9 a	3.0 a	2.9 a	2.9 a	2.8 ab	2.9 ab	3.2 a	2.8 b	3.7 b	4.1 a	3.8 b	4.3 a
T2	3.3 a	3.3 a	3.6 a	3.3 a	4.7 a	4.4 ab	4.1 b	4.3 ab	4.3 b	4.7 a	4.5 a	4.7 a
T3	3.9 a	3.8 a	3.8 a	3.8 a	6.6 a	5.4 b	5.4 b	4.9 c	4.9 b	5.1 ab	5.0 ab	5.3 a
T4	5.1 a	4.5 b	4.6 ab	4.8 ab	7.0 a	6.1 b	5.6 c	5.1 d	5.5 b	5.9 a	5.3 b	5.8 ab
T5	5.5 a	5.0 b	4.9 b	5.3 a	8.0 a	7.2 b	7.5 b	6.6 c	6.7 b	7.6 a	5.9 b	6.6 b
T6	6.4 a	5.8 b	6.0 b	6.1 a	9.4 a	8.0 b	8.4 b	8.3 b	7.9 b	8.2 a	6.8 b	7.2 b
T7	8.0 a	6.8 b	7.3 b	7.4 b	10.1 a	9.2 b	8.8 b	9.2 b	8.7 b	9.1 a	7.6 c	8.0 b
T8	8.8 a	7.7 b	8.0 b	7.9 b								
平均	5.5	5	5.1	5.2	6.9	6.2	6.1	5.9	6	6.4	5.6	6

为根系贮存了丰富的营养物质，苜蓿地下部生长速度较快，除黄花苜蓿之外，其余苜蓿在 3 个生态区的根颈入土速率均达到最快，清水紫花苜蓿、甘农 2 号杂花苜蓿和陇东紫花苜蓿第 2 年第 2 茬在天水地区根颈入土速率分别为 2.1cm/100d、1.4cm/100d、1.9cm/100d，在兰州地区分别为 3.6cm/100d、2.4cm/100d、1.1cm/100d，在武威地区分别为 1.6cm/100d、1.2cm/100d、1.6cm/100d；清水紫花苜蓿、甘农 2 号杂花苜蓿和陇东紫花苜蓿第 3 年第 2 茬在天水地区根颈入土速率分别为 3.0cm/100d、2.5cm/100d、2.6cm/100d，在兰州地区分别为 2.8cm/100d、1.9cm/100d、3.2cm/100d，在武威地区分别为 1.9cm/100d、2.0cm/100d、1.9cm/100d。在生长第 2、3 年第 3 次刈割时，随着气温逐渐降低，苜蓿植株生长缓慢，根颈生长相应减慢，而黄花苜蓿对秋季温度降低反应较不敏感，根颈持续生长，根颈入土速率达到最大，第 2 年在天水、兰州、武威地区根颈入土速率分别为 1.5cm/100d、2.1cm/100d、1.6cm/100d，第 3 年在天水、兰州、武威地区分别为 2.5cm/100d、3.6cm/100d、2.0cm/100d。

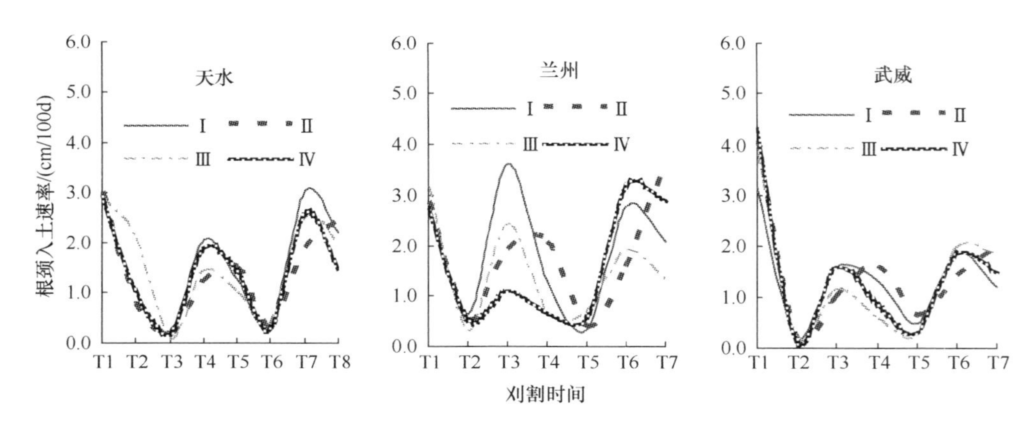

图 9-2 不同根型苜蓿根颈入土速率变化

3. 根颈分枝数变化

由表 9-4 可知，不同根型苜蓿间根颈分枝数差异明显。生长 3 年内，清水紫花苜蓿根颈分枝数在天水地区的生长第 2 年第 4、5 次刈割期、第 3 年第 6～8 次刈割期，在兰州地区的第 1～8 次刈割期，在武威地区的生长第 2 年第 2、3 次刈割期均显著高于黄花苜蓿、甘农 2 号杂花苜蓿和陇东紫花苜蓿（$P<0.05$）；陇东紫花苜蓿根颈分枝数在天水地区的生长第 1 年第 1 次刈割期、第 3 年第 7、8 次刈割期，在兰州地区的第 1～7 次刈割期，在武威地区的生长第 1 年第 1 次刈割期、第 2 年第 2～4 次刈割期均显著低于其他苜蓿材料（$P<0.05$）。在第 3 年最后一次刈割期，在天水、兰州和武威 3 个生态区，清水紫花苜蓿根颈分枝数分别为 32 个/株、27 个/株、25 个/株，除在兰州和武威地区与甘农 2 号杂花苜蓿差异不显著外，其余均显著高于其他 3 份苜蓿材料（$P<0.05$），陇东紫花苜蓿除在武威地区与黄花苜蓿差异不显著外，其余均显著低于其他苜蓿材料（$P<0.05$）。3 年内，根茎型清水紫花苜蓿根颈分枝相对较多，直根型陇东紫花苜蓿根颈分枝相对较少。

表 9-4　不同生态区各根型苜蓿根颈分枝数变化　　（单位：个/株）

刈割时间	天水麦积				兰州榆中				武威凉州			
	Ⅰ	Ⅱ	Ⅲ	Ⅳ	Ⅰ	Ⅱ	Ⅲ	Ⅳ	Ⅰ	Ⅱ	Ⅲ	Ⅳ
T1	4 b	4 b	5 a	3 c	5 a	4 b	4 b	3 c	7 a	3 b	6 a	2 c
T2	9 b	9 b	11 a	11 a	8 a	6 c	7 b	5 d	8 a	6 c	7 b	4 d
T3	17 a	12 c	17 a	15 b	10 a	9 b	8 b	6 c	12 a	9 c	11 b	5 d
T4	24 a	15 d	18 c	21 b	13 a	9 c	12 b	8 d	14 a	10 b	13 a	7 c
T5	25 a	18 d	22 a	23 b	16 a	11 c	14 b	9 d	17 a	12 b	16 a	12 b
T6	29 a	25 c	26 b	25 c	19 a	13 c	16 b	10 d	18 a	14 b	17 a	15 b
T7	30 a	27 b	27 b	26 c	27 a	19 b	26 a	17 c	25 a	18 b	24 a	19 b
T8	32 a	29 b	29 b	28 c								
平均	21	17	19	19	14	10	12	8	14	10	13	9

4. 根颈分枝直径变化

由表 9-5 可知，不同根型苜蓿间根颈分枝直径表现出了显著差异（$P<0.05$）。甘农 2 号杂花苜蓿的根颈分枝直径在天水地区的生长第 2、3 年各茬刈割期，在兰州地区的第 2、6、7 次刈割期，在武威地区的播种当年和生长第 2 年第 2 次刈割期均显著高于黄花苜蓿、甘农 2 号杂花苜蓿和陇东紫花苜蓿（$P<0.05$）；清水紫花苜蓿的分枝直径在天水地区的生长第 2、3 年各茬刈割期，在兰州地区的生长第 2 年第 3 次刈割期、第 3 年第 5～7 次刈割期，在武威地区的生长第 2 年第 4 次刈割期和第 3 年第 7 次刈割期均显著低于其他苜蓿材料（$P<0.05$）。生长第 3 年最后一次刈割时，甘农 2 号杂花苜蓿的分枝直径在天水、兰州和武威地区分别为

0.92cm、0.81cm 和 0.76cm，除在武威地区与黄花苜蓿差异不显著外，其余均显著高于其他苜蓿材料（$P<0.05$）；清水紫花苜蓿最小，在天水、兰州和武威地区分别为 0.71cm、0.48cm 和 0.49cm。

表 9-5　不同生态区各根型苜蓿根颈分枝直径变化　（单位：cm）

刈割时间	天水麦积				兰州榆中				武威凉州			
	Ⅰ	Ⅱ	Ⅲ	Ⅳ	Ⅰ	Ⅱ	Ⅲ	Ⅳ	Ⅰ	Ⅱ	Ⅲ	Ⅳ
T1	0.21 a	0.23 a	0.24 a	0.23 a	0.19 a	0.18 a	0.22 a	0.18 a	0.23 b	0.23 b	0.30 a	0.18 c
T2	0.23 a	0.25 a	0.26 a	0.25 a	0.24 b	0.24 b	0.29 a	0.27ab	0.26 b	0.27 b	0.33 a	0.22 c
T3	0.24 c	0.27bc	0.33 a	0.29 b	0.26 b	0.34 a	0.36 a	0.34 a	0.31 b	0.35 a	0.38 a	0.28 b
T4	0.29 c	0.35 b	0.37 a	0.35 b	0.31 b	0.40 a	0.42 a	0.36 b	0.34 c	0.42ab	0.44 a	0.39 b
T5	0.32 c	0.42 b	0.52 a	0.42 b	0.36 c	0.49 a	0.52 a	0.40 b	0.41 b	0.49 a	0.51 a	0.44 b
T6	0.44 d	0.54 b	0.59 a	0.49 c	0.40 d	0.58 b	0.63 a	0.48 c	0.46 b	0.64 a	0.65 a	0.53 b
T7	0.57 d	0.72 b	0.78 a	0.67 c	0.48 c	0.66 b	0.81 a	0.61 b	0.49 c	0.74 a	0.76 a	0.65 b
T8	0.71 d	0.84 b	0.92 a	0.76 c								
平均	0.38	0.45	0.50	0.43	0.32	0.41	0.46	0.38	0.36	0.45	0.48	0.38

（二）不同根型苜蓿根系特性

1. 主根长度变化

不同自然区域和生长年限，苜蓿根系入土深度差异很大（表 9-6）。在天水，清水紫花苜蓿的主根长度在种植当年第 1、2 茬收获时，生长第 2 年第 3、4 茬收获时均显著地高于其他材料（$P<0.05$）；陇东紫花苜蓿在生长第 2 年第 5 茬收获时，第 3 年生长结束时均显著高于其他材料（$P<0.05$）。第 8 次刈割时，陇东紫花苜蓿主根最长，为 113.4cm，而清水紫花苜蓿最短，为 98.6cm。在兰州，黄花苜蓿在各茬刈割时主根均最长，第 7 次刈割时，为 145.3cm，显著高于甘农 2 号杂花苜蓿、陇东紫花苜蓿和清水紫花苜蓿（$P<0.05$），其中甘农 2 号杂花苜蓿和陇东紫花苜蓿差异不显著，清水紫花苜蓿最短，为 124.3cm。在武威，甘农 2 号杂花苜蓿在各茬刈割时主根均最长，第 7 次刈割时，为 141.7cm，显著高于清水紫花苜蓿、黄花苜蓿和陇东紫花苜蓿（$P<0.05$），其中黄花苜蓿和陇东紫花苜蓿差异不明显，清水紫花苜蓿最短，为 135.8cm。种植 3 年，在 3 个生态区，主根长度平均值在武威最长，为 138.4cm，兰州次之，天水最短，为 106.3cm。

2. 主根直径和侧根直径变化

由表 9-7 和表 9-8 可知，不同根型苜蓿主根直径和侧根直径有明显差异。在 3

表 9-6　不同生态区各根型苜蓿主根长度变化　　（单位：cm）

刈割时间	天水麦积				兰州榆中				武威凉州			
	Ⅰ	Ⅱ	Ⅲ	Ⅳ	Ⅰ	Ⅱ	Ⅲ	Ⅳ	Ⅰ	Ⅱ	Ⅲ	Ⅳ
T1	65.5 a	58.5 c	60.8 b	62.5 b	77.9 c	86.5 a	85.2 a	81.5 b	87.4 d	89.8 c	95.0 a	93.2 b
T2	67.8 a	63.0 c	64.0 b	65.0 b	83.3 d	94.3 a	91.8 b	89.0 c	91.2 c	94.5 b	105.2 a	103.7 a
T3	76.8 a	69.5 c	72.8 b	74.3 b	95.2 d	108.0 a	101.2 b	97.6 c	105.8 d	110.0 c	118.0 a	116.2 b
T4	84.5 a	82.5 b	80.0 c	82.0 b	103.8 c	116.5 a	107.8 b	105.8 bc	115.8 b	120.2 a	122.0 a	120.7 a
T5	89.8 c	92.3 b	90.6 c	95.5 a	107.7 d	121.7 a	114.3 c	116.7 b	120.8 c	124.0 b	127.5 a	126.8 a
T6	92.6 c	99.5 b	98.7 b	103.4 a	111.7 c	138.2 a	125.8 b	125.8 b	122.5 c	126.7 b	132.5 a	131.7 a
T7	95.8 d	103.3 c	107.4 b	110.1 a	124.3 c	145.3 a	136.2 b	134.2 b	135.8 c	137.7 b	141.7 a	138.3 b
T8	98.6 d	104.5 c	108.9 b	113.4 a								
平均	83.9	84.1	85.4	88.3	100.6	115.8	108.9	107.2	111.3	114.7	120.3	118.7

个生态区，甘农 2 号杂花苜蓿的主根直径和侧根直径在各茬刈割时均最粗，第 3 年最后一茬刈割时，其主根直径和侧根直径在天水、兰州、武威地区分别为 1.44cm 和 0.69cm、1.41cm 和 0.66cm、1.38cm 和 0.79cm，显著高于其他材料（$P<0.05$）；清水紫花苜蓿主根和侧根均最细，在天水、兰州、武威地区分别为 0.95cm 和 0.53cm、1.02cm 和 0.42cm、0.81cm 和 0.39cm。从图 9-3 可以看出，各根型苜蓿在生长第 2 年和第 3 年的第 2 次刈割时，其主根直径和侧根直径增粗生长均达到最快；第 3 次刈割时，其主根直径和侧根直径持续增粗生长，但小于第 2 次刈割时的增长。这一结果与根颈直径的测定结果相吻合。

表 9-7　不同生态区各根型苜蓿主根直径变化　　（单位：cm）

刈割时间	天水麦积				兰州榆中				武威凉州			
	Ⅰ	Ⅱ	Ⅲ	Ⅳ	Ⅰ	Ⅱ	Ⅲ	Ⅳ	Ⅰ	Ⅱ	Ⅲ	Ⅳ
T1	0.58 a	0.58 a	0.71 a	0.54 a	0.59 ab	0.53 b	0.63 a	0.55 b	0.44 c	0.52 b	0.78 a	0.49 bc
T2	0.60 b	0.71 ab	0.82 a	0.59 a	0.66 a	0.73 a	0.79 a	0.68 a	0.49 c	0.62 b	0.88 a	0.52 c
T3	0.63 b	0.76 ab	0.83 a	0.80 a	0.75 b	0.84 a	0.85 a	0.81 a	0.58 c	0.73 b	0.97 a	0.68 c
T4	0.79 c	0.94 b	1.07 a	0.91 b	0.79 b	0.87 ab	0.90 a	0.87 ab	0.65 d	0.80 b	1.05 a	0.74 c
T5	0.82 c	1.01 b	1.18 a	0.96 b	0.82 b	1.00 ab	1.05 a	0.91 ab	0.69 c	0.96 b	1.19 a	0.94 b
T6	0.90 c	1.08 b	1.23 a	1.02 b	0.95 c	1.20 a	1.28 a	1.09 b	0.77 d	1.14 b	1.30 a	1.09 c
T7	0.94 c	1.19 b	1.38 a	1.16 b	1.02 c	1.26 b	1.41 a	1.18 b	0.81 d	1.28 b	1.38 a	1.14 c
T8	0.95 c	1.23 b	1.44 a	1.22 b								
平均	0.78	0.94	1.08	0.90	0.80	0.92	0.99	0.87	0.63	0.86	1.08	0.80

表 9-8 不同生态区各根型苜蓿侧根直径变化 （单位：cm）

刈割时间	天水麦积				兰州榆中				武威凉州			
	I	II	III	IV	I	II	III	IV	I	II	III	IV
T1	0.12 b	0.14 a	0.16 a	0.14 a	0.13 a	0.14 a	0.16 a	0.15 a	0.13 b	0.15 ab	0.16 a	0.14 b
T2	0.17 b	0.21ab	0.26 a	0.21ab	0.17 b	0.19 ab	0.21 a	0.16 b	0.17 c	0.21 b	0.23 a	0.19 b
T3	0.21 b	0.33 a	0.36 a	0.32 a	0.24 c	0.28 b	0.34 a	0.24 c	0.21 c	0.28 ab	0.31 a	0.25 b
T4	0.31 c	0.40 ab	0.42 a	0.37 b	0.26 c	0.31 b	0.39 a	0.27 c	0.22 d	0.34 b	0.39 a	0.27 c
T5	0.35 c	0.42 ab	0.45 a	0.40 b	0.30 c	0.39 b	0.47 a	0.32 c	0.261 d	0.46 b	0.51 a	0.32 c
T6	0.41 c	0.47 ab	0.50 a	0.45 b	0.38 d	0.54 b	0.60 a	0.43 c	0.34 d	0.63 b	0.69 a	0.41 c
T7	0.51 d	0.59 b	0.63 a	0.54 c	0.42 d	0.61 b	0.66 a	0.48 c	0.39 c	0.75 a	0.79 a	0.46 b
T8	0.53 d	0.65 b	0.69 a	0.57 c								
平均	0.33	0.40	0.43	0.38	0.27	0.35	0.40	0.29	0.25	0.40	0.44	0.29

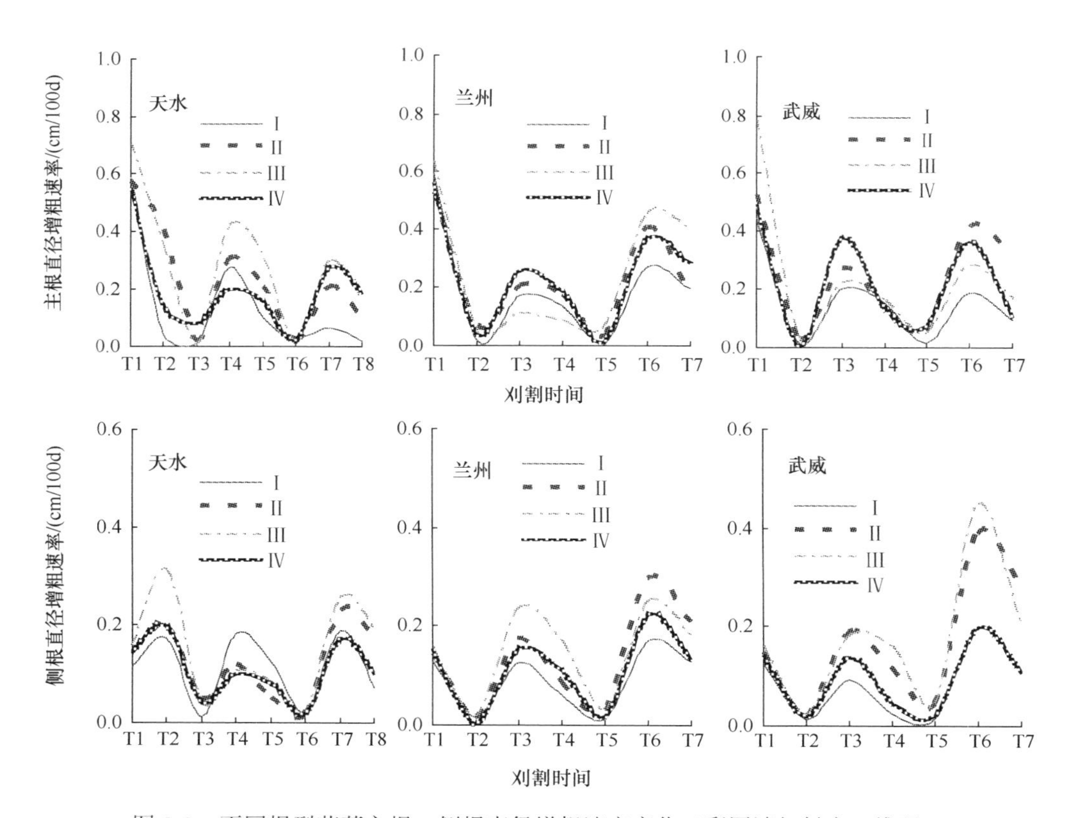

图 9-3 不同根型苜蓿主根、侧根直径增粗速率变化（彩图请扫封底二维码）

3. 侧根数变化

侧根数量的多少直接关系到根系吸收养分和水分的能力及其抗旱性的强弱。研究的 4 份苜蓿材料间侧根总数差异明显（表 9-9）。在 3 个生态区，甘农 2 号杂花苜蓿的侧根数在各茬刈割时均最多，第 3 年最后一茬刈割时，其侧根数在天水、兰州、武威地区分别为 17 个、19 个和 23 个，显著高于其他材料，黄花苜蓿次之，分别为 14 个、18 个和 15 个，清水紫花苜蓿和陇东紫花苜蓿最少且两者差异不显著。

表 9-9　不同生态区各根型苜蓿侧根数变化

刈割时间	天水麦积				兰州榆中				武威凉州			
	I	II	III	IV	I	II	III	IV	I	II	III	IV
T1	4 c	5 b	6 a	4 c	4 b	4 b	5 a	5 a	3 c	4 b	6 a	3 c
T2	5 c	6 b	7 a	4 d	6 c	7 b	8 a	7 b	4 c	6 b	8 a	4 c
T3	6 b	7 b	8 a	5 c	7 c	10 b	13 a	9 b	6 bc	7 b	10 a	6 c
T4	7 c	8 b	10 a	6 c	8 c	11 b	14 a	11 b	7 c	9 b	14 a	7 c
T5	8 c	10 b	12 a	8 c	10 c	13 b	15 a	12 b	9 c	11 b	17 a	9 c
T6	9 c	11 b	14 a	9 c	12 d	15 b	17 a	13 c	11 c	13 b	19 a	10 c
T7	10 c	12 b	16 a	10 c	15 c	18 b	19 a	14 c	12 c	15 b	23 a	13 c
T8	11 c	14 b	17 a	12 c								
平均	8	9	11	7	9	11	13	10	7	9	14	7

4. 根茎/根蘖苗数和根茎/根蘖分布范围中心距调查

调查表明，播种当年和生长第 2 年，在天水、兰州和武威 3 个生态区，根茎型清水紫花苜蓿、根蘖型黄花苜蓿和甘农 2 号杂花苜蓿的根茎/根蘖性状均未表现。生长第 3 年，在 3 个生态区，根茎型清水紫花苜蓿、根蘖型黄花苜蓿和甘农 2 号杂花苜蓿的根茎/根蘖性状均有不同程度的表现。调查表明（图 9-4），生长第 3 年，根茎型清水紫花苜蓿的根状茎、根蘖型黄花苜蓿和甘农 2 号杂花苜蓿的根蘖枝条随生育时期的延长呈增加趋势，结荚期根状茎在天水表达率最高，为 76.7%，兰州次之，为 43.5%，武威最低，仅 39.0%；根蘖枝条在武威、兰州表达率均较高，在天水较低，结荚期根蘖型黄花苜蓿和甘农 2 号杂花苜蓿的根蘖率在兰州和武威分别为 61.2%和 50.6%，58.7%和 54.7%，在天水分别为 44.5%和 36.3%。

调查表明（图 9-5），在 3 个生态区，中心距扩展平均值由高到低的顺序为：武威＞兰州＞天水；3 份材料中，清水紫花苜蓿的根状茎扩展范围为 4.9～13.1cm，根蘖型黄花苜蓿和甘农 2 号杂花苜蓿中心距扩展分别为 28.3～69.0cm 和 37.7～79.5cm。

（三）根系相关性分析

对生长第 3 年最后一茬苜蓿的根部各性状进行了相关分析（表 9-10），结果表明，根颈直径与根颈分枝直径、主根直径呈极显著正相关，与侧根直径呈显著正

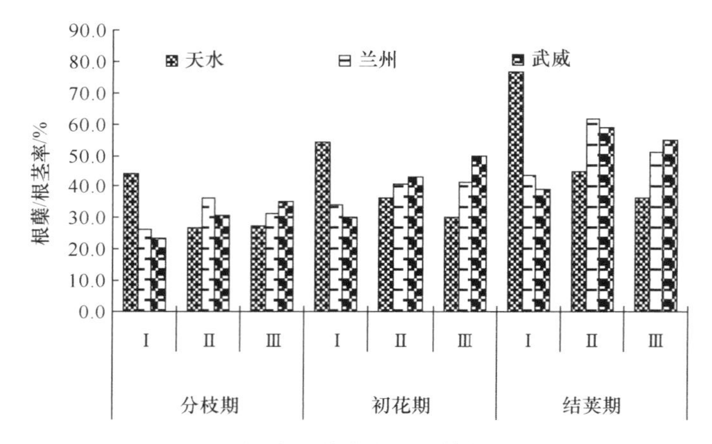

图 9-4　根茎/根蘖苜蓿占总株数的比例

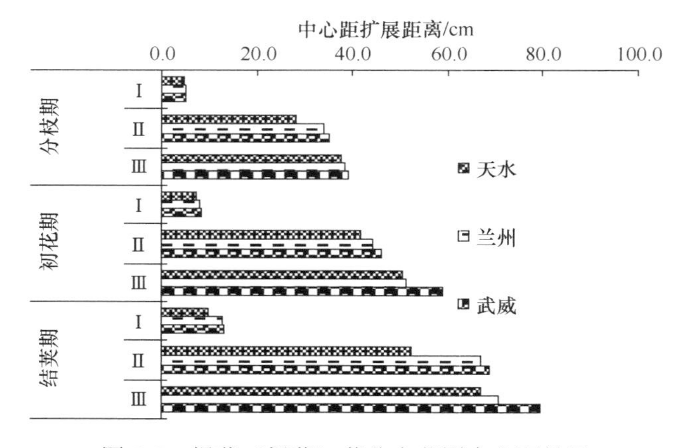

图 9-5　根茎（根蘖）苗分布范围中心距扩展

表 9-10　根系相关性分析

	X2	X3	X4	X5	X6	X7	X8
X1	–0.259	–0.261	–0.454	–0.144	–0.038	–0.262	0.175
X2		0.250	0.841**	0.790**	0.420	0.650*	–0.381
X3			0.314	–0.132	–0.174	0.009	–0.819**
X4				0.783**	0.334	0.790**	–0.388
X5					0.716**	0.823**	0.135
X6						0.680*	0.482
X7							0.038

*表示 t 测验 0.05 显著水平；**表示 t 测验 0.01 显著水平（表 9-11 同此）

注：X1=根颈入土深度；X2=根颈直径；X3=根颈分枝数；X4=根颈分枝直径；X5=主根直径；X6=侧根数；X7=侧根直径；X8=主根长度；

相关；根颈分枝直径与主根直径、侧根直径呈极显著正相关；主根直径与侧根数、侧根直径呈极显著正相关；侧根数与侧根直径呈显著正相关；根颈分枝数与主根长度呈极显著负相关；根系其余各指标间相关性不显著。其中主根直径与侧根数、侧根直径达极显著水平，这与 Johnson 等（1998）对 1067 个紫花苜蓿种质材料进行研究的结果一致。

（四）根系主成分分析

以上分析表明，不同根型苜蓿在不同生态区其根系形态存在丰富的遗传变异，为进一步探明其变异的主要原因，对生长第 3 年最后一茬苜蓿的根系性状进行了主成分分析（表 9-11）。从第 3 主成分开始特征值都非常低（小于 1），且前 2 个主成分累计贡献率达到了 77.744%，可以近似代替原始因子所代表的全部信息。第 1 成分（根颈入土深度）的特征贡献率为 48.589%，是分析的主要方面；其次为根颈直径，特征贡献率为 29.155%。由此可知，不同根型苜蓿根系形态的主要变异来源于苜蓿的根颈入土深度，其次是根颈直径，第 3 变异来源于根颈分枝数、根颈分枝直径、主根直径、侧根数、侧根直径和主根长度。

表 9-11　根系主成分分析

测定指标	相关矩阵特征值			因子提取结果		
	特征值	贡献率/%	累计贡献率/%	特征值	贡献率/%	累计贡献率/%
X1	3.887	48.589	48.589	3.887	48.589	47.554
X2	2.332	29.155	77.744	2.332	29.155	77.744
X3	0.858	10.720	88.464			
X4	0.524	6.550	95.014			
X5	0.267	3.337	98.351			
X6	0.101	1.266	99.617			
X7	0.019	0.235	99.852			
X8	0.012	0.148	100.000			

（五）不同根型苜蓿根系发育能力综合分析

以供试的 4 份苜蓿材料（生长第 3 年最后一茬）的根颈入土深度、根颈直径、根颈分枝数、根颈分枝直径、主根直径、侧根数、侧根直径和主根长度作为分析变量进行聚类分析。从图 9-6 可以看出，3 个生态区的 4 份苜蓿材料被分为 4 类。天水地区清水紫花苜蓿、黄花苜蓿、甘农 2 号杂花苜蓿、陇东紫花苜蓿为第一类；兰州地区和武威地区的黄花苜蓿、甘农 2 号杂花苜蓿、陇东紫花苜蓿为第二类；兰州地区清水紫花苜蓿为第三类；武威地区清水紫花苜蓿为第四类。综合分析各个变量因子后，从根系发育的情况看，清水紫花苜蓿在天水半湿润地区有较强的根系发育能力，黄花苜蓿、甘农 2 号杂花苜蓿、陇东紫花苜蓿在兰州半干旱和武威干旱地区均有较强的根系发育能力。

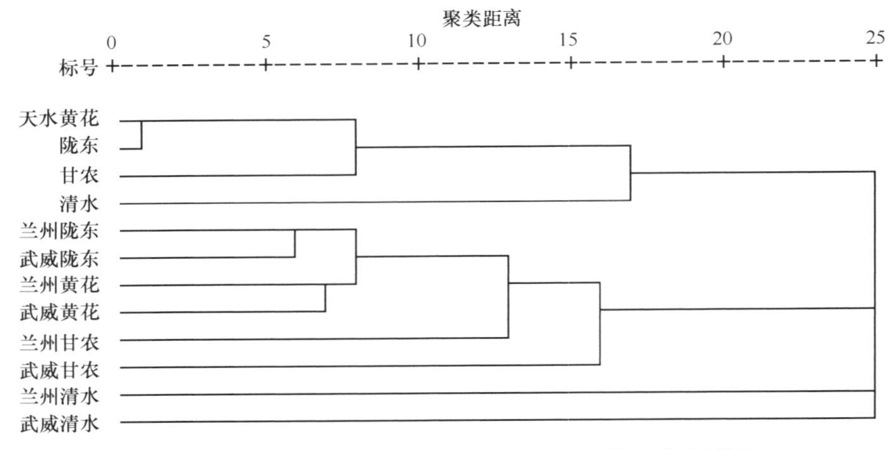

图 9-6 不同根型苜蓿生长第 3 年最后一茬的聚类分析图

（六）不同根型苜蓿根系体积、生物量变化

根系体积越大，植物与土壤的接触面积就越大，越有利于植物大范围吸收土壤水分、养分和微量元素，植物根系能反映植物的抗逆能力，植物根系的生长状况也可以反映该植物对当地环境的适应情况。各根型苜蓿间根系体积变化较大（图 9-7）。

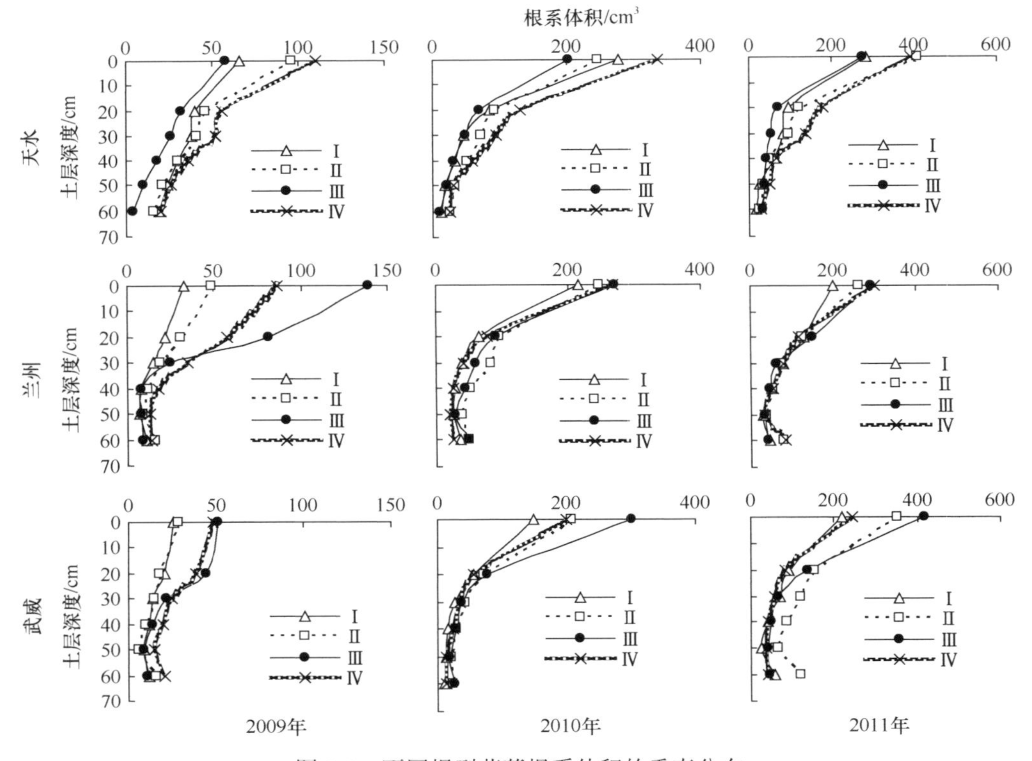

图 9-7 不同根型苜蓿根系体积的垂直分布

在天水，陇东紫花苜蓿的根系体积在种植当年、生长第2、3年均显著高于黄花苜蓿、清水紫花苜蓿和甘农2号杂花苜蓿；在兰州和武威，种植3年甘农2号杂花苜蓿的根系体积均显著高于黄花苜蓿、陇东紫花苜蓿和清水紫花苜蓿。随着种植年限的延长，根系体积逐年增加；随着土层深度的增加，根系体积逐渐减小。例如，甘农2号杂花苜蓿在武威种植当年、生长第2、3年的根系体积分别为150.2cm^3、493.0cm^3、897.6cm^3；0～10cm、10～20cm、20～30cm、30～40cm、40～50cm和大于50cm土层的根系体积分别依次为51.0cm^3、44.0cm^3、22.2cm^3、13.6cm^3、8.8cm^3、10.6cm^3、302.0cm^3、77.0cm^3、37.3cm^3、29.8cm^3、27.5cm^3、19.5cm^3、421.0cm^3、152.0cm^3、122.0cm^3、86.0cm^3、67.6cm^3、49.0cm^3。

在环境因子一致的情况下，根系生物量反映了不同品种适应环境和地下根系生长的能力。各根型苜蓿间根系生物量在相同的条件下差异很大（图9-8）。在天水，种植3年陇东紫花苜蓿的根系生物量均显著高于黄花苜蓿、清水紫花苜蓿和甘农2号杂花苜蓿，生长第3年的根系生物量在0～10cm、10～20cm、20～30cm、30～40cm、40～50cm和大于50cm土层的分布比例依次为35.8%、22.7%、18.5%、10.7%、7.7%和4.6%；在兰州和武威，种植当年、生长第2、3年甘农2号杂花苜

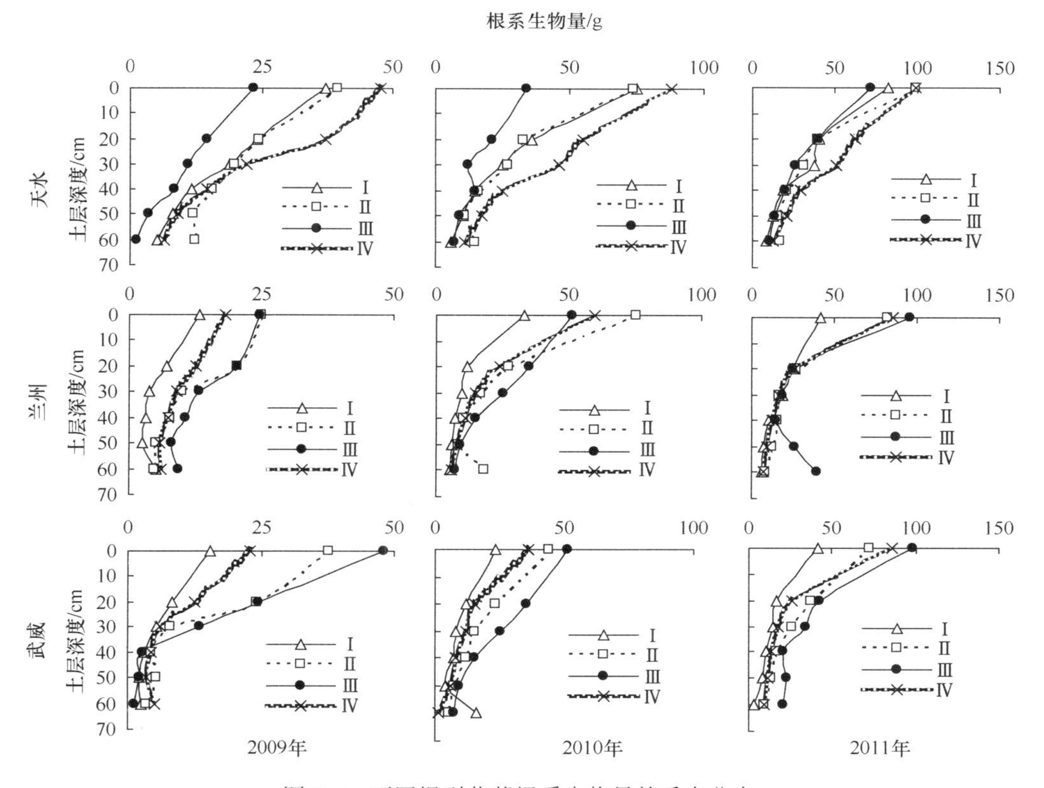

图9-8　不同根型苜蓿根系生物量的垂直分布

蓿的根系生物量均显著高于黄花苜蓿、陇东紫花苜蓿和清水紫花苜蓿，生长第 3 年甘农 2 号杂花苜蓿的根系生物量于兰州和武威在 0～10cm、10～20cm、20～30cm、30～40cm、40～50cm 和大于 50cm 土层的分布比例分别依次为 43.5%、12.9%、10.0%、8.6%、6.8%和 18.2%、41.0%、17.6%、14.2%、9.6%、7.5%和 10.0%，即 0～10cm 层的根系生物量最大，随土层加深根系生物量逐渐下降；随着种植年限的延长，根系生物量逐年增加，与根系体积的变化规律一致。

七、讨论

（1）关于苜蓿根系与抗寒性的关系，目前存在不同的观点。McKenzie 等（1982）报道，黄花苜蓿的抗冻能力要比相同生长时期的紫花苜蓿强；刘英俊等（2004）研究表明，黄花苜蓿更适应高寒地区特殊的自然环境条件，抗寒性明显优于紫花苜蓿品种；梁慧敏和夏阳（1998）报道，根蘖型苜蓿的抗寒越冬能力强于直根型苜蓿；赵宇光（1986）报道，野生黄花苜蓿抗冻性极显著地强于紫花苜蓿。在国内一些地区的引种观察表明，根蘖型苜蓿并不表现出比直根型苜蓿更抗寒。从本试验的结果看，根蘖型黄花苜蓿在甘肃 3 个生态区每年第 3 茬生长期的根颈入土速率在全年最大，说明黄花苜蓿对秋季温度降低反应较不敏感，根颈能持续生长，根颈入土速率达到最大，且在武威地区根颈入土深度最深，说明黄花苜蓿的根颈入土深度可能对苜蓿的耐寒性影响很大。

（2）土层厚度、地下水位、土壤特性、耕作、施肥、灌溉、刈割、生长调节剂、品种和生长年限皆对苜蓿根系入土深度有显著影响，其中土壤特性和生长年限对苜蓿根系入土深度的影响较大。土壤障碍（酸、碱、盐、黏重、紧实和贫瘠）越重、生长年限越短，根系入土深度越浅。Lamba 等（1949）在美国威斯康星州的研究认为，生长 2 年的紫花苜蓿在 Miami 粉沙壤土、Spencer 粉沙壤土和 Plainfield 沙土中的根系入土深度分别为 1.91m、0.56m 和 1.22m。黄铁燕等（1996）在黑龙江省密山市白浆土上的研究认为，生长 1 年、2 年和 3 年的紫花苜蓿，根系入土深度分别为 0.30～0.40m、0.60～0.70m 和 1.30m，4～5 年者 1.50m 以上。陈世锽等（2001）报道，在黏壤土中生长 1 年的紫花苜蓿根系入土深度为 0.62m，2 年者达 1.60m。孙洪仁等（2008）研究表明，在无明显土壤障碍因子的情形下，生长 1 年紫花苜蓿根系入土深度为 1～2m；生长 2～5 年者多在 2～5m。本试验表明，天水、兰州和武威 3 个生态区的土壤类型分别为沙壤土、黑垆土和灌淤土，除根蘖型黄花苜蓿在兰州地区根系入土深度最深之外，其他材料均在武威根系入土深度最深，兰州次之，天水最短。

（3）光照、温度、水分、植株密度、营养条件、土壤物理状况及其他生态因子对苜蓿根系的生长均有不同程度的影响，但不同类型苜蓿根系在形态特征、分布范围和生长发育状况上又各有不同的表现，这主要取决于根系的遗传特性。播种当年，在不同生态区，根茎型、根蘖型苜蓿的根茎/根蘖枝条均未表现，这与高振生等（1995）、洪绂曾等（1987）的研究结论一致。第2年，根茎枝条和根蘖苗枝条没有表现，这与高振生等（1995）、洪绂曾等（1987）的研究结论不一致，这可能与种植密度有关。据梁慧敏和曹致中（1996）、Heinrichs（1965）、Daday（1974）报道，不同种植密度对根蘖性状的表现有影响，过分密植使根蘖株率下降。本研究3份材料的播种量均为12kg/hm^2，相对较密，影响了根茎（根蘖）苗的表达。生长第3年，根茎（根蘖）苗在各生态区均得到表达，但根茎（根蘖）率不同。根茎型清水紫花苜蓿根茎率在天水最高，在武威最低，而根蘖率在武威、兰州较高，在天水较低，这是由于植物根系的生长发育是遗传和环境相互作用的结果。苜蓿根状茎的发育与土壤水分有密切关系，在气候湿润、土壤水分长期充足的条件下，根状茎发育强烈。根蘖习性则相反，在干旱和半干旱地区才有发育（梁慧敏，1994）。清水紫花苜蓿的根茎率、甘农2号杂花苜蓿和黄花苜蓿的根蘖率在3个生态区均未100%表达，这可能与种植年限有关，也与小环境影响有关。

（4）苜蓿根系生长与多种因素有关，但其根系生物量是所有因素共同作用的结果。不同生长年限、不同品种苜蓿，根系生物量的垂直分布存在差异。杨恒山等（2007）研究发现，生长2年的阿尔冈金杂花苜蓿根系生物量在0～10cm、10～20cm、20～30cm、30～40cm土层的分布比例依次为54.3%、19.9%、14.8%和11.0%，而生长5年者分别为51.8%、23.3%、14.6%和10.3%。Bolinder等（2002）发现，生长2年的Apica苜蓿根系生物量在0～15cm、15～30cm和30～45cm土层的分布比例依次为30.3%、46.5%和23.2%，而生长3年者分别为46.2%、29.4%和24.4%。李扬等（2012）认为，通常情况下，紫花苜蓿根系生物量在0～30cm土层的分布比例在60%～90%，0～60cm土层为65%～95%。本研究表明，不同根型苜蓿根系生物量差异较大，种植3年，直根型陇东紫花苜蓿在天水根系生物量最大，根茎型清水紫花苜蓿在天水根系生物量相对较大，而根蘖型甘农2号杂花苜蓿和黄花苜蓿在兰州和武威积累量最大，说明不同根型苜蓿根系发育与土壤水分有密切关系。天水麦积为半湿润地区，气候湿润，土壤水分充足，根茎型和直根型苜蓿根系发育良好，而武威干旱区和兰州半干旱地区降水量少，土壤水分不足，有利于根蘖型苜蓿根系的发育，这种差异取决于不同根型苜蓿的生物学特性。3个生态区不同根型苜蓿根系体积、生物量在土壤中的垂直分布均表现为从表层到深层逐次递减，这与前人（杨恒山等，2007；Bolinder et al.，2002；郭正刚等，2002；万素梅等，2004）的研究结论一致。随生长年限的延长，不同根型苜蓿根系生物量、根系体积逐渐增加。

八、小结

在甘肃天水、兰州和武威3个生态区，不同根型苜蓿的根颈和根系特性差异明显，其中根茎型清水紫花苜蓿根颈直径、根颈分枝直径、主根直径和侧根直径均较细，根颈入土深度较深，根颈分枝数较多，主根长度短，侧根数少；根蘖型黄花苜蓿和甘农 2 号杂花苜蓿的根颈直径、根颈分枝直径、主根直径和侧根直径均较粗，根颈入土深度相对较浅，根颈分枝数、侧根数均较多；直根型陇东紫花苜蓿根颈直径、根颈分枝直径、主根直径、侧根直径和主根直径均介于根茎型清水紫花苜蓿与根蘖型黄花苜蓿和甘农 2 号杂花苜蓿之间，根颈入土深度和根颈分枝数均小于根茎型清水紫花苜蓿，与根蘖型苜蓿差异不显著。

在种植前 3 年内，各根型苜蓿根颈和根系生长受温度的影响非常明显，在温度较高的夏季和秋季，根颈直径、主根直径和侧根直径增长较快。研究认为根颈直径、根颈分枝直径、主根直径和侧根直径间呈极显著或显著正相关，根颈入土深度和根颈直径是各根型苜蓿根系形态差异的主要变异来源。不同根型苜蓿的根系体积、生物量在 3 个生态区均表现为从表层到深层逐次递减，随着年限的增长逐年增大。根部各性状经聚类分析得出，根茎型清水紫花苜蓿在天水半湿润地区有较强的根系发育能力，根蘖型黄花苜蓿和甘农 2 号杂花苜蓿及直根型陇东紫花苜蓿在兰州半干旱和武威干旱地区均有较强的根系发育能力。

第十章　根茎型清水紫花苜蓿的生产性能研究

第一节　苜蓿的生产能力

20 世纪以来，随着社会生产力的发展和科学技术的进步，欧美一些国家开始重视草业的发展，将其看作“绿色黄金”、“立国之本”，许多发达国家草地畜牧业的产值已占到农业总产值的 50%以上，有的高达 80%。苜蓿作为世界上栽培历史悠久、种植面积最大、利用价值最高的优质牧草，其产业化日渐兴起。20 世纪 70 年代初统计，全世界苜蓿种植面积 3300 万 hm^2，其中美国种植面积最大，为 1100 万 hm^2，年产干草 8400 万 t，其次是阿根廷、苏联和加拿大，种植面积分别为 750 万 hm^2、510 万 hm^2 和 200 万 hm^2，我国种植面积 200 万 hm^2，种植面积大于 100 万 hm^2 的国家还有法国和意大利。近年来，我国苜蓿产业处于迅猛发展之中，从种植面积、产量、质量等方面均有较大幅度提高。

苜蓿的产量是衡量其生产性能和经济性能的重要指标。苜蓿的产量是指单位面积上苜蓿通过光合作用生产的地上部分各种器官的生物量的和。产量的形成过程就是通过光合作用，利用太阳能将无机物转变为可储存利用的化学能的过程，产量就是植物同化产物和能量的最终积累。苜蓿是以利用营养体为主的植物，其产量是营养器官的重量，因此关于苜蓿产量主要是对植物营养生长阶段进行研究。苜蓿的产量随栽培年限的增加而有所不同。一般在无保护作物的情况下，它的最高产量是在第 2 年和第 3 年，第 4、5 年以后产量逐渐下降。在有保护作物时，它的最高产量在第 3 年。在我国西北地区，如果生长季节雨水充足或有良好的灌溉条件时，一般年份可收获干草 3～4 次，鲜草产量 45～60t/hm^2，高者可达 75t/hm^2。如果按一年刈割 4 次计，青草产量以第一次刈割为最高，占全年产草量的 50%左右，第二次占 20%～25%，第 3 次和第 4 次各占 15%左右。

苜蓿生物产量的形成和营养物质的累积与苜蓿形态发育密切相关。以下指标影响苜蓿的生产性能。

一、叶茎比

叶质量与茎质量的比值简称叶茎比，是衡量牧草经济性状的重要指标，并能较好地反映牧草适口性及青干草品质。叶茎比的大小决定着苜蓿营养价值的高低，比值越大，粗蛋白质含量越高，粗纤维含量越低，营养价值越高（表 10-1）。叶茎比受环境条件、灌水、施肥等因素的影响。苜蓿叶茎比在不同生育阶段会发生变化，叶茎比随苜蓿的成熟而下降（郭艳丽等，2006），因此苜蓿早期利用叶茎比较好，饲用价值高。叶茎比也随刈割次数的增加而增大，适当的刈割周期可刺激叶片更新，增加功能叶片比例，提高草层中的叶量，改善适口性。

表 10-1　紫花苜蓿不同茎叶比植株中的蛋白质含量

叶茎比	紫花苜蓿每千克干物质蛋白质含量/g	
	茎秆	叶片
1.23	215	265
1.46	174	254
1.72	140	241
1.70	118	201
1.89	100	189
3.65	48	175

二、株高

植株高度是描述牧草生长状况、反映其产量高低较为理想的一个特征量，其生长过程呈“S”形曲线，这种特性是由牧草的生物学特性决定的，是牧草平均经济产量的形成规律，植株高度既是衡量其生长发育状况的重要标准，又是反映草地生产能力的生产指标。株高与产量呈正相关，高植株通常有更高的相对产量潜力，牧草高度与光合产量（干物质）呈强正相关（r=0.7～0.9）。也有资料显示，苜蓿产量和苜蓿的分枝数、节数、节间、叶面积指数等有相关性。

三、生长速度

苜蓿的生长过程可以用生长速度来表示，取决于苜蓿的生长节律。同时苜蓿生长速度的快慢对牧草经济性状的形成至关重要。生长速度在一定程度上反映牧草生长能力的强弱，决定着某一种牧草的生物产量和利用方式。品种间由于各自遗传特性和生长发育阶段的差异及对环境的反应不同，植株生长速度表现出差异。生长速度快的牧草耐牧，耐刈割，产草量和利用率高，且生长快可以减少杂草的入侵。有研究表明，不同苜蓿品种头茬草的生长速度都遵循同一规律，即分枝前期生长速度缓慢，分枝期到现蕾期明显加快，现蕾后进入生殖阶段，生长速度又减慢，开花以后由于未形成荚果，生殖生长向营养生长转变，生长速度又略为加快，生长高峰在分枝至现蕾期。在开花期前，苜蓿的生长速度和生长强度在变化趋势上基本一致，而在开花期以后稍有不同。苜蓿在分枝期前株高生长缓慢，进入分枝期后生长速度急剧增加，到开花期生长速度几乎为零，株高达到最大值。

四、再生性能

牧草被家畜采食或刈割后重新产生枝条的现象称为再生性。牧草再生性的强弱是牧草生活力的一种表现，也是衡量其经济特性的一项重要指标。植株的再生性强弱直接影响产草量、质量和生存年限。牧草再生性一般以再生速度、再生次数和再生产草量 3 个指标来表示。各种牧草刈割后的再生能力受刈割后贮藏的碳水化合物含量的影响较大。有资料显示，苜蓿再生性能是可遗传的且具有良好的持久性；频繁的刈割对植株碳水化合物的贮藏有负面影响；年内多次刈割会大大消耗养分，影响到牧草生长后期的养分积累，其结果必然影响牧草冬季生存及翌年再生甚至死亡；当牧草贮藏的碳水化合物含量降低到植物体干重 1%以下时，就不能恢复生长而死亡。据报道，第 1 次刈割后不同苜蓿品种的再生高度相差较小，但刈割第 3 茬以后不同品种间的再生能力表现出较大的差异，且多次刈割并不能提高苜蓿的植株高度和产量，且在接近成熟期刈割苜蓿时，通常有利于碳水化合物的积累，在碳水化合物贮藏水平较低时进行刈割对植物是不利的。

五、光合能力

光合作用是形成植物生产力的根本源泉，它几乎贯穿在整个生命活动中，如植物生长发育、组织分化、器官形成、开花结实、衰老和抗性等方面。光合产物是作物产量的主要组成部分，在决定作物生产力方面起着重要作用。光合能力与牧草产量密切相关，因此提高干物质产量的一个有效方法是选择光合能力强的品种，据报道苜蓿依靠个体叶片光合速率将太阳能转化为干物质，整株光合作用强度与产量高度相关，因此繁育计划中提高光合速率是一种有希望增加产量的方法。不同品种光合速率明显不同，高产品种具有较高叶比重和净光合速率。

第二节　苜蓿的利用价值

一、苜蓿的饲用价值

紫花苜蓿是牛、羊、鹿、猪、兔、禽等动物的优质饲料，有良好的适口性和较高的营养价值。苜蓿中含有大量的蛋白质、丰富的碳水化合物和多种矿物质元素及维生素等营养成分。

1. 粗蛋白质

苜蓿以粗蛋白质含量高而著称，通常为 15%～22%，主要分布于叶中，其中 30%～50%的蛋白质存在于叶绿体中，不同生育时期对苜蓿粗蛋白质含量有显著影响，从营养期、孕蕾期、开花初期到开花盛期，粗蛋白质含量逐渐下降（表 10-2）。其中孕蕾期苜蓿的粗蛋白质含量是玉米的 2.74 倍，其叶的粗蛋白质含量是玉米的 4.3 倍。

表 10-2　不同品种和不同生育时期苜蓿的养分含量　（%）

品种	生长阶段	干物质	粗蛋白质	中性洗涤纤维	酸性洗涤纤维	果胶	灰分	钙	磷
Super7	营养期	21.41	17.78	35.02	31.25	12.05	10.36	2.05	0.07
	现蕾期	23.19	16.05	38.31	32.57	9.95	9.87	2.27	0.10
	初花期	25.66	89.78	39.53	33.54	11.08	10.22	2.12	0.12
	盛花期	32.89	14.32	44.65	36.02	9.94	9.20	2.02	0.10
新疆大叶紫花苜蓿	营养期	18.11	19.12	39.21	33.16	11.64	11.87	1.75	0.08
	现蕾期	19.62	18.67	40.24	36.13	9.65	10.24	1.69	0.07
	初花期	21.82	15.17	42.63	38.48	10.00	10.16	1.71	0.13
	盛花期	28.98	14.64	48.44	39.98	8.49	8.76	1.58	0.13
陇东紫花苜蓿	营养期	16.22	23.02	37.83	33.22	10.46	11.81	1.62	0.12
	现蕾期	19.29	18.08	41.31	35.27	9.20	10.50	1.61	0.12
	初花期	22.41	16.28	43.62	37.36	8.02	10.13	1.82	0.18
	盛花期	23.32	15.57	47.69	40.52	7.83	9.81	1.63	0.19

苜蓿不仅蛋白质含量高，而且氨基酸组成也比较合理。苜蓿蛋白中含有 20 种以上的氨基酸，包括人和动物的全部必需氨基酸和一些稀有氨基酸，如瓜氨酸、刀豆氨酸等，其中所含的 10 种必需氨基酸含量占粗蛋白质含量的 41.2%，与优质动物性蛋白质饲料鱼粉（45.3%）接近。苜蓿纯蛋白质中的氨基酸组成与鸡蛋较为相似，除甲硫氨酸外，其他氨基酸和鸡蛋中的含量基本一致。在肉仔鸡日粮中用苜蓿蛋白替代豆粕和棉粕蛋白 10%以下时，苜蓿蛋白对肉仔鸡生长和采食量没有不良影响；苜蓿蛋白替代仔猪日粮中的棉粕和菜粕时，对生长有显著改善作用。

2. 碳水化合物

碳水化合物是反刍动物的主要能量来源，按其存在形式可分为结构性碳水化合物和非结构性碳水化合物两种，前者主要由纤维素、半纤维素、木质素组成，主要用于植物体的形态建成，后者主要包括单糖、淀粉、有机酸和其他贮存性碳水化合物（如果糖、蔗糖等），是参与植株生命代谢的重要物质（文亦芾等，2009；潘庆民等，2002；高英志等，2009）。苜蓿干草的非结构性碳水化合物含量为 12.5%（干物质基础），与禾本科干草（13.6%）接近，高于青贮苜蓿（7.5%），其原因是苜蓿的一部分碳水化合物在青贮过程中被微生物发酵损失掉了。中性洗涤纤维是区分植物结构性和非结构性碳水化合物最好的指标，其含量的高低直接影响家畜采食率，含量高，则适口性差；酸性洗涤纤维含量影响家畜对牧草的消化率，其含量与养分消化率呈负相关（Belanger and McQueen，1997）。苜蓿干草的中性洗涤纤维含量一般随着成熟期的延长而逐渐增加。初花期刈割的优质苜蓿干草的中性洗涤纤维含量为 45.5%（干物质基础），低于稻草（63.9%）和全株玉米秸秆（84.3%）。此外，苜蓿干物质、有机物、酸性洗涤纤维和中性洗涤纤维的含量随生育时期的延长逐渐提高，并不受品种的影响（表 10-2）。苜蓿碳水化合物不仅能为反刍动物和一些单胃动物提供能量，而且给动物饲喂一定量的苜蓿纤维，可以促进动物的胃肠道发育，降低肠道 pH，提高动物消化酶活性。

3. 维生素

苜蓿中富含维生素，特别是叶酸、维生素 K、维生素 E、胡萝卜素、维生素 C 及各种 B 族维生素，β 胡萝卜素、叶酸和生物素平均含量分别为 94.6mg/kg、4.36mg/kg 和 0.54mg/kg，且是生物素利用率最高的原料之一。畜禽所具有的一些生物活性和苜蓿较高的维生素含量有着密切的关系。苜蓿及苜蓿提取物能够改善动物产品的色泽，与其中含量较高的类胡萝卜素有关，如在蛋鸡饲粮中添加苜蓿草粉能显著提高蛋黄色泽；在南美白对虾饲料中添加 6%苜蓿提取物，在着色效果上优于合成色素加丽素粉红（虾青素）；维生素 E 能保护牛奶的香味不被过早地氧化，可以显著提高牛奶的风味。

4. 矿物质

苜蓿含有丰富的钙、镁、钾，干苜蓿叶中含钙 1380μg/g、镁 2020μg/g、钾 20.1mg/g。高钙、高钾具有一定的强骨、降血压效果。镁具有提高免疫功能的作用，并参与核酸代谢，维持细胞膜稳定。苜蓿中微量元素以铁、锰含量较多。

5. 功能成分

苜蓿中的功能成分包括苜蓿多糖、皂苷及未知生长因子等。苜蓿多糖是由葡萄糖、甘露糖、鼠李糖、半乳糖等组成，有显著的保健作用，尤其因具有免疫活性功能而备受重视，其作用一是促进免疫器官的发育；二是增强疫苗的免疫效果。苜蓿皂苷可以促进胆固醇排泄，降低动物血清中的胆固醇含量，增加粪中胆固醇和胆酸的排泄量，降低脱氧胆酸和石胆酸的排泄量。苜蓿中含有的未知生长因子，有促进畜禽生长、提高日增重的作用。

6. 能量

苜蓿干物质总能为 17.7MJ/kg，肉牛和羊对其的消化能分别为 6～7MJ 和 9～10MJ；奶牛产奶净能为 4～5MJ。

目前广泛使用概略养分和范式洗涤纤维分析法评定牧草营养价值，以牧草的粗蛋白质（CP）、粗脂肪（EE）、酸性洗涤纤维（ADF）、中性洗涤纤维（NDF）、粗灰分（CASH）、无氮浸出物（NFE）、钙（Ca）和磷（P）为评价指标，其中粗蛋白质、粗脂肪、无氮浸出物、钙、磷含量越高，牧草品质越好（刘玉华，2003）。

二、苜蓿的生态价值

苜蓿为多年生牧草，枝叶繁茂，根系发达，可减少地表径流，增加对降雨的拦蓄截留，降低风速，遏制沙化，防止水土流失；能吸附空气中灰尘并减少飞尘；能稀释、分散、吸收、固定大气中的有毒有害气体；减少环境的噪声污染，调节气温；同时具有固氮能力，一亩苜蓿地一年可固定18kg氮素，相当于55kg硝酸铵。除了富含氮素外，磷、钾养分也比较高（表10-3）。苜蓿生活期死亡的部分细小根系群，在土壤中分解，增加土壤有机质，使土壤结构改善为水、肥、气并存的高肥力团粒结构，能提高后茬作物的产量和品质（表10-4）。种植牧草后，一年四季都有植被覆盖，既能有效地涵养水源，又能充分利用生长前后期大量小熟农作物不能利用的天然降水，提高水分利用率，同时可以增加生物资源，改善干旱荒漠的景象，使生态系统朝着良性循环方向发展，促进生物的多样性，提高生态系统的稳定性。

表10-3　紫花苜蓿肥效成分　（%）

植物组织	氮	磷	钾
干根	2.00	0.70	0.99
鲜草	0.56	0.18	0.31
干草	2.32	0.78	1.31

表10-4　苜蓿茬对作物产量的影响

作物	产量/（kg/hm^2）	对照/（kg/hm^2）	增产/%
黍子	1 026.0	630.0	62.73
谷子	2 053.5	742.5	176.67
马铃薯	10 770.0	3 915.0	175.09
玉米	2 010.0	802.5	150.47
高粱	1 462.5	1 290.0	13.47

三、苜蓿的食用价值

我国自古有食用苜蓿的传统。《齐民要术》中称苜蓿“为羹甚香”，明代《救荒草本》中称苜蓿“苗叶嫩时，采取炸食，多食利大小肠”。将青嫩苜蓿速冻做成细粉，是理想的中老年保健、减肥食品；苜蓿含有黄酮、异黄酮物质，有较强的抗氧化功能，与其他豆类食品一样，对老年性疾病如高血压、高血脂有调解功能和增强免疫力的作用，是疗效食品；近年也出现了苜蓿嫩枝叶生产的火腿肠、罐头等产品。日本人仿照制茶叶技术，对苜蓿茎叶进行烘焙处理，制成苜蓿保健茶。

苜蓿花是制造上等饮料和高档香烟的重要配料。用苜蓿花配制的饮料，具有降压解毒、提神健脾的特殊功效。苜蓿花中的微量元素可与烟草中的有害物质起化学反应，从而降低烟草对人体的损害。苜蓿草粉加工成胶囊、颗粒状或药片状，可供人类食用。近年来，以不同品种苜蓿为主要成分制成的胶囊不断出现。在美国，紫花苜蓿胶囊、红花苜蓿胶囊食品等备受人们的青睐。

第三节　根茎型清水紫花苜蓿产草量及营养价值分析

苜蓿是优质的绿色蛋白质饲料作物，是解决我国蛋白质饲料匮乏问题的重要来源。苜蓿产业化发展要有优良的品种作为保证，对苜蓿品质性状进行研究对苜蓿品种的选择和合理利用来说至关重要（刘玉华，2003）。苜蓿品质既受遗传因素控制，又受生态环境和栽培措施的影响。目前国内外有关苜蓿营养的研究主要集中在发育阶段（吴自立等，1989；云岚等，2002；王庆锁，2004）、刈割时间、刈割频率（Llover and Ferren，1998；高彩霞和王培，1997；胡守林等，2005）及收获、贮藏方式对苜蓿品质的影响等方面，而对根茎型清水紫花苜蓿及不同根型苜蓿营养价值的对比研究报道较少。为此，本研究通过田间试验，对不同根型苜蓿的营养成分进行分析，了解不同根型苜蓿的营养特性，以期为优质苜蓿品种的生态区划和科学种植提供理论依据，并为不同根型苜蓿的定向育种、引种扩繁和建立人工放牧草地提供科学依据。

一、试验区概况及供试材料

同第七章。

二、测定指标

（一）调查田间病虫害

在苜蓿生长发育期间，采用系统定点调查法，各小区内以双对角线法随机取样，调查各生态区田间病虫害情况。

（二）测定株高、茎叶比、鲜草产量

各材料达到初花期（小区内有20%植株开花）时，每个小区随机取10株单株测定其生长高度，取平均值。每小区选取3个生长均匀的样方（1.0m×1.0m），留茬高度5cm，立刻称量鲜草产量；取刈割好的鲜草500g，将茎、叶、花序分开，待风干后分别测定叶片重和茎秆重，计算叶茎比，重复3次。其中花序为茎的部分，叶包括小叶、小叶柄、托叶。

（三）常规营养成分的测定

分别于2009年、2010年头茬草初花期在每小区采集苜蓿鲜草样品1kg。将新鲜苜蓿样品风干，然后粉碎，过40目筛，保存于样品袋中备用。粗蛋白质（crude protein，CP）含量采用半微量凯氏定氮法测定，粗纤维（crude fiber，CF）含量采用酸碱分次水解法测定，粗脂肪（crude extract，EE）含量采用索氏脂肪浸提法测定，粗灰分（crude ash，CASH）含量采用灼烧干重法测定，无氮浸出物（nitrogen free extract，NFE）含量用粗蛋白质、粗脂肪、粗纤维和粗灰分含量计算，即无氮浸出物（%）=100%–（CP+CF+EE+CASH）；钙（calcium，Ca）含量采用EDTA络合滴定法测定，磷（phosphor，P）含量采用钼锑抗比色法测定（甘肃农业大学，1987）。

三、数据分析方法

试验数据采用Excel进行统计处理，用SPSS 16.0软件进行方差分析和Duncan新复极差检验。

四、结果与分析

（一）田间病虫害

经调查表明，苜蓿生长第1年秋季（2009年）在3个生态区各根型苜蓿均发病，其中苜蓿白粉病（*Leveillulla leguminosarum*）和褐斑病（*Pseudopeziza medicaginis*）发病率均达到30%以上，其余病害未发现；立冬前，各生态区分别进行了烧荒处理。生长第2年和第3年，4份苜蓿的病害明显减轻，其白粉病和褐斑病发病率不到8%。

（二）不同根型苜蓿的株高变化

植株高度是衡量牧草生长状况的重要指标，与产量呈正相关，高植株通常有更高的相对产量潜力（Davis and Baker，1966）。由图10-1可知，3年内，天水地区的平均株高最高，为82.0cm，兰州地区居中，武威地区最低，为44.0cm，比天水低46.34%。就供试材料而言，陇东紫花苜蓿的株高在天水和兰州地区显著高于清水紫花苜蓿和黄花苜蓿，与甘农2号杂花苜蓿差异不显著；黄花苜蓿在武威地区株高显著低于其他3份材料。

（三）不同根型苜蓿的叶茎比

叶茎比是植株叶片与茎秆重量的比值（Belanger and McQueen，1997）。叶茎比的大小决定着苜蓿营养价值的高低，比值越大，粗蛋白质含量越高，粗纤维含量越低，营养价值越高（Belanger，1996）。叶茎比受环境条件、灌水、施肥等因素的影响（Belanger and McQueen，1998）。由图 10-2 可知，在 3 个生态区中，2 年内叶茎比平均值由高到低的顺序为：天水＞兰州＞武威；在供试材料中，清水紫花苜蓿的叶茎比最高，2009 年、2010 年在天水、兰州、武威地区分别为 48.82%和 44.67%、46.35%和 46.68%、44.62%和 44.01%；甘农 2 号杂花苜蓿最低，2009 年、2010 年在天水、兰州、武威地区分别为 45.46%和 43.34%、42.91%和 42.57%、43.06%和 42.12%，这一结果与粗蛋白质含量的测定结果相吻合。

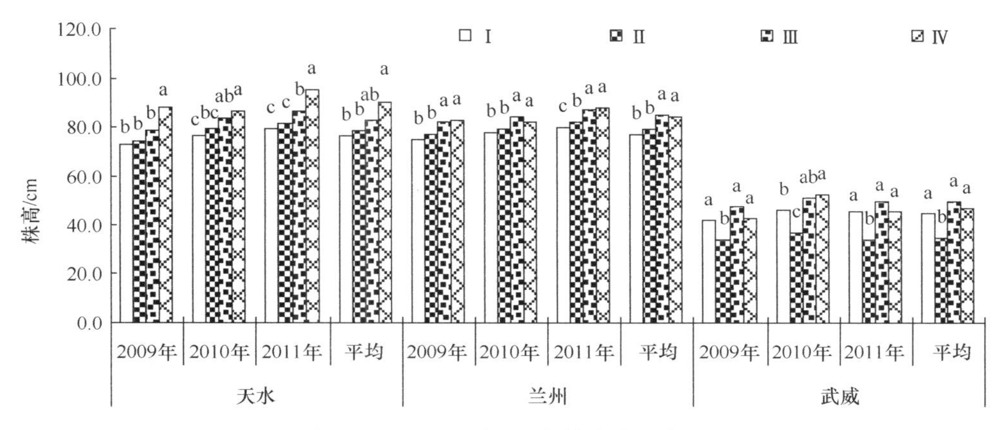

图 10-1 不同根型苜蓿植株高度的变化

注：同一年份数据间字母相同者表示差异不显著（P=0.05），下同。除兰州和武威地区第 1 年只刈割了 1 茬之外

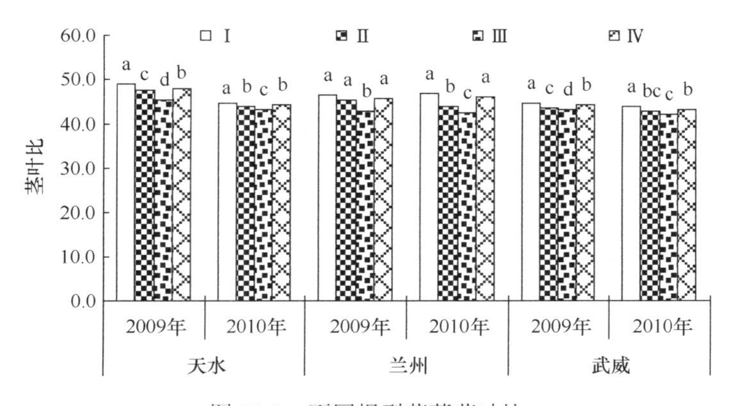

图 10-2 不同根型苜蓿茎叶比

（四）不同根型苜蓿的产草量

从表 10-5～表 10-7 可以看出，3 个生态区连续 3 年鲜草产量有明显差异，其平均值天水地区最高，为 15.63kg/m^2，兰州居中，为 14.61kg/m^2，武威最低，为 12.13kg/m^2。3 年相同茬次对比，各材料第 2 年（2010 年）鲜草产量最高，第 3 年居中，第 1 年最低，除兰州和武威地区第 1 年只刈割了 1 茬之外，其余均每年

第1茬产量最高，第2茬次之，第3茬最低。直根型陇东紫花苜蓿3年内总产量在天水、兰州、武威地区分别为18.36kg/m²、15.38kg/m²、16.15kg/m²，除在兰州地区与根蘖型甘农2号杂花苜蓿和黄花苜蓿差异不显著外，其余均显著高于其他苜蓿材料，而根茎型清水紫花苜蓿在各生态区产量均最低，在天水、兰州、武威地区3年总产量分别为13.81kg/m²、12.93kg/m²、9.68kg/m²。直根型苜蓿3年的总产草量高于根蘖型和根茎型苜蓿的主要原因可能与参试材料对试验区域的气候适应性有关。

表10-5　天水地区不同根型苜蓿鲜草产量　（单位：kg/m²）

材料	第一年			第二年				第三年				3年总产
	T1	T2	年总产	T3	T4	T5	年总产	T6	T7	T8	年总产	
I	2.98 c	1.23 d	4.21 b	3.78 b	1.13 a	1.08 b	6.00 b	1.77 b	1.03 b	0.80 a	3.60 b	13.81c
II	3.01 c	1.42 c	4.44 b	3.78 b	1.32 a	1.16 b	6.26 b	1.75 b	1.15 b	0.90 a	3.80 b	14.50 bc
III	3.38 b	1.55 b	4.93 a	4.25 b	1.31 a	1.11 b	6.67 b	2.22 ab	1.03 b	1.00 a	4.25 b	15.85 b
IV	3.48 a	1.63 a	5.11 a	5.11 a	1.30 a	1.76 a	8.16 a	2.78 a	1.68 a	0.92 a	5.38 a	18.66 a

注：同一列数据间字母相同者表示差异不显著（P=0.05）；下同。

表10-6　兰州地区不同根型苜蓿鲜草产量　（单位：kg/m²）

材料	第一年	第二年				第三年				3年总产
	T1	T2	T3	T4	年总产	T5	T6	T7	年总产	
I	3.88 b	4.75 a	1.13 ab	0.65 b	6.53 b	1.21 b	0.81 a	0.51 c	2.53 b	12.93 b
II	4.46 b	5.05 a	1.27 ab	0.85 a	7.16 ab	1.79 a	0.84 a	0.73 a	3.36 a	14.98 a
III	4.42 b	5.38 a	0.94 b	0.88 a	7.20 ab	2.06 a	0.77 a	0.71 a	3.54 a	15.16 a
IV	4.45 a	5.30 a	1.36 a	0.87 a	7.52 a	1.87 a	0.88 a	0.66 b	3.40 a	15.38 a

注：同一列数据间字母相同者表示差异不显著（P=0.05）；下同。

表10-7　武威地区不同根型苜蓿的鲜草产量　（单位：kg/m²）

材料	第一年	第二年				第三年				3年总产
	T1	T2	T3	T4	年总产	T5	T6	T7	年总产	
I	2.20 b	2.47 b	1.13 c	0.43 c	4.04 c	2.07 c	1.03 b	0.33 c	3.44 bc	9.68 c
II	2.47 ab	2.77 ab	1.17 bc	0.45 c	4.39 bc	2.21 bc	0.82 c	0.22 d	3.24 c	10.10 c
III	3.18 a	3.48 a	1.24 b	0.54 b	5.26 b	2.88 ab	0.88 c	0.40 b	4.16 b	12.59 b
IV	3.29 a	3.59 a	2.16 a	1.06 a	6.81 a	3.03 a	2.06 a	0.96 a	6.05 a	16.15 a

注：同一列数据间字母相同者表示差异不显著（P=0.05）；下同。

（五）不同根型苜蓿营养成分的变化

1. 粗蛋白质和粗脂肪

CP是家畜必不可少的营养物质，由纯蛋白质和非蛋白质含氮物组成（杨恒山等，2004）。由图 10-3 可见，各根型苜蓿的粗蛋白质含量在同一生态区均表现为根茎型清水紫花苜蓿最高，直根型陇东紫花苜蓿次之，根蘖型甘农 2 号杂花苜蓿最低。在不同生态区之间也有差异，即粗蛋白质含量在兰州（20.58%）显著高于天水（19.31%）和武威（19.66%）（$P<0.05$）。两年相同茬次对比，各材料 2009 年粗蛋白质含量普遍高于 2010 年。粗脂肪是热能的主要原料，具有芳香气味，影响牧草适口性（刘玉华，2003）。由图 10-4 可知，粗脂肪含量在 3 个生态区均表现为根蘖型甘农 2 号杂花苜蓿最高，根茎型清水紫花苜蓿最低，3 个生态区间差异不显著。两年相同茬次对比，各材料 2009 年粗脂肪含量普遍高于 2010 年。

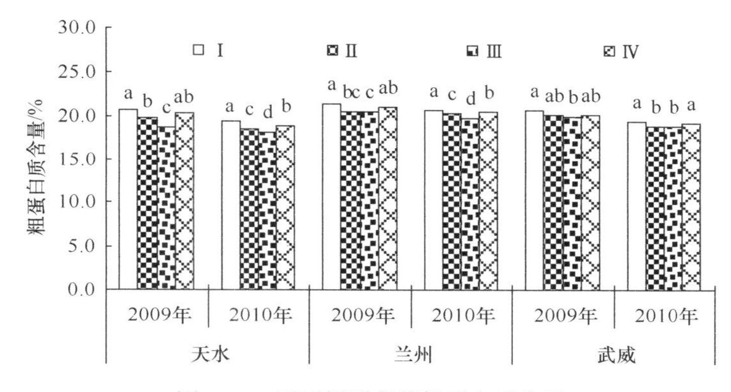

图 10-3 不同根型苜蓿粗蛋白质含量

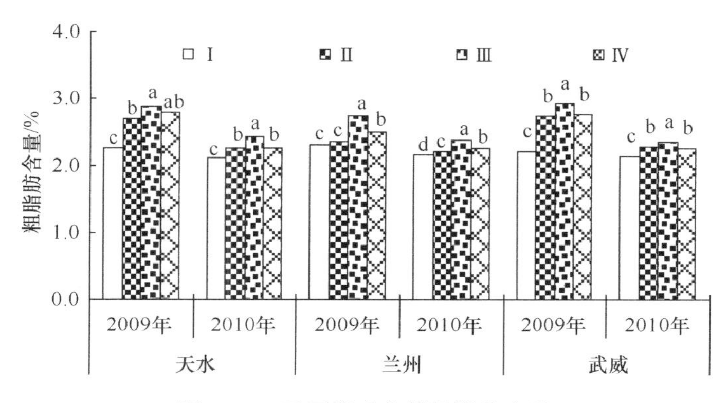

图 10-4 不同根型苜蓿粗脂肪含量

2. 粗纤维和无氮浸出物

粗纤维含量影响家畜对牧草的消化率，其含量与养分消化率呈负相关。从图 10-5 可以看出，各根型苜蓿粗纤维含量在天水最低，显著小于其他 2 个生态区（$P<0.05$）。在同一生态区均表现为根茎型清水紫花苜蓿最低，2009 年、2010 年在天水、兰州、武威地区分别为 38.52%和 38.70%、39.93%和 40.49%、39.24%和 39.98%，甘农 2 号杂花苜蓿最高，2009 年、2010 年在天水、兰州、武威地区分别

为40.44%和40.84%、40.90%和42.06%、40.78%和42.78%。两年相同茬次对比，各材料2009年粗纤维含量普遍低于2010年。无氮浸出物，即可溶性碳水化合物，其含量的多少直接影响青贮牧草的质量（刘玉华，2003）。由图10-6可知，在3个生态区，无氮浸出物含量平均值由高到低的顺序为：天水>武威>兰州；供试材料中，除黄花苜蓿2009年在兰州地区最高外，其余均是清水紫花苜蓿最高，陇东紫花苜蓿最低。两年相同茬次对比，除天水地区各材料2009年无氮浸出物含量低于2010年外，其余材料均为2009年普遍高于2010年。

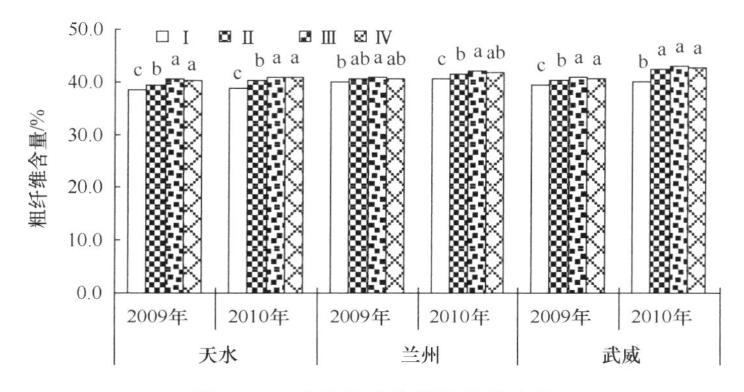

图10-5 不同根型苜蓿粗纤维含量

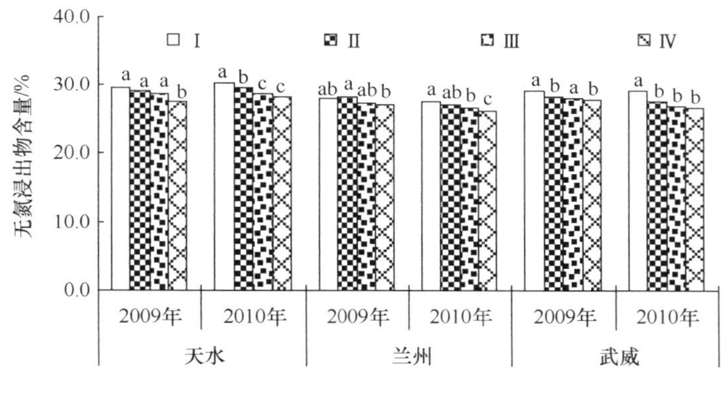

图10-6 不同根型苜蓿无氮浸出物含量

3. 粗灰分、钙和磷

粗灰分代表牧草中的矿物质，钙、磷含量在家畜的骨骼发育与维护方面有着特殊的作用（刘玉华，2003）。由图10-7～图10-9可知，粗灰分、钙、磷含量在3个生态区差异均不显著。供试材料中，天水地区为清水紫花苜蓿的粗灰分含量最低，陇东紫花苜蓿最高；兰州和武威地区均为黄花苜蓿最低。钙含量在同一生态区均表现为根茎型清水紫花苜蓿最低，根蘖型甘农2号杂花苜蓿最高。磷含量各材料间差异均不显著。不同根型苜蓿粗灰分、钙、磷含量均为2009年普遍低于

2010年。

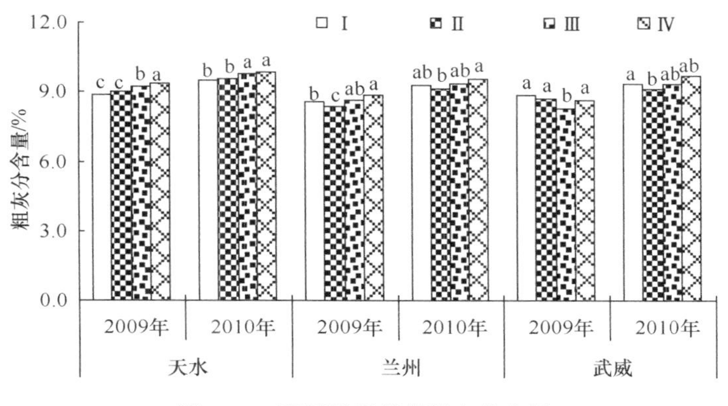

图 10-7　不同根型苜蓿粗灰分含量

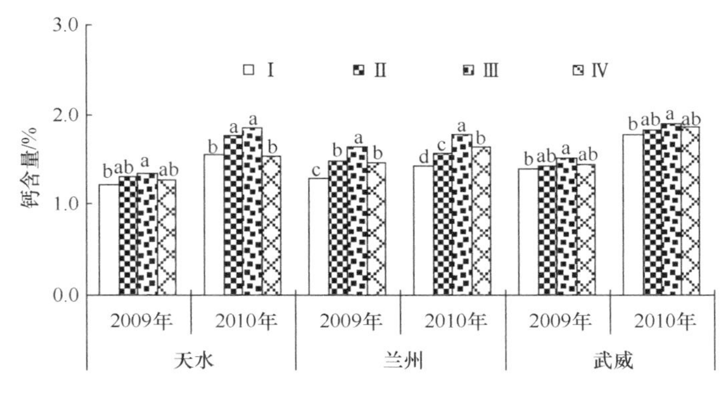

图 10-8　不同根型苜蓿钙含量

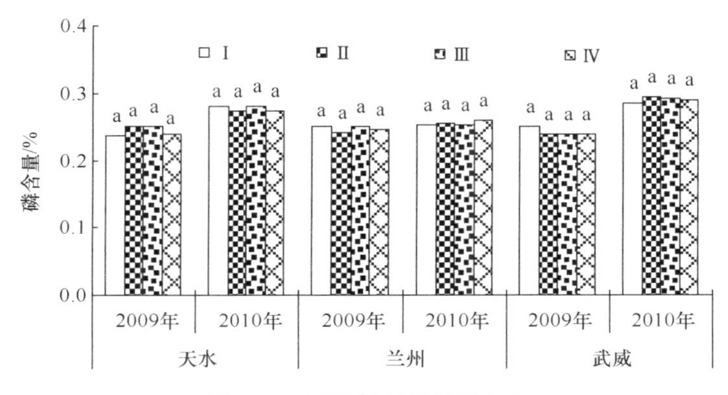

图 10-9　不同根型苜蓿磷含量

（六）不同年份营养成分含量的变化

由图 10-10 可知，不同根型苜蓿营养成分的含量年度间有明显差异。第 1 年头茬苜蓿的CP、EE含量高于第2年头茬苜蓿，其CP、EE年度间差值分别为0.56～1.16、0.21～0.40；而CF、CASH、Ca、P含量则为第2年头茬苜蓿高。从总的营养价值来看，2009年第1茬苜蓿品质优于2010年头茬苜蓿。造成苜蓿营养成分含量差异的主要原因是不同年份苜蓿生长的土壤和气候环境条件不同。2009年头茬苜蓿生长期间（4月下旬至7月下旬），光照强，温度逐渐增高，苗期生长缓慢，生育进程缓慢。因此，光合作用积累的有机物质较多，呼吸作用消耗较少，出现CP、EE、NFE含量高，纤维素组分含量相对较低的特点，牧草品质优良，适口性好；2010年头茬苜蓿生长期间（4月上旬至6月上旬），降雨量相对少，温度逐渐升高，呼吸作用消耗的有机物质多，牧草生育进程较快，故纤维素组分含量高，CP、NFE含量低，品质降低。

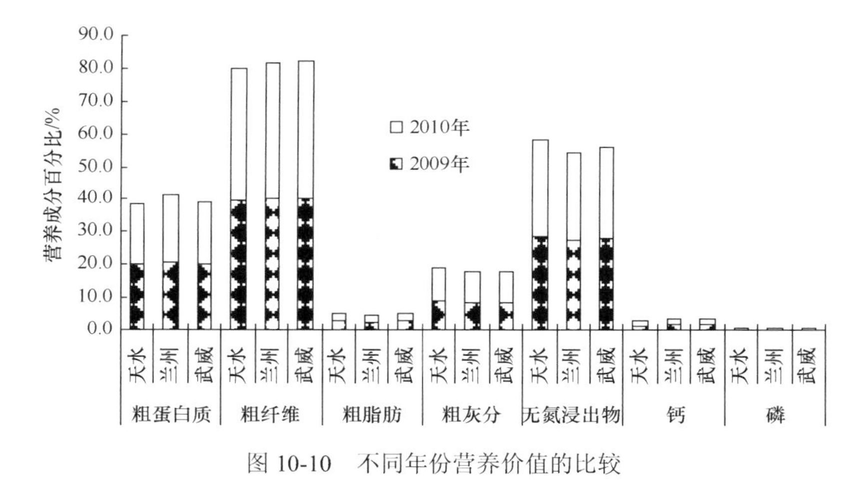

图10-10　不同年份营养价值的比较

五、讨论

产量和品质是苜蓿生产的关键，产量的提高是同化物积累的结果，品质的改善是同化物在不同物质形态间转化的结果（寇江涛等，2010）。目前在美国市场上出售的豆科牧草（苜蓿），主要根据其粗蛋白质含量进行等级划分，按质论价（董国锋等，2006；张春梅等，2005）。本研究对不同根型苜蓿的产量和品质进行了比较，其中根茎型苜蓿粗蛋白质含量最高，粗纤维含量最低，产草量低，原因是该类型苜蓿株丛高度相对较低，叶量丰富，叶茎比较高，是培育优质苜蓿材料的类型，这与王铁梅（2008）的研究结果一致；直根型苜蓿粗蛋白质含量相对较高，粗纤维含量相对较低，株高和产草量均最高，直立性好，透光通气性好，抗菌力强，有利于机械化作业；根蘖型苜蓿粗蛋白质含量最低，粗纤维含量相对较高，产草量高于根茎型苜蓿，叶茎比低于根茎型苜蓿，株高相对较高，直立性一般，更能适应不利的环境，更具持久性。根蘖型苜蓿营养价值较低，与王俊杰等（2008）、王铁梅（2008）的研究结果不相符，这可能与栽种地区有关，还有待于进一步研究。

六、小结

根茎型清水紫花苜蓿粗蛋白质含量最高，2 年平均为 20.36%，粗纤维含量最低，2 年平均为 39.47%，株丛高度相对较低，3 年平均为 66.2cm，产草量低，3 年平均为 12.14kg/m^2，叶量丰富，叶茎比较高，2 年平均为 45.8%，是培育优质苜蓿材料的类型；直根型陇东紫花苜蓿株高和产草量均最高，3 年平均分别为 73.9cm 和 16.73kg/m^2，粗蛋白质含量相对较高，2 年平均为 20.01%，粗纤维含量相对较低，2 年平均为 40.93%，直立性好，透光通气性好，抗菌力强，有利于机械化作业；根蘖型黄花苜蓿和甘农 2 号杂花苜蓿株高相对较高，直立性一般，更能适应不利的环境，更具持久性。

不同生态区域对苜蓿营养成分有着显著影响。天水麦积属于半湿润地区，兰州榆中属于半干旱地区，苜蓿生长全生育期均未灌溉，武威凉州为干旱区（有灌溉）。3 个生态区以兰州地区苜蓿粗蛋白质含量最高，2009 年、2010 年平均含量分别为 20.85%和 20.30%，以天水地区最低，两年平均含量分别为 19.86%和 18.75%。粗纤维含量最高地区为武威，41.07%，其次是兰州，为 40.94%，粗脂肪含量较低的是天水地区，含量为 39.88%。

同一生态区苜蓿营养成分存在年度间的差异，除天水地区各材料第 1 年 NFE 含量低于第 2 年外，其余材料第 1 年头茬苜蓿的 CP、EE 含量均高于第 2 年头茬苜蓿，而 CF、CASH、Ca、P 含量则第 2 年头茬苜蓿高。

第十一章　根茎型清水紫花苜蓿的碳代谢产物变化研究

牧草叶片光合作用合成的有机物除了部分用于正在生长的器官（如幼茎叶和幼根）的消耗外，其余则贮备起来，这些被贮存起来的有机物称为贮藏物质。贮藏营养物质是植物生长发育的能源。碳水化合物是植物光合作用的主要产物，按其存在形式可分为结构性碳水化合物和非结构性碳水化合物两种，其中非结构性碳水化合物主要包括单糖、淀粉、有机酸和其他贮存性碳水化合物（如果糖、蔗糖等），是参与植株生命代谢的重要物质。其含量高低与植物刈牧以后的再生、休眠、返青等能力密切相关，并能反映植物对环境的适应策略。不同牧草营养物质的贮存方式有较大差异。例如，豆科牧草百脉根在其生长旺季无论放牧次数多少，皆不进行贮存，仅在秋季开始贮存碳水化合物；而紫花苜蓿与百脉根不同，其碳水化合物的贮存期虽然也在秋季，但每次刈割后均能进行碳水化合物的贮存。

多年生牧草贮藏物质的积累随草种不同的生长阶段而异，即随光合作用和呼吸作用两个基本过程的相对强度而变化。同时，也常受到非生物因素（温度、水分、养分）和生物因素（牧草的生长发育、刈牧利用）的影响。例如，冬季低温，光合作用的产物不能满足呼吸作用的消耗，碳水化合物的分解速度大于合成速度，贮存的有机物大量消耗，夏季高温也影响牧草的物质贮存；水分不足，抑制牧草生长，往往根系发达，体内物质积累较多；当土壤氮含量较低或缺乏时，容易引起牧草糖分的积累；牧草生长旺盛，有机物贮存量就急剧下降；牧草生长速度下降，茎基部和根部有机物贮存量逐渐增加；频刈和留茬过低引起贮藏物质大量减少。

目前国内外对碳水化合物的研究主要集中在刈牧后贮藏碳水化合物的种类、分布、变化规律及其差异性比较、自然状态下植物体内贮藏营养物的动态变化（王静等，2004；白可喻等，1996；魏小红等，2005；张永亮等，2007；张光辉，2005）等方面，对不同根型苜蓿贮藏碳水化合物含量及不同生育时期其动态变化的系统报道较为少见。为此，本研究在甘肃天水、兰州和武威 3 个不同生态区，以 3 类根型苜蓿为材料，探讨 4 份苜蓿在分枝期、初花期、结荚期、枯黄期 4 个不同生育时期贮藏碳水化合物的变化，旨在掌握不同根型苜蓿贮藏碳水化合物的代谢规律，丰富苜蓿碳代谢机制的研究内容，为合理、高效利用不同根型苜蓿提供理论依据。

一、试验材料

同第七章。

（一）取样方法

试验前，对不同根型苜蓿进行定株标记。2010 年 3～10 月，在甘肃天水、兰州和武威 3 个生态区，于苜蓿生长的不同生育时期，即分枝期、初花期、结荚期和枯黄期采集各苜蓿鲜草（叶、茎）和鲜根（距地面 15cm）样品各 1kg，置于密封袋内带回，根系在室内轻轻抖掉土后，用清水冲洗干净并阴干，地上、地下部分分别粉碎，过直径为 0.4mm 的分析筛，烘干，形成混合样，保留待测。

（二）测定方法

1. 可溶性糖含量测定

方法同第七章。

2. 淀粉含量测定

淀粉含量采用蒽酮比色法（邹琦，2000）测定。关键步骤如下，①制作标准曲线：取小试管 11 支，编号，分别配制浓度为 0mg/ml、40mg/ml、80mg/ml、120mg/ml、160mg/ml、200mg/ml 的淀粉溶液，向各管中加入 0.5ml 蒽酮乙酸乙酯和 5ml 浓硫酸，充分振荡，立即将试管放入沸水浴中，逐管准确保温 1min，取出后自然冷却至室温，以空白作参比，在 630nm 波长下测其光密度，以光密度为纵坐标，糖含量为横坐标绘制标准曲线。②样品提取：将提取可溶性糖以后的残渣移入 50ml 容量瓶中，加 20ml 热蒸馏水，在沸水浴中煮沸 15min，再加入 9.2mol/L 高氯酸 2ml 提取 15min，冷却后，混匀，用滤纸过滤，并用蒸馏水定容。③按公式计算：

$$\text{淀粉含量（\%）}=（C\times V/a）/（W\times 10^{6}）\times 100$$

式中，C 为标准方程求得淀粉含量（μg）；a 为显色时取液量（ml）；V 为提取液总量（ml）；W 为样品质量（g）。

3. 还原性糖含量测定

还原糖含量采用 3，5-二硝基水杨酸法（邹琦，2000）测定。关键步骤如下，①制作标准曲线：取 25ml 刻度试管 7 支，编号，分别配制浓度为 0mg/ml、0.2mg/ml、0.4mg/ml、0.6mg/ml、0.8mg/ml、1.0mg/ml、1.2mg/ml 的葡萄糖溶液，向各管中加入 1.5ml 3,5-二硝基水杨酸，在沸水浴中加热 5min，取出后冷却至室温，定容至 25ml。以空白作参比，在 540nm 波长下测其光密度，以光密度为纵坐标，糖含量为横坐标绘制标准曲线。②还原糖的提取：称取各苜蓿干草和根部样品 3g，放入大试管中，加入 50ml 蒸馏水，在 50℃恒温水浴中保温 20min，离心，用蒸馏水冲洗残渣数次，再离心，定容至刻度。吸取样品提取液 2ml 于 25ml 刻度试管中，加 3,5-二硝基水杨酸 1.5ml，以下步骤与标准曲线测定相同，测定样品的光密度。③按公式计算：

$$还原糖含量（\%）=（C \times V/a）/（W \times 1000）\times 100$$

式中，C 为标准方程求得还原糖量（μg）；a 为吸取样品液体积（ml）；V 为提取液量（ml）；W 为样品质量（g）。

4. 蔗糖含量测定

参考高俊凤（2000）的方法，按照蔗糖含量（mg/g）=（可溶性碳水化合物－还原糖）×0.95 进行计算。

二、结果与分析

（一）可溶性糖变化

可溶性糖是植物体内碳水化合物能够互相转化和再利用的主要物质，其含量变化与光合作用和产量密切相关（Jin et al.，2004），其含量高低与植物体内碳水化合物的合成、运输和利用情况有关（宋柏权等，2009），反映了叶源端的同化物供应能力及籽粒对同化物的转化、利用能力。由表 11-1 可见，在生长季内，甘肃天水、兰州和武威 3 个生态区各根型苜蓿可溶性糖含量基本为地下部分＞地上部分，从不同生育时期变化趋势看，地上部分可溶性糖含量呈降低-升高-降低的特征，各根型苜蓿可溶性糖含量均在结荚期达到峰值；地下部分可溶性糖含量呈倒“V”形变化，分枝期至开花期，可溶性糖含量显著升高，并出现峰值，此后呈下降趋势。

表 11-1　不同根型苜蓿地上、地下部分可溶性糖变化　（%）

生态区	材料	分枝期		开花期		结荚期		枯黄期	
		地上	地下	地上	地下	地上	地下	地上	地下
天水麦积	Ⅰ	8.02 a	21.35 a	4.11 b	27.04 b	8.83 a	24.73 b	4.32 c	22.25 b
	Ⅱ	5.22 b	21.28 ab	4.83 a	27.03 b	8.90 a	24.24 b	5.24 ab	22.84 b
	Ⅲ	4.83 c	19.80 b	4.44 b	27.92 a	9.28 a	24.89 b	4.80 b	20.07 c
	Ⅳ	3.61 d	20.49 ab	3.44 c	29.32 a	9.06 a	26.02 a	5.50 a	25.08 a
兰州榆中	Ⅰ	7.91 a	21.60 c	7.62 a	26.94 c	8.05 a	22.58 c	3.75 b	9.48 b
	Ⅱ	7.27 b	22.93 c	6.82 b	28.13 c	8.20 a	26.65 b	4.88 a	8.59 c
	Ⅲ	6.60 c	25.43 b	6.23 c	30.43 b	7.32 b	23.53 c	4.90 a	8.58 c
	Ⅳ	7.20 b	27.34 a	6.28 c	33.34 a	7.28 b	28.41 a	3.59 c	11.05 a
武威凉州	Ⅰ	7.59 b	8.77 a	6.98 ab	10.07 a	9.11 a	9.80 a	6.93 b	9.52 a
	Ⅱ	7.41 b	7.54 b	7.24 a	9.95 a	8.09 c	8.79 c	6.30 c	8.71 b
	Ⅲ	6.77 c	8.29 a	4.67 c	10.04 a	7.83 d	9.54 ab	7.07 a	9.38 a
	Ⅳ	7.81 a	8.23 a	7.14 a	10.05 a	8.77 b	9.15 bc	5.72 d	8.85 b

注：同一生态区同一列数据间字母相同者表示差异不显著（P=0.05）；下同。

（二）淀粉变化

由表 11-2 可见，随着生育进程进行，甘肃天水、兰州和武威 3 个生态区各根型苜蓿地上部分淀粉含量呈先升高后降低趋势，开花期含量最高，呈倒“V”形变化；地下部分淀粉含量表现为降低趋势，分枝期含量最高，枯黄期含量最低。分枝期淀粉含量均为地下部分＞地上部分；开花期至枯黄期，淀粉含量均为地上部分大于地下部分。

表 11-2　不同根型苜蓿地上、地下部分淀粉含量变化　　（%）

生态区	材料	分枝期		开花期		结荚期		枯黄期	
		地上	地下	地上	地下	地上	地下	地上	地下
天水麦积	Ⅰ	6.08 a	7.22 c	7.34 c	6.87 b	5.90 b	3.64 b	5.09 b	3.05 b
	Ⅱ	5.52 b	10.03 a	8.51 a	6.45 b	5.58 c	4.67 b	5.63 ab	3.66 b
	Ⅲ	5.41 b	8.46 b	7.99 b	7.79 a	6.65 a	6.34 a	6.02 a	5.54 a
	Ⅳ	5.32 b	8.37 b	7.10 c	6.48 b	6.01 b	4.17 b	5.04 b	2.84 b
兰州榆中	Ⅰ	3.23 b	10.41 a	9.64 a	5.61 c	5.79 c	3.42 c	4.08 b	3.15 c
	Ⅱ	2.50 c	10.04 a	9.44 b	6.41 b	6.81 a	5.12 b	2.42 c	1.37 d
	Ⅲ	1.98 d	10.08 a	9.61 ab	4.97 d	6.36 b	4.65 b	4.41 b	3.95 b
	Ⅳ	4.37 a	10.32 a	9.49 ab	7.05 a	7.02 a	5.91 a	5.33 a	5.29 a
武威凉州	Ⅰ	6.40 b	7.10 a	8.59 a	6.70 a	8.26 a	3.82 c	5.75 c	3.09 b
	Ⅱ	5.70 c	6.02 c	8.58 a	5.68 b	8.25 a	4.47 b	7.02 a	3.87 a
	Ⅲ	7.23 a	6.61 b	7.49 b	5.99 b	6.83 b	5.36 a	6.55 b	4.13 a
	Ⅳ	6.19 b	5.95 c	7.36 b	5.37 c	7.03 b	3.82 c	6.00 c	3.29 b

（三）蔗糖变化

蔗糖是植物贮藏性碳水化合物，也是光合产物在植物体内运输的主要形式（孙宗玖等，2008a，2008b）。由表 11-3 可见，蔗糖含量的变化与可溶性糖含量的变化基本相似，随着生育进程进行，3 个生态区各根型苜蓿地上部分蔗糖含量呈降低-升高-降低趋势，各根型苜蓿均在结荚期达到峰值；地下部分蔗糖含量呈先升高后下降趋势，呈倒“V”形变化，各根型苜蓿均在开花期积累到最大。在天水和兰州地区，不同生育时期各根型苜蓿蔗糖含量均为地下部分大于地上部分；在武威地区，不同生育时期各根型苜蓿蔗糖含量均为地上部分大于地下部分。

（四）还原性糖变化

还原糖为单糖，经常处于被植物利用状态或被合成为双糖。由表 11-4 可见，3 个生态区各根型苜蓿地上部分还原性糖含量随生长进程推移呈增加趋势，各根型苜蓿均在枯黄期达到峰值；苜蓿地下部分还原性糖含量呈升高-降低-升高趋势，

表 11-3 不同根型苜蓿地上、地下部分蔗糖含量变化 (%)

生态区	材料	分枝期		开花期		结荚期		枯黄期	
		地上	地下	地上	地下	地上	地下	地上	地下
天水麦积	Ⅰ	6.45 a	14.55 a	2.08 b	19.88 b	6.49 ab	18.38 b	0.86 b	14.20 b
	Ⅱ	3.05 b	15.12 a	2.51 a	20.15 b	6.35 b	18.27 b	1.71 a	16.00 a
	Ⅲ	3.00 b	13.85 b	2.50 a	21.71 a	6.73 a	18.57 ab	1.49 a	12.08 c
	Ⅳ	2.56 c	13.66 b	1.98 b	21.85 a	6.57 ab	18.90 a	1.66 a	16.98 a
兰州榆中	Ⅰ	5.63 a	14.85 d	4.66 a	19.21 d	5.98 a	15.27 c	1.69 b	2.76 c
	Ⅱ	5.13 b	15.69 c	4.16 b	20.65 c	5.67 b	20.25 a	3.30 a	3.32 b
	Ⅲ	4.38 c	17.59 b	3.64 c	21.76 b	4.45 d	15.29 c	1.37 b	2.98 c
	Ⅳ	4.87 b	18.80 a	4.33 b	24.50 a	5.22 c	19.88 b	2.58 c	3.49 a
武威凉州	Ⅰ	5.90 a	2.81 a	5.44 a	4.43 b	7.49 a	4.19 a	4.85 b	3.41 a
	Ⅱ	5.57 a	2.41 b	5.42 a	4.29 b	6.77 b	3.51 b	4.39 c	2.50 b
	Ⅲ	4.67 b	2.75 ab	4.48 b	3.04 c	5.20 d	2.59 c	5.88 a	2.50 b
	Ⅳ	5.85 a	2.43 b	4.54 b	4.69 a	6.48 c	4.17 a	3.69 d	2.16 c

从分枝期到开花期略有增加，从开花期到枯黄期，地下部分还原性糖含量先降低后增加，到枯黄期各根型苜蓿均达到峰值，此时植株种子已经成熟，大部分光合产物都积累了下来。各根型苜蓿地下部分还原性糖含量在不同生育时期均高于地上部分。

表 11-4 不同根型苜蓿地上、地下部分还原性糖含量变化 (%)

生态区	材料	分枝期		开花期		结荚期		枯黄期	
		地上	地下	地上	地下	地上	地下	地上	地下
天水麦积	Ⅰ	1.23 c	6.04 a	1.93 ab	6.11 a	2.01 b	5.39 b	3.41 b	7.30 a
	Ⅱ	1.97 a	5.37 b	2.06 a	5.82 b	2.22 a	5.01 c	3.71 a	5.99 b
	Ⅲ	1.68 b	5.22 b	1.81 b	5.34 c	2.20 a	5.07 c	3.31 b	7.35 a
	Ⅳ	0.92 d	6.11 a	1.35 c	6.33 a	2.14 a	6.12 a	3.46 ab	7.21 a
兰州榆中	Ⅰ	0.85 c	5.98 c	1.76 b	6.71 b	1.98 ab	6.51 c	2.72 c	7.70 a
	Ⅱ	1.38 a	5.11 d	1.86 b	6.41 c	2.23 a	4.91 d	2.44 d	6.81 b
	Ⅲ	1.22 b	6.91 b	1.83 b	7.44 a	1.98 ab	7.14 b	3.30 b	7.52 a
	Ⅳ	0.87 c	7.35 a	1.79 b	7.49 a	2.07 a	7.38 a	3.67 a	7.55 a
武威凉州	Ⅰ	1.38 b	3.04 b	1.63 b	5.80 c	1.83 a	5.39 b	2.32 ab	7.11 b
	Ⅱ	1.05 c	3.02 b	1.60 b	6.08 b	1.74 b	5.09 c	2.61 a	7.42 ab
	Ⅲ	1.47 b	3.37 a	1.59 b	6.82 a	1.65 b	6.48 a	2.05 b	7.14 b
	Ⅳ	1.65 a	3.29 a	1.84 a	6.57 a	1.95 a	4.76 d	2.36 ab	7.49 a

（五）地上、地下部分碳水化合物相关分析

由表 11-5～表 11-7 可以得出，除武威地区黄花苜蓿、甘农 2 号杂花苜蓿和陇东紫花苜蓿的地下部分可溶性糖含量与蔗糖含量相关性不显著之外，3 个生态区

表 11-5 天水地区地上、地下部分碳水化合物相关分析

材料	碳水化合物	地上部分				地下部分			
		可溶性糖	淀粉	蔗糖	还原性糖	可溶性糖	淀粉	蔗糖	还原性糖
I	可溶性糖	1.000	—	—	—	1.000	—	—	—
	淀粉	–0.183	1.000	—	—	–0.141	1.000	—	—
	蔗糖	0.971*	0.030	1.000	—	0.968*	0.205	1.000	—
	还原性糖	–0.587	–0.588	–0.765	1.000	–0.385	–0.306	–0.603	1.000
II	可溶性糖	1.000	—	—	—	1.000	—	—	—
	淀粉	–0.423	1.000	—	—	–0.345	1.000	—	—
	蔗糖	0.954*	–0.299	1.000	—	0.983*	–0.305	1.000	—
	还原性糖	–0.171	–0.324	–0.457	1.000	0.205	–0.245	0.022	1.000
III	可溶性糖	1.000	—	—	—	1.000	—	—	—
	淀粉	–0.003	1.000	—	—	–0.138	1.000	—	—
	蔗糖	0.951*	0.067	1.000	—	0.981*	0.044	1.000	—
	还原性糖	0.001	–0.224	–0.308	1.000	–0.560	–0.695	–0.709	1.000
IV	可溶性糖	1.000	—	—	—	1.000	—	—	—
	淀粉	–0.204	1.000	—	—	–0.382	1.000	—	—
	蔗糖	0.903*	0.096	1.000	—	0.990*	–0.284	1.000	—
	还原性糖	0.378	–0.455	–0.038	1.000	0.131	–0.698	–0.012	1.000

注：*显著相关；**极显著相关。

表 11-6 兰州地区地上、地下部分碳水化合物相关分析

材料	碳水化合物	地上部分				地下部分			
		可溶性糖	淀粉	蔗糖	还原性糖	可溶性糖	淀粉	蔗糖	还原性糖
I	可溶性糖	1.000	—	—	—	1.000	—	—	—
	淀粉	0.323	1.000	—	—	0.749	1.000	—	—
	蔗糖	0.952*	0.031	1.000	—	0.998**	0.769	1.000	—
	还原性糖	0.797	0.805	0.574	1.000	–0.750	–0.788	–0.788	1.000
II	可溶性糖	1.000	—	—	—	1.000	—	—	—
	淀粉	0.612	1.000	—	—	0.846	1.000	—	—
	蔗糖	0.960*	0.371	1.000	—	0.995**	0.800	1.000	—
	还原性糖	0.746	0.972*	0.530	1.000	0.471	0.780	0.383	1.000
III	可溶性糖	1.000	—	—	—	1.000	—	—	—
	淀粉	0.010	1.000	—	—	0.871	1.000	—	—
	蔗糖	0.950*	–0.299	1.000	—	0.998**	0.882	1.000	—
	还原性糖	0.313	0.360	0.159	1.000	0.363	–0.081	0.337	1.000
IV	可溶性糖	1.000	—	—	—	1.000	—	—	—
	淀粉	0.009	1.000	—	—	0.779	1.000	—	—
	蔗糖	0.994**	0.043	1.000	—	0.999**	0.777	1.000	—
	还原性糖	0.492	0.661	0.454	1.000	0.934	0.949	0.933	1.000

注：*显著相关；**极显著相关。

表 11-7 武威地区地上、地下部分碳水化合物相关分析

材料	碳水化合物	地上部分				地下部分			
		可溶性糖	淀粉	蔗糖	还原性糖	可溶性糖	淀粉	蔗糖	还原性糖
I	可溶性糖	1.000	—	—	—	1.000	—	—	—
	淀粉	–0.290	1.000	—	—	–0.290	1.000	—	—
	蔗糖	0.969*	–0.308	1.000	—	0.967*	–0.147	1.000	—
	还原性糖	–0.454	0.227	–0.660	1.000	0.699	–0.729	0.502	1.000
II	可溶性糖	1.000	—	—	—	1.000	—	—	—
	淀粉	–0.403	1.000	—	—	–0.132	1.000	—	—
	蔗糖	0.962*	–0.449	1.000	—	0.873	0.208	1.000	—
	还原性糖	–0.434	0.887	–0.350	1.000	0.658	–0.727	0.224	1.000
III	可溶性糖	1.000	—	—	—	1.000	—	—	—
	淀粉	–0.587	1.000	—	—	–0.385	1.000	—	—
	蔗糖	0.983*	–0.723	1.000	—	0.301	0.677	1.000	—
	还原性糖	0.382	0.511	0.206	1.000	0.901	–0.748	–0.105	1.000
IV	可溶性糖	1.000	—	—	—	1.000	—	—	—
	淀粉	–0.172	1.000	—	—	–0.054	1.000	—	—
	蔗糖	0.974*	0.069	1.000	—	0.846	0.150	1.000	—
	还原性糖	–0.039	0.422	–0.264	1.000	0.566	–0.593	0.070	1.000

注：*显著相关；**极显著相关。

各根型苜蓿地上、地下部分可溶性糖含量与蔗糖含量之间均呈显著或极显著正相关；可溶性糖与淀粉、还原性糖，淀粉与蔗糖、还原性糖及蔗糖与还原性糖之间的相关性均不显著。

三、讨论

不同根型苜蓿地上部分可溶性糖、蔗糖含量呈下降-升高-下降的趋势，返青后植株叶片增多，随着光照强度和气温的升高，光合作用效率也在逐渐增大，叶片中光合产物增加也快，所以此时地上部分的可溶性糖、蔗糖含量较高；进入开花期，消耗营养较多，地上部分可溶性糖和蔗糖含量均显著降低；进入结荚期，出现峰值，以后由于贮藏养分被用于种子形成和果后营养生长，地上部分可溶性糖、蔗糖含量均降低。地下部分可溶性糖和蔗糖含量呈倒“V”形变化。从营养期到开花期，随着地上部分光合能力的增强，光合产物开始向根部贮存，根部可溶性糖和蔗糖含量上升；进入结荚期，糖代谢减慢，地下部分可溶性糖和蔗糖含量均有所下降。整个生长季，苜蓿根中可溶性糖和蔗糖含量变化较小。

有研究表明，由于还原糖经常处于被利用状态，植物合成后就近贮藏，就近

利用，当植物生长强烈时，还原糖含量常常很低（白永飞等，1996）。这与本研究的结果基本一致，从分枝期至枯黄期，植物地上部分生长由强到弱，其还原性糖含量逐渐增加；地下部分还原性糖含量在结荚期略有降低，这与贮藏养分被用于种子形成有关，到枯黄期还原糖含量出现明显的上升趋势，这可能与各根型苜蓿自身有较强的抗寒性有关。

研究表明，甘肃天水、兰州和武威 3 个生态区不同根型苜蓿地上部分可溶性糖含量与蔗糖含量之间均呈显著或极显著正相关，这与宋柏权等（2009）、赵黎明等（2008）、王晓慧等（2007）在叶片中的研究结果相符，证明了蔗糖是可溶性糖的主要存在形式之一。可溶性糖是淀粉合成的底物，其含量的高低与淀粉积累密切相关。刘晓冰和李文雄（1996）研究表明，淀粉与可溶性糖含量之间存在一定的关系，但不可能是直接的简单关系，中间过程可能比较复杂。研究表明，不同生态区各根型苜蓿地上、地下部分可溶性糖含量与淀粉含量的相关性均不显著。

四、小结

随着生育进程的进行，天水、兰州和武威 3 个生态区不同根型苜蓿地上部分可溶性糖含量与蔗糖含量呈降-升-降的趋势，结荚期为转折点，地下部分可溶性糖和蔗糖含量呈倒“V”形变化，开花期为转折点；地上部分淀粉含量呈先升高后降低趋势，地下部分淀粉含量呈逐渐降低趋势；地上、地下部分还原性糖含量在枯黄期达到峰值；地上部分可溶性糖含量与蔗糖含量之间呈显著或极显著正相关，其余碳代谢产物间的相关性不显著。

第十二章　根茎型清水紫花苜蓿原生质体培养及体细胞杂交的研究

第一节　原生质体培养与体细胞杂交研究进展

一、植物原生质体分离和培养研究进展

植物原生质体（protoplast）是指除去了细胞壁后裸露的球形细胞团。由于没有细胞壁这个细胞与外部环境之间的天然屏障，原生质体成为理想的试验系统而被广泛应用于基础理论研究、遗传转化研究、无性系变异及突变体筛选、细胞器的分离及导入、种质资源保存等领域（刘庆昌和吴国良，2010）。然而，原生质体最令人瞩目的应用是体细胞杂交。原生质体培养是体细胞杂交的关键技术之一，对该技术的研究有利于体细胞杂交的进一步深入发展（孙敬三和朱至清，2006）。

（一）原生质体分离材料

原生质体可从许多植物的组织和器官中分离得到，分离材料包括叶片、叶柄、芽尖、根、胚芽鞘、胚轴、茎、胚芽、果实、花粉粒、愈伤组织和细胞悬浮培养物等。目前，植物原生质体的主要来源是植物的叶片、愈伤组织和悬浮培养细胞。叶片是常用的分离材料，这是因为叶肉细胞排列松散，酶液容易到达细胞壁，而且获得的原生质体在生理和遗传特性上也比较一致（李浚明，1992）。外植体来源的愈伤组织和细胞悬浮培养物是植物原生质体研究中广泛使用的分离材料，其优点是：材料不受外界环境的影响，试验的重复性好；原生质体的产量、活性及稳定性等较理想；可借鉴组织培养中器官培养、花粉培养及细胞培养的经验，对原生质体的分化潜力作出初步的估价。

因此，叶片、愈伤组织、细胞悬浮培养物等作为原生质体游离的原始材料，各有特点，究竟选取哪种材料，不仅要参考前人的经验，还要了解不同植物种类间存在的差异，视具体情况，区别对待。

豆科牧草原生质体分离和培养研究中，叶片、愈伤组织和细胞悬浮培养物均是常见的起始材料。Teoule（1983）最先通过紫花苜蓿与黄花苜蓿的原生质体融合获得再生植株。Ahuja 等（1983b）通过分离白三叶（*Trifolium repens* L.）和红豆草（*Onobrychis viciifolia* Scop.）的叶片原生质体，研究了这 2 种豆科牧草原生

质在分离、培养和再生性能上的差别。Mariotti 等（1984）比较研究了木本苜蓿（*M. arborea* L.）的根和叶肉分离原生质体的效果，发现后者的植板率更为理想。Gilmour 等（1987b）通过四倍体紫花苜蓿、四倍体黄花苜蓿和二倍体黄花苜蓿间的原生质体融合获得杂种愈伤组织。Myers 等（1989）分别分离了红三叶草（*Trifolium pratense* Linn.）叶片和细胞悬浮系来源的原生质体并均获得了再生植株。Vieira 等（1990）对热带地区 3 种重要豆科柱花草属的牧草 *Stylosanthes guianensis*，*S. macrocephala* 和 *S. scabra* 子叶原生质体的分离和培养效果进行了研究。Zafar 等（1995）获得了由愈伤组织分离的 *M. littoralis* 原生质体再生植株。罗建平等（2000）利用生长 10d 的胚性愈伤组织分离得到高质量的沙打旺（*Astragalus adsurgens* Pall.）原生质体并获得了再生植株。贺辉等（2008）以草木樨（*Melilotus alum*）嫩叶为材料建立了其原生质体的制备程序。李玉珠等（2010）研究了百脉根（*Lotus corniculatus* Linn.）无菌苗子叶和愈伤组织来源的原生质体的最佳酶解条件。陶茸等（2011a，2011b）以下胚轴及子叶来源的愈伤组织为材料，对扁蓿豆［*Melilotoides ruthenica*（L.）Sojak］和根茎型清水紫花苜蓿原生质体的分离条件进行了研究。

（二）原生质体分离方法

分离原生质体可采用两种方法：机械分离法和酶解分离法。机械分离法是指将细胞放在高渗糖溶液中预处理，使之发生质壁分离，原生质体收缩成球形后，磨碎植物组织，从伤口处释放出完整的原生质体。Klercker（1892）率先利用机械法从 *Stratiotes aloides*（一种藻类）中成功分离出原生质体。该法的不足之处是原生质体产量低，枯燥费力，植物组织类型受到限制。现在酶解分离法已取代机械分离法。

酶解分离法是一种利用细胞壁降解酶脱除植物细胞壁从而获得原生质体的方法。Cocking（1960）用纤维素酶粗制剂从番茄根尖分离出大量原生质体，证实了用酶解法从高等植物细胞中分离原生质体的可行性。目前，原生质体分离中常用的酶有三大类：纤维素酶类、果胶酶类和半纤维素酶类。随着各种商品酶制剂的研发，酶解法被广泛应用于原生质体的分离，从而进一步推动了以原生质体为试验材料的相关研究。该法的最大优点是：植物种类和部位不受限制；原生质体产量大。不足是酶制剂含有一些对植物细胞生长不利的物质，如酚类化合物等，在降解细胞壁的同时，会影响原生质体的活力。

酶解法是目前进行植物原生质体分离的主要方法。豆科牧草如紫花苜蓿（Kao and Michayluk 1980）、百脉根（Ahuja et al.，1983a）、红三叶（Myers et al.，1989）、沙打旺（罗建平等，2000）等最初都是通过酶解法获得原生质体再生植株的。在使用时，应根据植物材料特点和酶活性大小，选择合适的酶制剂及其浓度。作为一种生物活性物质，酶的活力会因生产厂家不同甚至批次不同而存在差异，通常需要根据经验多次反复使用才能确定（Hideki，2006）。此外，酶液中还可加入适宜浓度的渗透压调节剂、膜稳定剂、pH 缓冲调节剂等来增加原生质体的活力和稳定性，建立分离原生质体的最佳体系。

（三）原生质体培养方法

分离出的原生质体经纯化后，应立即进行培养，其培养方法主要有固体培养法、液体培养法和固液培养法等，以及由此衍生出的一些其他方法。

固体培养法又称琼脂糖包埋法或平板培养法，是较早使用的原生质体培养方法。将熔化后冷却至 45℃的琼脂与等体积的含原生质体悬浮液的培养基混合，凝固后成一薄层琼脂平板。该法优点是原生质体均匀分布其中，位置固定，便于观察单个原生质体的生长过程。Nagata 和 Takebl（1971）采用该法首先获得了烟草叶肉原生质体及其再生植株。该法缺点是操作要求严格，混合时的温度不宜掌握。因此，该法在常规培养中已较少采用。

液体培养法根据培养方式不同可分为液体浅层培养法、微滴培养法和悬滴培养法等。液体浅层培养法是将一定密度的原生质体悬浮培养于液体培养基中，形成薄层。该法操作简单，通气性好，对原生质体的损伤小，且易于添加新鲜培养基和转移培养物。不足之处在于原生质体分布不均匀，难以定点观察某一细胞的生长情况。微滴培养法是将原生质体悬浮液分散滴于培养皿底部，密封后培养。该法可进行较多组合的试验，便于单个原生质体及融合体生长情况的观察。缺点是原生质体分布不均，微滴易挥发。悬滴培养法是将原生质体悬浮液分散接种到培养皿皿盖上，密封后倒置培养。该法的优缺点与微滴法相似，易添加新鲜培养基，不易污染，均需特殊的培养皿，较微滴培养所需材料更少。

固液培养法即固液双层培养法，先在培养皿底部铺一层琼脂糖固体培养基，再将原生质体悬浮液滴于固体培养基表面，其优点是固体培养基中的营养物质可缓慢释放到液体培养基中，补充消耗，同时便于添加新鲜培养基，此外，培养基能保持湿度，原生质体分裂速度快。

培养方法对原生质体的生长和分裂非常重要，不同的植物应采用不同的方法，同一种植物的原生质体采用不同的培养方法得到的结果也不同。原生质体究竟采用何种培养方法，应根据材料的特点和研究的目的加以选择，除培养方法外，原生质体的培养效果还受许多因素的影响，有不少种类的原生质体没有培养成功，培养成功的种类中也存在基因型的差异。

目前，豆科牧草原生质体培养中以液体浅层培养法使用最多，如紫花苜蓿（黄绍兴等，1995；刘明志，1996a；徐子勤等，1997；Mariza，2003；王海波和玉永雄，2006；陶茸等，2011c）、黄花苜蓿（白静仁等，1994）、天蓝苜蓿（张相岐等，1996）、百脉根（刘明志，1996b；李玉珠等，2010）、沙打旺（罗建平等，2000）、红豆草（张谦和郑国锠，1994，1995）、扁蓿豆（陶茸等，2011b）等。

二、体细胞杂交研究进展

在育种中，为了获得特定的遗传性状，有时需要进行种间远缘杂交，即体细胞杂交（somatic hybridization），它是通过原生质体融合（protoplast fusion）和异核体的培养产生体细胞杂种（somatic hybrid），能使双亲不经有性过程进行遗传物质的重组，包括核基因和胞质基因的重组。因为发生融合的细胞来源于植物的体细胞，而非单倍体的性细胞，所以被称为体细胞杂交。

（一）体细胞杂交的方法

自 Carlson（1970）采用 $NaNO_3$ 法成功获得第一个烟草体细胞杂种植株以来，研究者先后尝试利用化学融合法、机械法、物理融合法等进行原生质体融合。目前，最常用的植物原生质体融合方法是聚乙二醇（PEG）-高 Ca^{2+}-高 pH 融合法和电融合法（electrofusion），因为这 2 种方法的双核异核体（binucleate heterokaryon）形成频率很高（刘庆昌和吴国良，2010）。

PEG-高 Ca^{2+}-高 pH 融合法是由 PEG 融合法和高 Ca^{2+}-高 pH 融合法相结合发展而来。其原理是：PEG 可在两种原生质体表面形成分子桥，使之黏着和结合，当用高 Ca^{2+}-高 pH 溶液处理时，PEG 分子被洗脱，导致原生质体表面电荷的紊乱和再分布，从而促进融合。Bauer-Weston 等（1993）、黄粤等（1999）、Varotto 等（2001）、李翠玲和夏光敏（2004）、张晓红（2009）、赵小强等（2010）分别用此方法融合了拟南芥（*Arabidopsis thaliana*）+甘蓝型油菜（*Brassica napus*）、小麦（*Triticum aestivum* L.）+羊草［*Legmus chinensis*（Trin.）］、欧洲苦苣（*Cichorium intybus* L.）+向日葵（*Helianthus annuus* L.）、小麦（*T. aestivum* L.）+新麦草［*Psathyrostachys juncea*（Fisch.）Nevski］、青苗碱谷（*Setaria italica* Beaur）+高冰草（*Agropyrom elongalum* Host Nevski）、草地早熟禾午夜 2 号（*Poa pratensis* L.）（Midnight Ⅱ）+草地早熟禾新歌莱德（*P. pratensis* L.）（Nuglade）。该技术的优点是重复性强，经济实用；缺点是技术性强，不易掌握且对细胞有一定毒害作用。

电融合法由 Senda 建立（1979 年），以后由 Zimmerman 等发展而来。其基本原理是，将纯化的原生质体悬浮液置于电融合仪融合板的两极之间，先施加一定强度的交变电场，使原生质体沿电场方向排列成串珠状，再施加瞬间高强度电脉冲，使相互接触的原生质体膜发生可逆性点穿孔，在表面张力的作用下促进融合。Jadari 等（1992）通过电融合法获得了水茄（*Solanum torvum* S.W.）和马铃薯（*Solanum tuberosum* L.）的杂种植株。Brewer 等（1999）利用电融合法获得了遏蓝菜（*Thlaspi caerulescens*）和甘蓝型油菜的体细胞杂种。王清等（2001）研究了 3 种双单倍体马铃薯（*Solanum tuberosum* L.）原生质体自体和异体电融合的条件，发现不同基因型马铃薯叶肉原生质融合时在交变电场中的转动电压、成串电压及细胞拉长电压无明显差异。蔡兴奎等（2004）分别比较了 PEG 融合和电融合两种方式对马铃薯原生质体融合效果的影响，结果表明两种融合方式下细胞的融合率没有显著差异，但电融合的细胞植板效率和愈伤组织分化能力均显著高于 PEG 融合法。孙玉强（2005）利用电融合法开展了 8 个组合的野生棉（*Gossypium* spp.）和栽培棉花融合研究，其中的 2 个组合获得了杂种植株。徐小勇（2006）开展了柑橘（*Citrus reticulata* Blanco.）原生质体电融合及体细胞杂种核质遗传研究。汪静儿（2007）将陆地棉（*Gossypium hirsutum* Linn.）与野生棉种间的原生质体进行电融合，成功获得了 ZDM-3 和克劳茨基棉、坷字棉 201 和三裂棉及坷字棉 201 和澳洲棉 3 个组合的体细胞杂种植株。该技术的优点是操作简便，无毒性，易控制融合条件，缺点是需要有特制的融合仪和融合板，且确定适宜的融合条件比较费时。

在豆科牧草原生质体融合的研究中，以上 2 种方法都有使用。Gilmour 等（1989）比较研究了 PEG 法和电融合法融合紫花苜蓿和北方苜蓿（*M. borealis*）原生质体的效果，发现 PEG 法的融合率较高，而电融合法融合效果更佳。以 PEG-高 Ca^{2+}-高 pH 融合的有：黄花苜蓿+*M. guasigalcata*（M. quasifalcata Gilmour D M.，1987a）；紫花苜蓿+ *M. mintertexta* L.（Thomas et al.，1990）；紫花苜蓿+蜗牛苜蓿（*M. scutellata*）（Thomas et al.，1990）；截形苜蓿（*M. truncatula*）+*M. scutellata*（Tian and Rose，1999）；沙打旺+紫花苜蓿（金红等，2004）；紫花苜蓿+百脉根（安骥飞，2005）；紫花苜蓿+白花草木樨（贺辉等，2008）；紫花苜蓿+黄花苜蓿（刘庆昌和吴国良，2010）。采用电融合的有：百脉根+细叶百脉根（*L. tenuis* Walds et Kit）（Aziz et al.，1989）；紫花苜蓿+木本苜蓿（Pupilli et al.，1991）；紫花苜蓿+蓝花苜蓿（Pupilli et al.，1992）；紫花苜蓿+红豆草（Li et al.，1993）；紫花苜蓿+黄花苜蓿（Crea et al.，1997）；骆驼刺（*Alhagi pseudal* Hagi）+鹰嘴紫云英（*Astragalus cicer* L.）（张改娜，2004）；紫花苜蓿+截形苜蓿（Mizukami et al.，2000）。

（二）融合体系的类型

双亲原生质体融合时，首先发生膜融合、胞质融合，最后发生核融合（吴殿星和胡繁荣，2009）。由于融合的情况不同，体细胞杂交方式有对称杂交和不对称杂交两种。通过这两种融合方式可产生 3 种类型的杂种：对称杂种、不对称杂种和胞质杂种。对称体细胞杂交是指双亲原生质体直接进行融合，双亲所有遗传物质均匀混合和重组形成对称杂种。Melchzer 等（1978）将马铃薯与番茄的原生质融合，获得第 1 个属间体细胞杂种。对称杂交可以产生以上 3 种类型的杂种，其中不对称杂种和胞质杂种多发生在亲缘关系较远的两个亲本进行融合时，一方染色体被排除而出现染色体消减的情况。

不对称体细胞杂交是通过物理因子（如 X 射线、γ 射线、紫外线）或化学因子（碘乙酰胺、罗丹明-6G）处理供体原生质体，使供体亲本一方仅将胞质基因或部分核基因转移到受体一方，从而直接获得不对称核杂种或胞质杂种。这种融合方式为远缘杂交不亲和的种间或属间体细胞杂交创造了有利条件，增加了获得可育再生植株的可能性（Liu and Yu，2004）。Phaduivk 等（1977）首次提出用超致死剂量辐照供体原生质体，然后将其与正常受体原生质体融合并发生重组，从而形成具有受体整套染色体组，而仅有少量供体染色体片段的不对称杂种的观点。目前，诱导植物不对称杂种已成为原生质体培养和融合技术研究的热点。我国的学者刘宝等（1995）、向凤宁和夏光敏（2002）、朱永生等（2004）分别进行了普通烟草（*Nicotiana tabacum* Linn.）+波缘烟草（*N. undulata* L.）、小麦+燕麦（*Avena sativa* Linn.）、栽培稻+疣粒野生稻［*Oryza meyeriana*（Zoll. et. Mor. ex Steud.）］的不对称体细胞杂交研究，并取得了一定的成绩。

在体细胞杂交技术发展初期，人们主要采用对称融合的杂交方式，融合产物并非人们所期望的那样具有双亲的优良性状，往往带有许多新的不利基因。不对称融合只转移部分核基因或胞质内容物，从融合杂种中挑选具有优良性状的植株，可缩短育种时间，也可采用胚子-体细胞杂交产生三倍体植物。但它也有不足之处，染色体可能随机丢失，失去的程度不可预见且难以控制。

（三）杂种细胞的筛选

融合后的原生质体群体中，除了含有异源融合产生的异核体外，还包括同源融合产生的同核体、未发生融合的亲本原生质体等。因此，在获得体细胞杂种过程中，首先要进行杂种细胞的筛选。筛选的主要方法有互补选择法、物理特性差异选择法、生长特性差异选择法等。

互补选择法是利用天然或人工诱发的叶绿素缺失型、营养缺陷型及抗性细胞系对异核体进行筛选。其一般机制是：亲本原生质体由于都具有缺陷，在培养基上不能单独生长，只有融合后的异核体能正常生长。Melchers 和 Labib（1974）利用单倍体烟草（*N. tabacum*）彼此互补的叶绿素缺失突变体和光敏突变体进行原生质融合和杂种细胞的筛选。同年，英国的 Power 等（1975）利用营养代谢互补选择法将矮牵牛（*Petunia hybrida*）和爬山虎（*Parthenocissus tricuspidata*）原生质融合体置于无激素的培养基上培养，只有杂种细胞能分裂，从而淘汰了亲本原生质体。Wijbrandi 等（1988）将具有卡那霉素抗性但无再生能力的番茄（*Lycopersicon peruvianum*）原生质体与具有较高再生能力的秘鲁番茄（*L. esculentu*）的原生质体进行融合，融合体经卡那霉素选择培养基培养，获得了体细胞杂种。可见，该法要求具有能互补的代谢类型，因此应用受到很大的限制。

物理特性差异选择法是指将原生质体的物理特性，如大小、颜色、漂浮密度等作为选择的依据。王清等（2001）利用叶肉细胞和下胚轴细胞中叶绿体含量的差异对马铃薯融合细胞进行了鉴别和挑选。郭文武（1998）利用原生质体沉降速度不同，对“Page”橘柚（*Citrus reticulata* Blanco×*C. paradisi* Macf）和粗柠檬（*C.

jambhiri Lush）的融合产物进行离心，降低了杂种鉴定的工作量。此外，也可人为地创造物理差异，如利用荧光素标记一方或双亲原生质体，从而进行异核体的选择。尽管该法不受材料来源的限制，对细胞毒害小，但是选择效率较低。

生长差异选择法是利用双亲原生质体生长分化能力的差异，尤其是再生植株的能力不同作为选择依据，通常设计一种只能使杂种细胞生长的培养基，通过这种培养基上融合体的不同表现筛选出杂种细胞。刘庆昌等（1998）、张冰玉等（1999）、Guo 等（2006）、Yang 等（2009）分别将无再生能力的甘薯品种原生质体与具有较高再生能力的野生种原生质体以 2∶1 的比例诱导融合，然后用野生种原生质体培养体系进行培养，获得的再生植株大多数为种间体细胞杂种。细胞在培养基上的生长差异也可人为地产生，如利用代谢抑制剂处理原生质以抑制其分裂。最常见的是碘乙酰胺（IOA）和罗丹明-6G（R-6G）互补代谢抑制剂，二者通过不同的作用方式均可抑制细胞质中能量的产生，原生质体融合后只有代谢上得到互补的异核体可正常生长。该法操作简单，但需要摸索出使双亲原生质体失活的条件。王凌健等（1998）利用 IOA 和 R-6G 这两个代谢互补抑制剂处理水稻（*Oryza sativa* L.）原生质体，经融合后获得可育体细胞杂种。侯喜林等（2002）以 91H 秋-21（矮脚黄）不结球白菜（*Brassica campestris* ssp. *chinensis*）为试材，研究了 IOA 和 R-6G 对子叶原生质体线粒体失活效果的影响。赵小强等（2010）用 IOA 和 R-6G 分别处理草地早熟禾不同品种的愈伤组织原生质体，融合后获得了杂种愈伤组织。

（四）体细胞杂种的鉴定

尽管采用各种巧妙的选择方法能够获得异核体及其再生植株，但仍需对其进行鉴定，进一步证实体细胞杂种的真实性，分析其与亲本之间的区别与联系。目前，常用的体细胞杂种鉴定方法主要有形态学鉴定、细胞学鉴定、生化鉴定及分子生物学鉴定等。

形态学鉴定是最常用的鉴定方法，是利用杂种植株与双亲在表现型上的差异进行比较分析。此外，可利用转基因、诱变等方法人工创造与双亲在形态上的差异以增加鉴定的准确性（刘庆昌和吴国良，2010）。Kaendler 等（1996）进行二倍体马铃薯野生种（*S. papita*）与马铃薯二倍体品系融合时，先将 *rolC* 基因转入野生种，结果表明带有该基因表现型的再生植株均为体细胞杂种。仅依据形态学特征进行鉴定是不够的，因为细胞在长期的培养过程中有发生各种形态变异及体细胞无性系变异的可能，所以该鉴定法只能作为参考指标，必须与其他方法结合。

细胞学鉴定是指对再生植株进行染色体数目计数及带型分析，或者利用基因组原位杂交（genomic in situ hybridization，GISH）进行鉴定。一般认为，植物染色体越小，其核型分析越困难。而 GISH 技术利用标记的 DNA 探针与染色体上的 DNA 杂交，可直接在染色体上进行检测。最大优点是可通过放射自显影或抗原抗体反应，在荧光显微镜下观察杂种细胞中染色体的亲本来源，结果直观而准确。王晶等（2004）、Yang 等（2009）分别利用 GISH 法对小麦和高冰草（*A. elongatum*）、甘薯和 *I. triloba* 的体细胞杂种进行了原位杂交分析。

生化鉴定是指将杂种植株与亲本植株进行同工酶分析。杂种的同工酶谱常表现为融合双亲谱带的综合，有时也会丢失部分谱带，甚至出现新的谱带。Christey 等（1991）利用磷酸葡萄糖异构酶和葡萄糖酸变位酶的同工酶开展了甘蓝（*B. oleracea*）和芸薹（*B. campestris*）的体细胞杂种鉴定。司怀军和戴朝曦（1998）将马铃薯双单倍体品系分别和南美二倍体栽培种 *S. phureja*、二倍体野生种 *S. chacoense* 进行体细胞融合，对获得的株系进行了过氧化物同工酶谱分析，结果表明杂种植株的过氧化物同工酶谱是其双亲酶谱谱带的总和。

分子生物学鉴定是利用分子标记技术对体细胞杂种进行的精确鉴定，它能为原生质体融合是否发生重组提供最确凿的证据。常用的标记技术有 RFLP（限制性片段长度多态性）、RAPD（随机扩展多态性）、AFLP（扩增片段长度多态性）、SSR（简单重复序列）等。Oberwalder 等（1998）利用 RFLP 法证实单拷贝探针适用于马铃薯不对称体细胞杂种的鉴定。Bordas 等（1998）将甜瓜属的香瓜（*Cucumis melo* L.）和 *C. myriocarpus* Naud.进行电融合，杂种植株用 RFLP 法进行了鉴定。Brewer 等（1999）首次用 AFLP 法鉴定体细胞杂种。Jelodar 等（1999）通过电融合法开展了水稻体细胞杂交研究，杂种植株经 RAPD 和 GISH 分析证实了其真实性。郭文武和邓秀新（2000）利用 RAPD 技术分析了柑橘种间体细胞融合植株。Xu 等（2004）用 *Microcitrus papuana* Swingle 和酸橙（*Citrus aurantium*）进行电融合研究，并对获得的杂种植株进行了 SSR 鉴定。蔡兴奎等（2004）用叶绿体 SSR 引物筛选鉴定了马铃薯栽培种 *S. tuberosum* 和二倍体野生种 *S. chacoense* 杂种叶绿体的组成，发现体细胞杂种中既有单亲本类型，又有两亲本的重组类型。

分子生物学鉴定方法因速度快、准确性高和效率高的特点，在豆科牧草的体细胞杂种鉴定上广泛应用。为了获得确切结果，植物体细胞杂种的鉴定往往需要同时进行多种水平上多个方法的鉴定。

三、紫花苜蓿体细胞杂交研究进展

豆科牧草体细胞杂交始于 20 世纪 80 年代，鉴于紫花苜蓿在畜牧业和草业中的重要地位和作用，以改良其品质、创造新种质为目标的研究一直是豆科牧草体细胞杂交的热点领域。紫花苜蓿与同属植物间进行体细胞杂交的研究有：法国的 Téoulé（1983）获得了紫花苜蓿和黄花苜蓿的体细胞杂种植株；Deak 等（1988）通过抗 PPT（phosphinotricin）的紫花苜蓿和抗卡那霉素的多变苜蓿（*M. varia*）（$2n=2x=32$）的原生质体融合，获得了双抗的愈伤组织；Damiani 等（1988）与 Walton 和 Brown（1988）分别通过改进的电融合法获得了紫花苜蓿和木本苜蓿的杂交体，以及紫花苜蓿与野生种蜗牛苜蓿和海苜蓿的杂交体；Gilmour 等（1989）诱导白化紫花苜蓿和北方苜蓿融合，形成杂种愈伤组织；Thomas 等（1990）将抗卡那霉素的紫花苜蓿与具潮霉素抗性的 *M. intertexta* 进行杂交，得到的杂种愈伤组织能分化胚状体并形成小植株；Pupilli 等（1992）获得了不同倍性水平的紫花苜蓿和蓝花苜蓿（*M. coerulea*）（$2n=2x=16$）的体细胞杂交植株；Arcioni（1994）获得了苜蓿和野生种木本苜蓿的体细胞杂交系；Pupilli 等（1995）对四倍体紫花苜蓿和双倍体蓝花苜蓿原生质体融合获得的体细胞杂种在分子水平、细胞水平和农艺性状 3 个层面进行了研究；Nenz 等（1996）诱导紫花苜蓿和木本苜蓿的原生质体融合，分别获得了杂种愈伤组织和再生植株；Crea 等（1997）将紫花苜蓿与黄花苜蓿进行融合，获得了杂种再生植株并对其进行了 RFLP 鉴定；Pupilli 等（2001）分析了紫花苜蓿分别同蓝花苜蓿、木本苜蓿及黄花苜蓿原生质体融合而来的 3 个体细胞杂种的线粒体 DNA 组成。

除苜蓿属外，紫花苜蓿与其他属植物开展的体细胞杂交也有成功的报道。Niizeki 和 Saito（1989）将紫花苜蓿与百脉根进行融合，获得了杂种愈伤组织。Li 等（1993）通过电融合法获得了紫花苜蓿与红豆草的不对称杂种植株。徐子勤和贾敬芬（1996）用 PEG 法诱导苜蓿根癌农杆菌 702 转化系原生质体与红豆草抗羟脯氨酸细胞系的原生质体融合，获得了再生植株。韦革宏等（2002）将微生物原生质体融合技术应用于豆科牧草，以苜蓿中华根瘤菌（*Sinorhizobium meliloti*）与鹰嘴豆慢生根瘤菌（*Mesorhizobium ciceri*）为材料，进行根瘤菌原生质体的属间融合研究，获得了可分别在双亲寄主植物上结瘤的属间融合子。金红等（2004）以碘乙酰胺处理的紫花苜蓿发根农杆菌菌株转化系为一亲本，沙打旺为另一亲本，通过诱导原生质体融合，在不加外源激素的培养基上有效地筛选了杂种细胞。安骥飞（2005）和贺辉等（2008）分别用 PEG 法诱导紫花苜蓿和百脉根、草木樨融合，均获得了属间杂种细胞。

目前，有关紫花苜蓿与其他科植物间进行的体细胞杂交工作未见报道。

总之，植物体细胞杂交技术是克服植物有性杂交不亲和、打破物种生殖隔离、扩大遗传变异等的有效手段。与转基因技术相比有独特的优势，它不仅可以转移至今尚未克隆出的基因，而且由于不涉及 DNA 的体外重组，无潜在的安全性问题。就紫花苜蓿育种及品质改良而言，体细胞杂交在近缘的种内或种间、远缘的属间已获得了体细胞杂种。将其他牧草具有的抗逆性、抗病虫性、抗臌胀病等优良性状转入紫花苜蓿，不仅可拓宽其遗传基础，还可以创造更有价值的种质资源，从而进一步推动草地畜牧业的发展。

然而，体细胞杂交技术在紫花苜蓿的应用上还存在一些问题。

（1）紫花苜蓿原生质体分离和培养技术复杂，操作难度高，重复性和通用性较差。此外，能再生的基因型有限，不同基因型的分离培养条件和再生体系差别较大，有待于进一步研究。

（2）豆科牧草体细胞杂交工作开展得相对较晚，研究偏少，取得的成果有限。融合的方法和技术不够完善，重复性和通用性较差，异源融合率不高，融合后再生的杂种植株数量相对偏少。

（3）融合后的体细胞杂种大多数处在微愈伤组织阶段，难以实现杂种细胞再生植株的培养。

（4）已获得的体细胞杂种由于在遗传上不稳定，育性较低，因此在育种上的应用受到限制，需要进行长期艰苦的工作，对杂种后代进行评价和改良。

国际上早在20世纪就已开始进行苜蓿栽培、育种、抗性和草产品加工等方面的研究。在苜蓿育种方面，以转基因为代表的生物技术自诞生以来就受到人们的青睐，成为苜蓿育种的重要手段。已开展的研究包括苜蓿抗非生物胁迫如抗旱（陈善福和舒庆尧，1999；McKersie，1993；Zhang et al.，2005）、抗寒（Brouwer et al.，2000；韩利芳和张玉发，2004）、耐盐（Winicov and Bastola，1999）、耐铝（Tesfaye et al.，2001；罗小英等，2004）基因的遗传转化，抗生物胁迫如抗病（Hipskind and Pavia，2000；Dixon et al.，2001；Mizukami et al.，2000）、抗虫（Samac and Smigocki，2003；Strizhov et al.，1996；柳武革和薛庆中，2000；Thomas et al.，1994）、抗除草剂（马建岗，2001；Halluin et al.，1990；刘艳芝等，2004）基因的遗传转化，苜蓿品质改良如提高苜蓿含硫氨基酸含量（Schroeder and Khan，1991；Wandelt et al.，1992；Tabe et al.，1993；吕德扬等，2000；Avraham et al.，2005）、提高苜蓿消化率（Baucher et al.，1999；Ray et al.，2003；Sullivan et al.，2004）、提高根瘤固氮能力（Ortega et al.，2001）和作为生物反应器（Santos et al.，2002，2005；Wigdorovitz et al.，2004；Ziauddin et al.，2004）等方面，取得了一定的成绩。

臌胀病是一种反刍家畜消化系统失调的疾病，可导致牲畜肚胀，严重干扰牲畜的进一步取食，引起牲畜厌食甚至死亡。臌胀病给畜牧业，尤其给放牧养畜造成了严重的经济损失，是一个世界性问题，它阻碍了苜蓿作为优良牧草的利用，严重威胁草地畜牧业的发展。研究表明缩合单宁（condensed tannin）是抗臌胀的关键因子，它可与水溶性蛋白质结合，降低其水溶性，甚至产生沉淀，从而减少瘤胃中的泡沫。豆科牧草中苜蓿、三叶草、紫云英和沙打旺等都缺少单宁，而百脉根、红豆草等都富含单宁。

植物体细胞杂交技术即原生质体融合，是以原生质体培养为基础，人工诱导使不同亲本原生质体融合，并通过对异核体的培养产生体细胞杂种的技术。它可以克服有性杂交遇到的远缘杂交性不亲和、双亲花期不遇、雌/雄性不育等障碍；在转移抗逆性状、进行作物改良、实现远缘重组、创造新型物种方面显示出重要的应用前景，并对丰富种质、保持和促进生物多样性、保障生物安全具有重大的意义（张改娜和贾敬芬，2007）。利用该技术，国内外相继开展了培育抗臌胀病苜蓿新品种的研究，但取得的成果十分有限。因此，对紫花苜蓿及富含单宁的其他豆科牧草进行原生质体分离和培养，在此基础上开展体细胞杂交，使合成单宁的遗传基因转入紫花苜蓿，对探索改良苜蓿品质的新途径、培育抗臌胀病苜蓿新品种具有重要意义，同时为提高苜蓿在草地畜牧业中的利用价值奠定理论基础。

第二节　根茎型清水紫花苜蓿原生质体分离和培养

原生质体没有细胞壁，但同植物正常细胞一样具有全能性，是开展遗传理论研究的良好试验材料，可用于细胞起源、细胞壁的合成和再生、细胞膜的结构与功能、细胞核质关系、植物激素作用机制及病毒侵染机制等研究（孙勇如和安锡培，1991）；由于具有结构简单、发育同步性好、群体数量大、DNA 分子易进入细胞、易获得纯合性转化子的特点（于晓玲等，2009），原生质体还可作为遗传转化研究的理想受体，摄取外源 DNA、细胞器、病毒、质粒，转入特定基因，实现作物的高产、优质和抗逆等；由于离体原生质体在培养过程中的变异往往多于完整的单细胞，因此是获得单细胞无性系和选育突变体的优良起始材料；最重要的是利用原生质体融合技术，可克服有性杂交不亲和、实行细胞质基因组的重组、改良作物品质、创造新型种质。因此，植物原生质体在生物学基础理论研究、遗传转化研究、改良作物品质及育种方面有着广泛的用途。

苜蓿是豆科牧草原生质体培养研究使用最多的材料，自 Kao 等（1980）通过培养紫花苜蓿叶肉原生质体获得再生植株以来，已对黄花苜蓿（白静仁等，1994）、木本苜蓿（Mariotti et al.，1984）、蓝花苜蓿（Arcioni et al.，1982）等多种苜蓿材料，以及百脉根（李玉珠等，2010；刘明志，1996b）、红豆草（张谦和郑国锠，1994，1995）、白三叶（Ahuja et al.，1983b）、红三叶（Myers et al.，1989）、沙打旺（罗建平等，2000；罗希明等，1991）、草木樨状黄芪（*Astragalus melilotoides* Pall.）（张相岐等，1993）和多变小冠花（*Coronilla varia* Linn.）（吕德扬等，1987）等的原生质体培养相继开展了研究。但是与小麦、水稻、马铃薯等作物相比，豆科牧草原生质体分离和培养的研究偏少，还存在再生基因型有限、再生频率低、培养周期长等不足之处，有待于进一步研究。

本研究共采用了 4 份适宜我国西北地区栽种的苜蓿材料，通过对这 4 个苜蓿品种的体细胞培养、原生质体分离和培养体系进行系统研究，探索适宜不同苜蓿品种酶解的最佳条件，建立高效的原生质体培养体系，为苜蓿遗传学、生理学、育种学等方面的研究提供有效的技术平台，同时为在此基础上进行苜蓿种间体细胞杂交技术的研究奠定基础，为实现苜蓿的品质改良与种质创新提供理论依据。

一、材料和方法

（一）试验材料

4 份苜蓿品种分别为：甘农 1 号杂花苜蓿、甘农 4 号紫花苜蓿、阿尔冈金杂花苜蓿和清水紫花苜蓿。种子均由甘肃农业大学草业学院提供。

（二）培养基

1. 愈伤组织诱导培养基

基本培养基采用 MS（Murashige and Skoog，1962）固体培养基，其基本成分见表 12-1。附加 2.5%蔗糖、0.7%琼脂及各种激素，pH 为 5.8，121℃下高压灭菌 25min。

表 12-1　MS 培养基

成分	含量/（mg/L）
NH_4NO_3	1 650
KNO_3	1 900
KH_2PO_4	170
$CaCl_2 \cdot 2H_2O$	440
$MgSO_4 \cdot 7H_2O$	370
$FeSO_4 \cdot 7H_2O$	27.8
Na_2EDTA	37.3
$MnSO_4 \cdot 4H_2O$	22.3
$ZnSO_4 \cdot 7H_2O$	8.6
H_3BO_3	6.2
KI	0.83
$Na_2MoO_4 \cdot 2H_2O$	0.25
$CuSO_4 \cdot 5H_2O$	0.025
$CoCl_2 \cdot 6H_2O$	0.025
肌醇	100
甘氨酸	2
盐酸硫胺素	0.4
盐酸吡哆醇	0.5
烟酸	0.5
蔗糖	25 000
琼脂	7 000

2. 原生质体培养基

KM_8P 液体培养基（Kao and Michayluk，1975），其配方见表 12-2。附加相应的激素组合、100mg/L 水解酪蛋白、100mg/L 水解乳蛋白、1%蔗糖、0.4mol/L 甘露醇，pH5.8，经 0.22μm 微孔滤膜过滤灭菌。MS 固体培养基组分同上。

表 12-2 KM_8P 培养基

成分	含量/（mg/L）
NH_4NO_3	600
KNO_3	1 900
$CaCl_2·2H_2O$	600
$MgSO_4·7H_2O$	300
KH_2PO_4	170
KCl	300
$FeNa_2EDTA$	28
KI	0.75
H_3BO_3	3
$MnSO_4·H_2O$	10
$ZnSO_4·H_2O$	2
$Na_2MoO_4·2H_2O$	0.25
$CuSO_4·5H_2O$	0.025
$CoCl_2·6H_2O$	0.025
蔗糖	250
葡萄糖	68 400
肌醇	100
烟酸	1
盐酸硫胺素	1
盐酸吡哆醇	1
生物素	0.01
氯化胆碱	1
核黄素	0.2
抗坏血酸	2
D-泛酸钙	1
叶酸	0.4
对氨基苯甲酸	0.02
维生素 A	0.01
维生素 D_3	0.01
维生素 B_{12}	0.02
丙酮酸钠	20
柠檬酸	40
苹果酸	40
延胡索酸	40
果糖	250
核糖	250
木糖	250
甘露糖	250
鼠李糖	250
山梨醇	250
甘露醇	250
水解酪蛋白	250
纤维二糖	250

（三）试验方法

1. 外植体处理和无菌苗培养

清水紫花苜蓿为野生栽培驯化品种，种子发芽率低，硬实率高。为打破硬实，先将种子在 98% H_2SO_4 溶液中浸泡 15min，然后迅速倒入盛有大量蒸馏水的烧杯并及时搅拌，去除上清液，再加入蒸馏水冲洗种子至中性（pH=7），最后用滤纸吸干种子表面水分。将处理好的种子放入 70%乙醇中振荡 30～60s，再用 0.1% $HgCl_2$ 消毒 10min，无菌水清洗 5～8 次，洗涤过程中不断搅动种子，以清除种子表面残留的 $HgCl_2$。

选择籽粒饱满、有光泽的其他苜蓿品种种子，分别在 70%的乙醇中浸泡 5min，用无菌水洗涤 5～6 次；转入 0.1% $HgCl_2$ 中浸泡 10min，无菌水洗涤 5～8 次，备用。

将处理好的所有苜蓿种子接种于不含激素的 MS 固体培养基上，附加 2.5%蔗糖和 0.7%琼脂。以上过程均在生物安全柜中进行。

培养条件：25～28℃、光照度 1000～2000Lux、16h 光照下培养 5～10d 后可获得所需的外植体。

2. 愈伤组织的诱导和继代

在生物安全柜中，切取 4 个苜蓿品种新生无菌苗的下胚轴（约 0.5cm 长）和子叶（约 0.5mm 宽），分别接种到 MS 固体培养基上，附加 2.5%蔗糖和 0.7%琼脂。在参照前人研究的基础上（金淑梅等，2006；胡静等，2007；张静妮等，2008；张万军和王涛，2002；王珺和柳小妮，2010），采用不同的激素种类和浓度组合。甘农 1 号杂花苜蓿和甘农 4 号紫花苜蓿愈伤组织诱导采用 $L_9(3^4)$ 正交表设计试验，设置 X、Y 和 Z 因子分别为 2,4-D、NAA 和 6-BA 浓度，因子水平见表 12-3 和表 12-4。阿尔冈金杂花苜蓿在 2,4-D 浓度为 2.0mg/L 的基础上，改变 6-BA 和 NAA 的浓度，处理见表 12-5。每个处理至少设 3 次重复，每个重复接种 30 个外植体。

清水紫花苜蓿愈伤组织诱导时选用下胚轴为外植体，在 MS+0.5mg/L 2,4-D+0.5mg/L NAA+0.5mg/L KT 培养基上诱导并继代。

光照培养的条件：光照度 2000Lux，光周期 16h 光 /8h 暗，温度（25±1）℃（以下试验条件类同）。

表 12-3　甘农 1 号杂花苜蓿愈伤组织诱导培养基激素因素与水平

代号	激素	因子水平		
		1	2	3
X	2,4-D	2	3	4
Y	NAA	1.0	1.5	2.0
Z	6-BA	0	0.5	1.0

表 12-4 甘农 4 号紫花苜蓿愈伤组织诱导培养基激素因素与水平

代号	激素	因子水平		
		1	2	3
X	2,4-D	1	2	3
Y	NAA	0.5	1.0	1.5
Z	6-BA	0	0.5	1.0

表 12-5 阿尔冈金杂花苜蓿愈伤组织诱导培养基激素因素与水平

代号	激素	因子水平			
		1	2	3	4
X	2,4-D	2	2	2	2
Y	NAA	0.5	1.0	0.5	1.0
Z	6-BA	0.25	0.25	0.50	0.50

选取浅黄绿色、浅绿色的愈伤组织进行继代培养，15～20d 继代一次，继代培养 3～5 次后，选择颗粒状明显、质地紧密、浅黄绿色、疏松的愈伤组织作为苜蓿不同品种进行原生质体分离的最佳材料。

3. 原生质体的分离和纯化

将 1g 左右愈伤组织置于约 10ml 混合酶液中酶解。酶溶剂 CPW（cell and protoplast washing solution）包括 27.2mg/L KH_2PO_4、101.0mg/L KNO_3、1480.0mg/L $CaCl_2·2H_2O$、246.0mg/L $MgSO_4·7H_2O$、0.16mg/L KI、0.025mg/L $CuSO_4·5H_2O$、5.0mmol/L MES[2,(*N*-morpholino)ethane sulfonic acid]、0.55mol/L 甘露醇，pH5.8，经 0.22μm 微孔滤膜过滤灭菌。

愈伤组织于（25±1）℃黑暗条件下在速度为 30～50r/min 的摇床上振荡，分离原生质体。经过一定时间的酶解，取酶解材料分别经 100、400 目无菌尼龙网筛过滤，除去未酶解完全的组织和细胞团，滤液经 500r/min 离心 10～12min 收集原生质体。用相应的 CPW 酶溶剂悬浮，再离心，重复 1～2 次。最后用原生质体培养液洗涤 1 次。

1）酶解时间的选择

试验设置了 4h、6h、8h、10h、12h、14h、16h、18h 共 8 个酶解时间处理。4 个苜蓿品种的愈伤组织原生质体均在甘露醇浓度为 0.55mol/L 时，于 2%纤维素酶（%）+0.5%果胶酶（%）的酶液组合下进行酶解。通过测定分离出原生质体的产量和活力，确定最佳酶解时间。

2）酶液组合的选择

4 个苜蓿品种按各自优化出的最佳酶解时间进行酶解，参照前人的研究（刘明志，1996a；徐子勤等，1997；王海波和玉永雄，2006；舒文华等，1994），酶液处理共设 5 个组合，见表 12-6。通过测定分离出原生质体的产量和活力，确定适宜 4 个品种的最佳酶液组合。

表 12-6　酶液处理组合

酶液处理编号	纤维素酶/%	果胶酶/%	半纤维素酶/%	离析酶/%	崩溃酶/%
1	2	0.5			
2	2	0.5	0.3		
3	2	0.5		0.3	
4	2	0.5			0.3
5	2	0.5	0.3	0.3	0.3

3）渗透压稳定剂浓度的选择

将供试材料分别放入甘露醇浓度为 0.40mol/L、0.45mol/L、0.50mol/L、0.55mol/L、0.60mol/L、0.65mol/L、0.70mol/L、0.75mol/L、0.80mol/L 的最佳酶液组合中进行酶解，测定各处理原生质体的产量和活力，确定各品种最适的甘露醇浓度。

4）预处理措施的选择

以不进行预处理为对照，为 4 个苜蓿品种的愈伤组织分别设置了 4 种不同的预处理措施。分别是：4℃放置 24h 的预低温处理（Ⅰ）；0.55mol/L 蔗糖溶液及 0.55mol/L CPW 溶液分别浸泡 1h 的预质壁分离（Ⅱ、Ⅲ）；（25±1）℃、黑暗条件下放置 24h 的预暗培养（Ⅳ）等。

5）愈伤组织继代培养时间的选择

将 4 个苜蓿品种更换至新鲜继代培养基，分别培养 4d、6d、8d、10d、12d、14d、16d，在已确定的最佳酶解参数条件下进行分离，测定原生质体的产量和活力，确定各苜蓿品种愈伤组织继代后用于酶解的最佳培养天数。

4. 原生质体的培养和再生

将经洗涤的原生质体重新悬浮于液体培养基中，调整密度为 0.5×10^5～2.0×10^5 个/L。吸取 2～3ml 悬浮液于直径为 60mm 的培养皿中，在（25±1）℃、黑暗条件下分别进行液体浅层静置培养和固液双层培养。原生质体液体培养基采用 KM_8P 培养基，附加相应激素浓度与组合。固液培养时先在培养皿底部浅铺一层含相同激素浓度的 MS 固体培养基，再将悬浮于液体培养基中的原生质体滴于其上即可。暗培养的培养条件：光照度＜50Lux，温度（25±1）℃（以下试验条件类同）。

培养至第 7 天和第 14 天时，更换新鲜培养基，并将甘露醇浓度依次减半，定期观察原生质体的分裂情况，记录培养结果。待形成肉眼可见的小愈伤组织，将培养物转入 MS 固体培养基中，置于（25±1）℃，光周期 16h 光/8h 暗，光照度 1000～2000Lux 条件下培养，诱导分化和再生。

（四）测定指标及方法

1. 愈伤组织的出愈率

各苜蓿品种不同外植体接种到愈伤组织诱导培养基 15～20d 后，统计各处理的诱导率，并记录愈伤组织的生长状态。

愈伤组织的出愈率（%）=形成愈伤组织外植体数×100/接入未被污染的外植体愈伤组织数/接种外植体总数

2. 原生质体的产量

利用细胞计数板测定原生质体的产量。用酒精棉球轻轻擦洗计数板，用蒸馏水冲净，再用吸水纸吸干。盖玻片盖在计数室上面，将原生质体悬浮液滴在盖玻片一侧边缘，使它沿着盖玻片和计数板间的缝隙渗入计数室，直到充满计数室为止。在显微镜下观察计数，重复 4～5 次。计数时一定要保持显微镜载物台的水平，不能倾斜，逐次计算中央大方格内 25 个中方格里的细胞，然后再根据下式求出 1ml 悬浮液中的原生质体数。

1ml 悬浮液中的原生质体数=1 个大方格悬浮液（$0.1mm^3$，即 0.1μl）中的细胞数×10×1000（朱至清，2003）

3. 原生质体的活力

用荧光染料 FDA（荧光素双乙酸酯）活体染色（Widholm，1972），对原生质体活力进行鉴定。取 5mg FDA 溶于丙酮中，配制成 5mg/ml FDA 贮存液于 4℃贮存。然后按照 25μl FDA/ml 进行染色，吸取 1 滴原生质体悬浮液置于载玻片上，黑暗下静置 5min。在荧光显微镜下观察，发绿色荧光的原生质体有活力，发红色荧光无活力。随机选取 5～6 个视野统计原生质体的数量。

原生质体活力=有活力的原生质体数/原生质体总数×100%

（五）数据分析

用 SPSS16.0 统计软件对出愈率结果进行方差分析和 Duncan 多重比较，对酶解因子分别进行单因素及两因素方差分析和 Duncan 多重比较。

二、结果与分析

（一）苜蓿愈伤组织的诱导

苜蓿愈伤组织的诱导以 MS 培养基为基本培养基，经不同激素及浓度配比处理，表明 4 个苜蓿品种的愈伤组织在出愈率、状态和质量等方面存在差异，结果见表 12-7～表 12-9。

表 12-7 不同激素浓度组合下甘农 1 号杂花苜蓿愈伤组织的出愈情况

处理号	XYZ 因子水平	外植体			
		下胚轴		子叶	
		出愈率/%	质量	出愈率/%	质量
1	111	96.7±3.35	白色絮状，个别褐化	82.2±1.91	白色絮状，个别褐化
2	122	98.9±1.91	绿色	81.1±1.91	黄绿色，个别褐化
3	133	100.0±0.00	黄绿色	68.9±1.91	绿色，中等
4	212	96.7±3.35	淡绿色，疏松	91.1±1.91	淡绿色，疏松
5	223	92.2±5.14	绿色，柔软	85.5±1.91	绿色，疏松
6	231	90.0±3.35	白色絮状	96.7±0.00	白色絮状，疏松
7	313	95.6±1.96	白色，个别褐化	77.8±1.91	白色，淡绿色，个别褐化
8	321	98.9±1.91	白色，个别褐化	74.4±1.96	白色，个别褐化
9	332	94.4±1.96	绿色，个别褐化	78.9±1.91	淡黄色，个别褐化

表 12-8 不同激素浓度与组合下甘农 4 号紫花苜蓿愈伤组织的出愈情况

处理号	XYZ 因子水平	外植体			
		下胚轴		子叶	
		出愈率/%	状态	出愈率/%	状态
1	111	96.5±3.07	黄色	94.8±5.25	绿色，水渍化
2	122	98.0±1.70	黄色	90.7±3.28	黄绿色，个别褐化
3	133	97.6±2.21	黄绿色，疏松	87.5±1.35	绿色
4	212	96.3±3.21	黄色	86.9±3.39	黄色
5	223	98.4±2.77	淡绿色	84.5±5.11	绿色，疏松
6	231	100.0±0.00	黄色，个别褐化	88.8±1.75	黄色，疏松，有的褐化
7	313	100.0±0.00	绿色	86.8±3.25	黄绿色，个别褐化
8	321	98.6±2.48	黄色	97.3±2.40	黄绿色，疏松
9	332	95.0±8.66	绿色，疏松	90.4±3.38	黄绿色，个别褐化

表 12-9 不同激素浓度与配比下阿尔冈金杂花苜蓿愈伤组织的出愈情况

处理号	外植体			
	下胚轴		子叶	
	出愈率/%	状态	出愈率/%	状态
1	100.0±0.00 cC	淡黄色，柔软	94.4±1.13b BC	淡白色，柔软水渍
2	81.1±1.10 aA	淡绿，颗粒状	88.9±1.13 aA	淡绿，较大
3	100.0±0.00 cC	淡绿，疏松，较大	90.0±0.00 aAB	黄绿，疏松
4	93.3±1.93 bB	淡绿，疏松	95.6±1.13 bC	淡绿，颗粒状

注：同列不同小写字母表示差异显著（P<0.05）；不同大写字母表示差异极显著（P<0.01）；下同

由表 12-7 可知，甘农 1 号杂花苜蓿外植体接种于含 2,4-D、NAA 和 6-BA 3 种激素不同浓度组合的培养基后，8d 左右下胚轴逐渐膨大，形成愈伤组织，15d 左右子叶开始卷曲变厚，形成的愈伤组织较大、较绿。培养 15～20d 发现，下胚轴的出愈率显著高于子叶（$P<0.01$），前者平均出愈率为 95.9%，后者为 81.8%。3 号处理下下胚轴的出愈率最高，可达 100%，6 号处理下子叶出愈率最高，为 96.7%。

甘农 1 号杂花苜蓿出愈率正交试验方差分析的 F 检测表明，2,4-D 浓度对甘农 1 号杂花苜蓿下胚轴愈伤组织出愈率有极显著影响（$P<0.01$），NAA 和 6-BA 的作用均不显著。就子叶而言，3 种激素对愈伤组织出愈率均有极显著影响（$P<0.01$）。根据多重比较结果，确定适宜 2 种不同外植体的最佳激素组合分别是：下胚轴为 X1Y2Z3，即 2.0mg/L 2,4-D+1.5mg/L NAA+1mg/L 6-BA；子叶为 X2Y1Z2，即 4 号处理。在这两个激素浓度和配比下分别对 2 种外植体进行愈伤组织诱导试验，结果显示出愈率相对正交试验的 9 个处理均有所提高，然而出愈状态一般。对于愈伤组织的诱导，出愈率仅是一个数量指标，要获得高品质愈伤组织，出愈状态是更为重要的质量参考因素。因此，综合考虑愈伤组织的状态和出愈率得出，4 号处理为适于 2 种外植体愈伤组织诱导的最佳激素浓度和配比。

综上所述，适宜甘农 1 号杂花苜蓿愈伤组织诱导的最佳外植体为下胚轴，最佳激素浓度和配比为 3.0mg/L 2,4-D+1.0mg/L NAA+0.5mg/L 6-BA。

由表 12-8 可知，甘农 4 号紫花苜蓿下胚轴接种于诱导培养基后，6d 左右开始膨大，子叶则在第 14 天逐步膨大，形成的愈伤组织颜色更绿。培养 15～20d，下胚轴的出愈率显著高于子叶（$P<0.01$），下胚轴平均出愈率为 97.8%，子叶为 89.8%。6 号和 7 号处理下下胚轴的出愈率最高，可达 100%，8 号处理下子叶出愈率最高，为 97.3%。

甘农 4 号紫花苜蓿出愈率正交试验方差分析的 F 检测结果表明，3 种激素对甘农 4 号紫花苜蓿下胚轴愈伤组织出愈率均无显著影响。2,4-D 浓度对子叶愈伤组织出愈率有显著影响（$P<0.05$），NAA 和 6-BA 的作用均不显著。根据多重比较结果，确定适宜 2 种不同外植体的最佳激素组合分别是：下胚轴为 X2Y2Z2，即 2.0mg/L 2,4-D+1.0mg/L NAA+0.5mg/L 6-BA；子叶为 X3Y2Z3，即 3.0mg/L 2,4-D+1.0mg/L NAA+1.0mg/L 6-BA。在这两个激素浓度和配比下对 2 种外植体进行的愈伤诱导试验表明，下胚轴出愈率相对正交试验的 9 个处理均有所提高，愈伤组织呈淡黄绿色，膨大明显，子叶出愈率随之有所提高，但愈伤组织个别有水渍化。因此，综合考虑试验结果得出，最适于下胚轴愈伤组织诱导的激素浓度和组合为 2.0mg/L 2,4-D+1.0mg/L NAA+0.5mg/L 6-BA；最适于子叶愈伤组织诱导的激素浓度与组合为 8 号处理：3.0mg/L 2,4-D+1.0mg/L NAA。

综上所述，适宜甘农 4 号紫花苜蓿愈伤组织诱导的最佳外植体为下胚轴，最佳激素浓度和配比为 2.0mg/L 2,4-D+1.0mg/L NAA+0.5mg/L 6-BA。

由表 12-9 可知，阿尔冈金杂花苜蓿下胚轴接种到培养基后第 5 天开始膨大，颜色为淡绿或淡黄色，第 14 天子叶开始萌动，形成的愈伤组织呈黄绿色。下胚轴平均出愈率为 93.6%，子叶为 92.2%，差异不显著。1 号和 3 号处理下，阿尔冈金杂花苜蓿下胚轴出愈率可达 100%，4 号处理下子叶出愈率最高。结合愈伤组织的状态，确定适宜 2 种外植体愈伤组织诱导的最佳激素组合均为 3 号组合，即 2.0mg/L 2,4-D+0.5mg/L NAA+0.5mg/L 6-BA。

（二）酶解时间对不同苜蓿品种原生质体分离效果的影响

确定适宜的酶解时间是分离高质量原生质体的前提。4 个苜蓿品种酶解 4～16h 后，原生质体的产量和活力见图 12-1 和图 12-2。

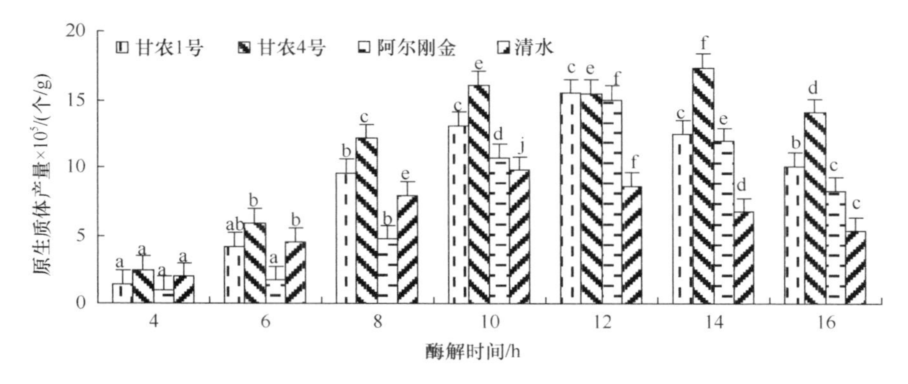

图 12-1　不同酶解时间处理下 4 个苜蓿品种原生质体的产量

图中不同小写字母表示 4 个品种各处理间的差异显著（$P<0.05$）；下同

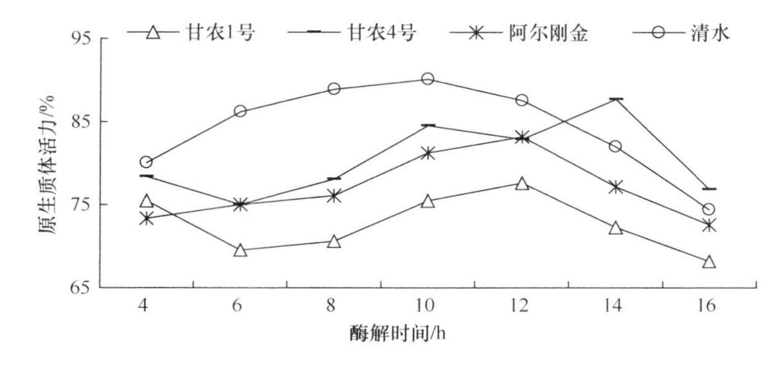

图 12-2　不同酶解时间处理下 4 个苜蓿品种原生质体的活力

酶解 4～6h，4 个品种原生质体产量均较低，平均为 0.59×10^6 个/g，这是因为酶解时间短，游离出的单个原生质体偏少，镜检时可见存在许多未酶解充分的大细胞团。酶解 8～14h，4 个品种原生质体的产量和活力较高。酶解 10h 时，4 个苜蓿品种的平均活力最大（82.9%）。酶解 12h 时，4 个品种的平均产量最高（1.22×10^6 个/g）。酶解时间大于 14h，4 个品种原生质体的产量和活力明显下降。

品种间原生质体的产量和活力差异均极显著（P<0.01）。甘农 4 号紫花苜蓿的平均产量最高（1.20×10^6 个/g），清水紫花苜蓿的平均活力最大（84.2%）。品种与处理间的交互作用极显著（P<0.01）。

甘农 1 号杂花苜蓿原生质体的产量和活力在酶解 12h 达最高值，为 1.56×10^6 个/g、77.6%，与酶解 10h 与 14h 相比，活力值差异显著（P<0.05）。甘农 4 号紫花苜蓿的最佳酶解时间出现在 14h，此时产量和活力均达峰值，为 1.74×10^6 个/g、87.7%。阿尔冈金杂花苜蓿原生质体的产量和活力在酶解 12h 均达最高值，为 1.51×10^6 个/g、83.2%。清水紫花苜蓿原生质体在酶解 10h 产量和活力最高，为 0.98×10^6 个/g、90.2%，酶解时间大于 10h，产量和活力逐渐下降。

因此，适宜 4 个品种的酶解时间分别是：甘农 1 号杂花苜蓿为 12h，甘农 4 号紫花苜蓿为 14h，阿尔冈金杂花苜蓿为 12h，清水紫花苜蓿为 10h。

（三）酶液组合对不同苜蓿品种原生质体分离效果的影响

采用适宜的酶种类及浓度组合是获得高质量原生质体的保障。不同酶液组合对苜蓿原生质体分离效果的影响见图 12-3 和图 12-4。

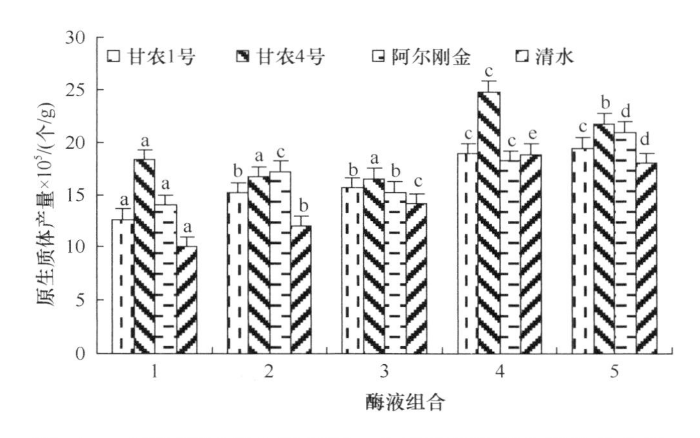

图 12-3　不同酶液组合处理下 4 个苜蓿品种原生质体的产量

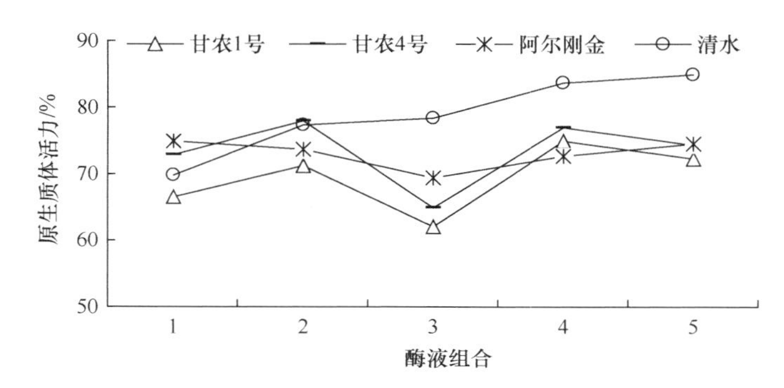

图 12-4　不同酶液组合处理下 4 个苜蓿品种原生质体的活力

如图 12-3 和图 12-4 所示，1 号处理下，4 个品种的平均产量最低（1.37×10^6 个/g）。3 号处理下，4 个品种的平均活力最低（68.7%），说明 0.3%离析酶的添加对已脱壁的原生质体有一定程度的毒害作用，不利于后期的培养与再生。4 号处理下，4 个品种的平均产量和活力均达最大值。不同品种间原生质体产量的差异均极显著（$P<0.01$），甘农 4 号紫花苜蓿的平均产量最高（1.96×10^6 个/g），清水紫花苜蓿的平均活力最大（78.8%，$P<0.01$）。品种与酶液组合间的交互作用显著（$P<0.05$）。

甘农 1 号杂花苜蓿原生质体最高产量出现在 5 号处理（1.94×10^6 个/g，与 4 号处理相比无明显差异），最高活力出现在 4 号处理（74.8%，与 5 号处理相比无显著差异），考虑到酶制剂的成本，4 号处理更为经济。甘农 4 号紫花苜蓿和清水紫花苜蓿的最高产量均出现在 4 号处理，分别为 2.48×10^6 个/g 和 1.89×10^6 个/g，与其他处理差异极显著（$P<0.01$），活力分别为 77.0%和 78.8%。阿尔冈金杂花苜蓿原生质体的最高产量和活力均出现在 5 号处理（2.09×10^6 个/g，72.6%），说明 0.3%水平的半纤维素酶和离析酶的添加有助于其原生质体的游离。

因此，适宜 4 个品种原生质体分离的最佳酶液组合分别是：甘农 1 号杂花苜蓿、甘农 4 号紫花苜蓿和清水紫花苜蓿为 4 号酶液组合，阿尔冈金杂花苜蓿为 5 号酶液组合。

（四）渗透压稳定剂浓度对不同苜蓿品种原生质体分离效果的影响

分离原生质体时，添加适宜浓度的渗透压稳定剂对原生质体的产出和稳定具有重要意义。本研究中，不同浓度的甘露醇对苜蓿原生质体分离的影响见图 12-5 和图 12-6。

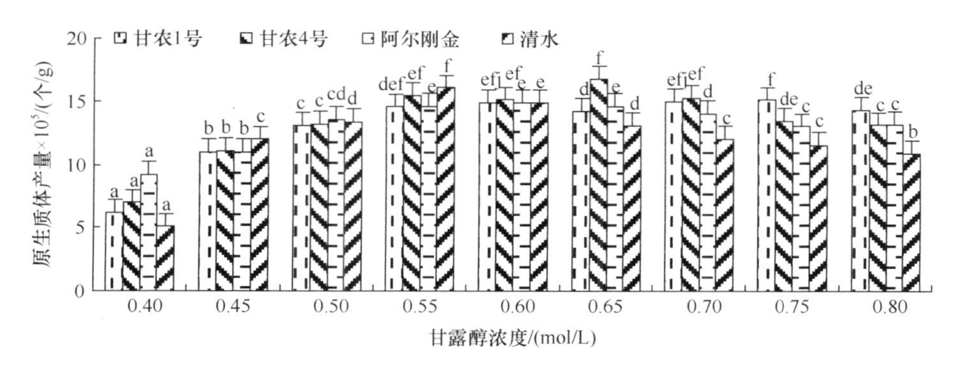

图 12-5　不同甘露醇浓度处理下 4 个苜蓿品种原生质体的产量

如图 12-5 和图 12-6 所示，随着甘露醇浓度的增加，4 个品种原生质体产量均呈先增加后降低的趋势。甘露醇浓度为 0.55mol/L 时，4 个品种原生质体平均产量最高（1.52×10^6 个/g）。浓度为 0.6mol/L 时，4 个品种原生质体平均

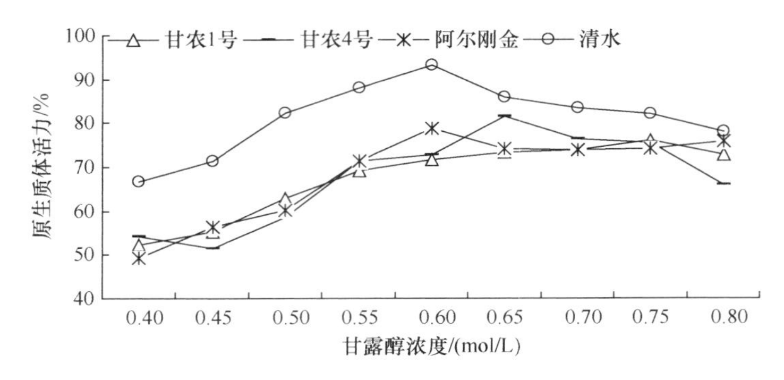

图 12-6 不同甘露醇浓度处理下对 4 个苜蓿品种原生质体的活力

活力最大（79.0%）。甘农 4 号紫花苜蓿的平均产量高于其他品种（1.34×10^6 个/g，$P<0.05$），清水紫花苜蓿的平均活力最高（81.2%，$P<0.01$）。苜蓿品种与甘露醇浓度之间的交互作用极显著（$P<0.01$）。

甘农 1 号杂花苜蓿、甘农 4 号紫花苜蓿和阿尔冈金杂花苜蓿原生质体的产量和活力在甘露醇浓度分别为 0.75mol/L、0.65mol/L 和 0.60mol/L 时均达最高值。甘露醇浓度为 0.55mol/L 时，清水紫花苜蓿的产量最高，为 1.61×10^6 个/g，0.60mol/L 时，活力最大，达 93.1%，与其他处理相比，差异均极显著（$P<0.01$）。

因此，适于 4 个苜蓿品种原生质体分离的最佳甘露醇浓度分别是：甘农 1 号杂花苜蓿为 0.75mol/L，甘农 4 号紫花苜蓿为 0.65mol/L，阿尔冈金杂花苜蓿为 0.60mol/L，清水紫花苜蓿为 0.55～0.60mol/L。

（五）预处理条件对不同苜蓿品种原生质体分离效果的影响

酶解前对材料进行预处理，可改变细胞和细胞壁的生理状态，减少原生质体损失。本研究中，不同的预处理措施对苜蓿酶解效果的影响见表 12-10 和表 12-11。

表 12-10 不同预处理条件下 4 个苜蓿品种原生质体的产量

预处理条件	原生质体产量×10⁶/（个/g）			
	甘农 1 号杂花苜蓿 *M. varia* Martin. cv. Gannong No.1	甘农 4 号紫花苜蓿 *M. sativa* L. cv. Gannong No.4	阿尔冈金杂花苜蓿 *M. varia* Martin. cv. Algonquin	清水紫花苜蓿 *M. sativa* L. cv. Qingshui
CK	1.33±0.26 Aa	1.46±0.44 aA	1.39±0.19 aA	1.02±0.20 aA
Ⅰ低温	1.39±0.19 Bab	1.59±0.26 bC	1.50±0.19 bB	1.42±0.33 cC
Ⅱ蔗糖	1.45±0.42 cC	1.50±0.19 aAB	1.55±0.35 cC	1.42±0.26 cC
ⅢCPW	1.43±0.30 bcBC	1.55±0.53 bBC	1.61±0.26 dD	1.45±0.11 cC
Ⅳ黑暗	1.33±0.26 aA	1.47±0.26 aA	1.39±0.19 aA	1.32±0.24 bB

表 12-11　不同预处理条件下 4 个苜蓿品种原生质体的活力

预处理条件	原生质体活力/%			
	甘农 1 号杂花苜蓿 *M. varia* Martin. cv. Gannong No.1	甘农 4 号紫花苜蓿 *M. sativa* L. cv. Gannong No.4	阿尔冈金杂花苜蓿 *M. varia* Martin. cv. Algonquin	清水紫花苜蓿 *M. sativa* L. cv. Qingshui
CK	64.4±1.52 aA	67.8±2.28 aA	57.4±1.52 aA	82.1±1.65 bA
Ⅰ低温	65.7±2.13 aAB	73.4±1.67 bB	67.6±3.65 bB	81.6±0.44 bB
Ⅱ蔗糖	70.0±3.81 bBC	75.4±2.19 bB	71.6±2.51 bcBC	84.6±3.17 bcBC
ⅢCPW	71.6±2.40 bC	74.0±1.58 bB	74.4±1.52 cC	87.3±1.33 cC
Ⅳ黑暗	65.0±1.87 aA	69.6±1.52 aA	61.2±3.42 aA	74.0±1.61 aA

如上所示，Ⅱ号和Ⅲ号预处理措施均可增加 4 个品种原生质体的产量和活力。Ⅲ号处理下，4 个品种的平均产量和活力均达最大值，分别比对照提高了 17.5%和 13.1%。Ⅳ号处理下，原生质体的平均活力低于对照，但差异不显著。不同品种间原生质体产量的差异均极显著（$P<0.01$），甘农 4 号紫花苜蓿的平均产量最高（1.51×10^6 个/g），清水紫花苜蓿的平均活力最大（81.9%，$P<0.01$）。品种与预处理措施间的交互作用极显著（$P<0.01$）。

甘农 1 号杂花苜蓿在Ⅱ号处理下产量最高，Ⅲ号处理下活力最大，说明 2 种预质壁分离措施均有利于原生质体的产出。Ⅳ号处理下，甘农 1 号杂花苜蓿原生质体的产量不变，活力仅提高 0.9%，说明暗培养对原生质体分离的促进作用不大。甘农 4 号紫花苜蓿原生质体产量在Ⅰ号处理下最高，Ⅱ号处理下活力最大。阿尔冈金杂花苜蓿和清水紫花苜蓿的产量和活力在Ⅲ号处理下均最大，产量和活力分别比对照提高 15.8%，29.6%和 42.2%，18.0%，说明二者原生质体在酶解前置于 0.55mol/L CPW 溶液中处理 1h 可显著增强它们的分离效果。

综合考虑，适宜 4 个不同品种酶解的最佳预处理措施分别为：甘农 1 号杂花苜蓿为于 0.55mol/L 蔗糖或 CPW 溶液中处理 1h，甘农 4 号紫花苜蓿为预低温处理 1h 或于 0.55mol/L 蔗糖溶液中处理 1h，阿尔冈金杂花苜蓿和清水紫花苜蓿均为于 0.55mol/L CPW 溶液中处理 1h。

（六）继代培养时间对不同苜蓿品种原生质体分离效果的影响

外植体状态的优劣是决定原生质体培养和再生能否成功的关键。本研究中，不同继代天数对苜蓿品种原生质体分离质量的影响见图 12-7 和图 12-8。

如图 12-7 和图 12-8 所示，随着继代天数的增加，4 个品种原生质体的产量均呈先增大后降低的趋势。继代第 12 天，平均产量和活力均达最大值（1.79×10^6 个/g，86.9%），此时愈伤组织外观饱满、质地疏松、颜色鲜艳。继代时间超过 16d，愈伤组织边缘呈干燥状态，褐化组织出现，影响酶解质量。不同品种间原生质体的活力差异极显著（$P<0.01$），甘农 1 号杂花苜蓿平均活力最大（86.6%）。与其

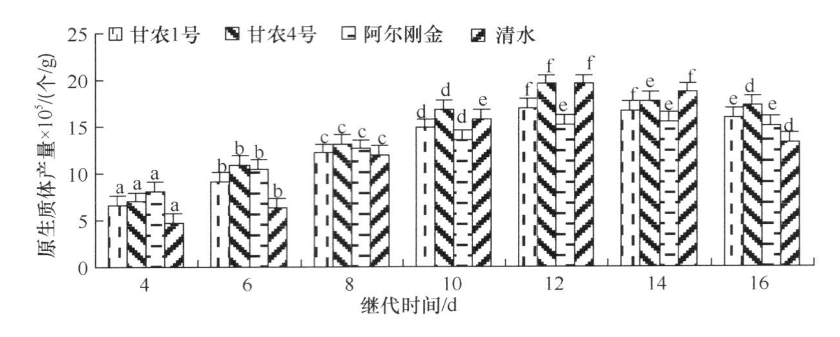

图 12-7 不同愈伤组织继代时间处理下 4 个苜蓿品种原生质的产量

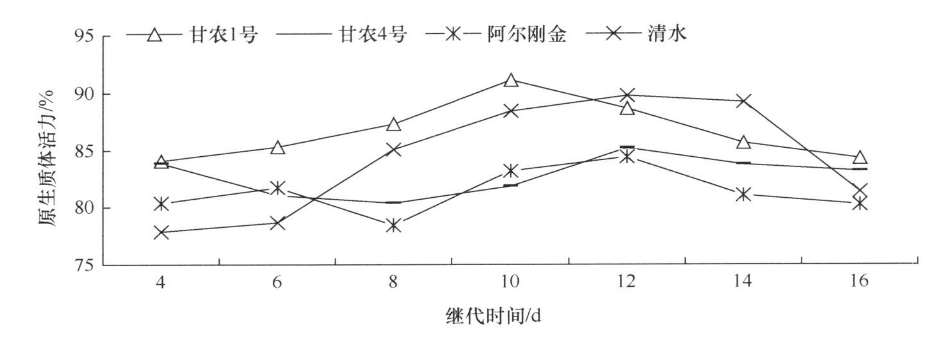

图 12-8 不同愈伤组织继代时间下 4 个苜蓿品种原生质的活力

他品种相比，甘农 4 号紫花苜蓿的平均产量最高（1.46×10^6 个/g，$P<0.01$）。苜蓿品种与继代时间之间的交互作用极显著（$P<0.01$）。

甘农 1 号杂花苜蓿愈伤组织继代第 12 天时，原生质体产量达最大值（1.70×10^6 个/g），此时活力值也较高，为 88.7%。继代第 12 天，甘农 4 号紫花苜蓿和清水紫花苜蓿原生质体产量和活力均达最大值，分别为 1.95×10^6 个/g，85.2%和 1.95×10^6 个/g，89.7%。继代第 12 天，阿尔冈金杂花苜蓿原生质体的活力达最大值（84.2%），此时的产量也较大，为 1.52×10^6 个/g。

因此，适宜 4 个苜蓿品种原生质体酶解的愈伤组织的最佳继代时间均是 12 天。

（七）不同培养方法对苜蓿品种原生质体培养效果的影响

采用 4 个苜蓿品种原生质体最佳的分离条件，均可获得产量高、活力强的原生质体（图 12-9A，图 12-9B）。在此基础上利用液体浅层培养法和固液培养法进行原生质体的培养，结果表明，不同培养方法对原生质体培养效果的影响不同。培养第 2～3 天，在倒置显微镜下可观察到 4 个苜蓿品种原生质体再生细胞的第一次、第二次和多次分裂（图 12-9C～图 12-9E）。第 4～7 天，可观察到几十个至上百个再生的细胞团（图 12-9F）。采用固液双层培养时，原生质体形成大量细胞团的平均时间为 4d，采用液体培养基平均为 5d，通过更换甘露醇浓度依次减半的新鲜培养基，均可见再生细胞的持续分裂。培养 7～14d，原生质体持续分裂可形成肉眼可见的乳白色微愈伤组织（图 12-9G），转入固体培养基培养 15～30d，愈伤组织由白色逐渐变为淡黄绿色（图 12-9H）。经过 3～5 次继代，最终可获得 4 个苜蓿品种原生质体再生的愈伤组织（图 12-9I～图 12-9L）。

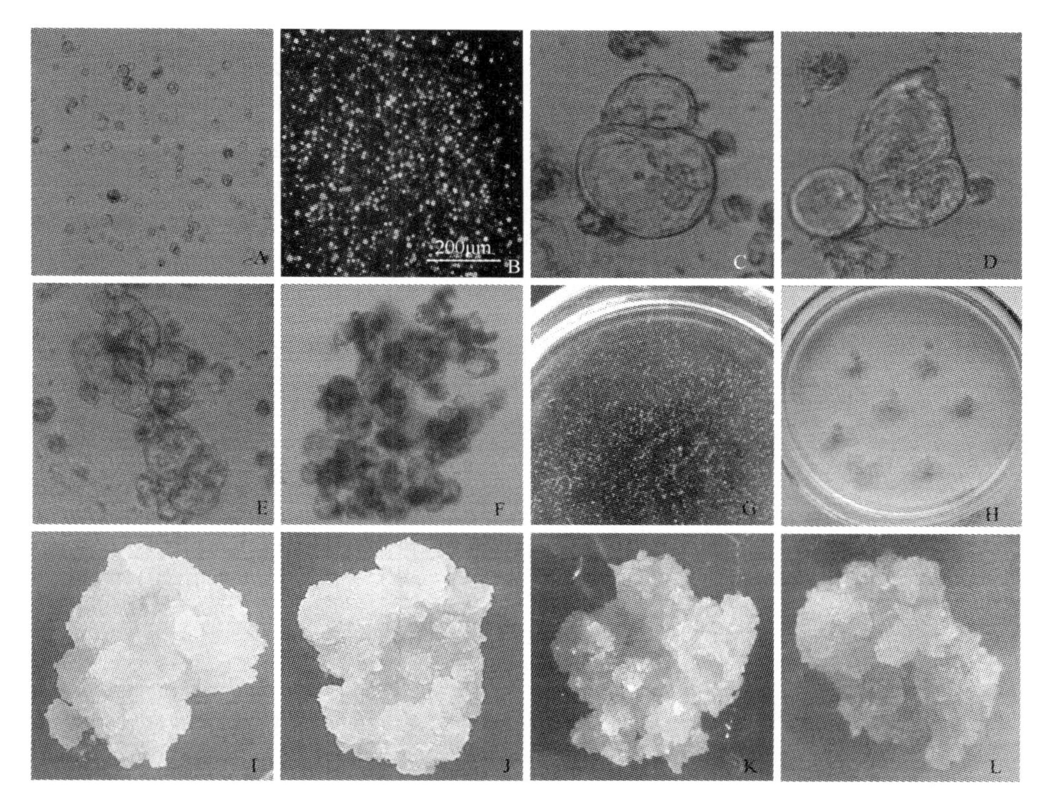

图 12-9　不同苜蓿品种原生质体的分离和培养（彩图请扫封底二维码）

A. 甘农 4 号紫花苜蓿愈伤组织分离的原生质体；B. 清水紫花苜蓿原生质体活力的检测；C. 苜蓿原生质体再生细胞的第一次分裂（×100）；D. 苜蓿原生质体再生细胞的第二次分裂（×100）；E. 苜蓿原生质体再生细胞的多次分裂（×40）；F. 苜蓿原生质体再生的细胞团（×40）；G. 苜蓿原生质体再生的微愈伤组织；H. 苜蓿原生质体再生的淡黄绿色愈伤组织；I. 甘农 1 号杂花苜蓿原生质体再生的愈伤组织；J. 甘农 4 号紫花苜蓿原生质体再生的愈伤组织；K. 阿尔冈金杂花苜蓿原生质体再生的愈伤组织；L. 清水紫花苜蓿原生质体再生的愈伤组织

三、讨论

（一）苜蓿愈伤组织的诱导

国内外有关苜蓿组织培养的研究报道较多，但大多数苜蓿品种存在再生能力对基因型的依赖性强及培养程序重复性差的缺点（Shao et al.，2000）。此外，植株不同器官和部位的生理状态和再生功能也存在明显差别，选择不同的外植体将导致培养材料愈伤组织及体细胞胚形成和发育能力的差异（Margareta，1987）。本研究通过抓住主要因素，细化试验方案，采用正交设计的方法，优化了激素浓度与组合的筛选步骤（陆美莲等，2004；王兴仁等，2000），并借助于 SPSS 软件，进一步分析了各种激素在苜蓿组织培养中的作用。

本研究中 3 个苜蓿品种在同一培养基中下胚轴的出愈时间均早于子叶，前者平均为 6d，后者为 14d。2 种外植体对不同品种出愈率的影响也不同。甘农 1 号杂花苜蓿和甘农 4 号紫花苜蓿的下胚轴比子叶具有更高的诱导效率，阿尔冈金杂花苜蓿采用下胚轴和子叶诱导愈伤组织时，其出愈率差异不显著。在后期的继代培养中，3 个品种不同外植体形成的愈伤组织在最适的培养基上都能发育成质地良好、分裂旺盛的胚性愈伤组织，子叶形成的愈伤组织在外观上比下胚轴形成的愈伤组织更为鲜绿。

张静妮等（2008）的研究表明，紫花苜蓿愈伤组织的出愈率和再生能力高于杂花苜蓿，甘农 1 号杂花苜蓿诱导率为 65.6%，随着 2,4-D 浓度的增加杂花苜蓿的出愈率明显升高，对紫花苜蓿则无明显影响。本试验利用正交设计，仅用 9 个处理确定了影响甘农 1 号杂花苜蓿和甘农 4 号紫花苜蓿出愈率的主要因子，并筛选出最佳激素浓度与组合，其中甘农 1 号的最高诱导率可达 100%，不仅提高了工作效率，还降低了实验设计的随机性和试验成本。

植物组织培养中，外源生长素和细胞分裂素是细胞离体培养所必需的激素，合适的浓度及两者之间的适宜配比不但可诱导细胞分裂和生长，而且可控制细胞分化和形态建成（葛军等，2004）。本试验中所用的生长素是 2,4-D 和 NAA，细胞分裂素是 6-BA。结果表明，2,4-D 浓度是甘农 1 号杂花苜蓿下胚轴和子叶及甘农 4 号紫花苜蓿子叶出愈率的显著影响因子，甘农 1 号杂花苜蓿下胚轴最适的 2,4-D 浓度高于甘农 4 号紫花苜蓿和阿尔冈金杂花苜蓿。就愈伤组织状态而言，试验中出现了具不同外观的愈伤组织类型，其中甘农 1 号杂花苜蓿为淡绿色，甘农 4 号紫花苜蓿为淡黄绿色，阿尔冈金杂花苜蓿胚性愈伤组织多呈黄绿色，通过继代培养均可调整为质地较致密、生长迅速的胚性愈伤组织。试验证明，用这类愈伤组织可分离出高质量的原生质体。

（二）不同基因型苜蓿材料对原生质体分离和培养效果的影响

原生质体的分离质量和再生能力均受酶解起始材料的基因型影响。陈爱萍等（2008）以普通红豆草愈伤组织为材料，原生质体的最高产量为 6.85×10^6 个/g。贺辉等（2008）对白花草木樨愈伤组织进行酶解，原生质体产量最高达 18.9×10^6 个/g，活力为 62.5%。本试验系统研究了各酶解因子对苜蓿原生质体分离质量的影响，4 个苜蓿品种中，甘农 4 号紫花苜蓿的产量总是最高的，可达 2.48×10^6 个/g，清水紫花苜蓿的活力总是最大的，可达 93.1%。

袁华玲（2008）在开展马铃薯二倍体材料 ED12、CE171 和 HS66 及双单倍体材料 DH401 和 DH405 的原生质体分离培养研究时发现，ED12 和 DH401 可获得再生植株，CE171 和 HS66 仅获得小愈伤组织，而 DH405 原生质体不分裂。Kyozuka 等（1988）在研究籼稻（*O. sativa* subsp. *indica*）、粳稻（*O. sativa* subsp. *japonica*）野生稻（*O. minuta*）的原生质体再生能力时发现，不同基因型，甚至同一品种的不同个体之间也表现出差异。对豆科牧草原生质体培养时发现，有的基因型材料成功获得了再生植株，有的获得了再生愈伤组织，但不能再生植株，还有一些材料的原生质体不能持续分裂，失去再生能力。本研究的 4 个苜蓿材料在原生质体分离和培养初期具有旺盛的生长趋势，细胞分裂时间早，再生愈伤组织的时间短，在进一步的分化培养基上诱导再生时，虽然愈伤组织由黄绿色向深绿色转变，质地由疏松逐渐变成较大致密的颗粒状，但始终未能分化出苗。这可能是因为由原生质体再生的愈伤组织在某些生理特性方面，如再生能力上出现改变。

（三）供体材料状态对苜蓿原生质体分离和培养效果的影响

人们已认识到，供体的生理状态对原生质体分离和培养的成功很重要。取材时间不同，原生质体分离和培养的效果存在差异。只有具备较高细胞分裂、分化和形态建成潜力的供体材料才能提供高质量的原生质体及其再生植株（丁爱萍等，1994）。就愈伤组织而言，其继代时间和继代次数不同会影响其质量，从而影响原生质体的产量和活力。王海波和玉永雄（2006）以 XN-1 型紫花苜蓿愈伤组织为材料，发现第 2 次继代的为最好的游离材料，获得的原生质体最高产量达 3.86×10^6 个/g。赵小强（2009）将草地早熟禾品种橄榄球 2 号成熟种子诱导的愈伤组织每 15～20d 继代 1 次，继代 10～12 次后，选取更换到新鲜培养基 8～12d 的胚性愈伤组织，可获得产量和活力较高的原生质体。本试验中 4 个苜蓿品种的愈伤组织分别在附加相应激素组合的 MS 基本培养基中经过一段时间的继代调整，最终成为稳定的细胞系，挑选更换到新鲜培养基第 12 天时的外观呈淡黄色或绿色、质地疏松的愈伤组织进行酶解，均可获得高质量的原生质体。

此外有研究指出，愈伤组织经长期继代培养，会使植物细胞产生生理代谢的变化，引起组织衰老，再生能力降低（Oliveira and Pais，1992）。马晖玲等（1998）发现继代培养 75 代以后的美味猕猴桃（*Acitinidia deliciosa* C. F.liang et A. R. Ferguson）子叶愈伤组织 A16N1 和 30 代以后的毛花猕猴桃（*A. chinensis* Planch.）子叶愈伤组织 E1 分离的原生质体均已丧失了分裂及再生的能力。笔者在研究阿尔冈金杂花苜蓿愈伤组织酶解条件时也发现，继代超过 18 个月的愈伤组织在外观上与继代时间较短的愈伤组织差别不大，但是用它分离出的原生质体的产量和活力均低于继代 12 个月之内愈伤组织的，在后期的培养中，发生分裂的细胞数量少，因起始培养密度过低而难以再生。

为调节酶解材料的状态，在原生质体游离之前，对供体进行预处理，有利于原生质体的游离。常用的预处理方法有黑暗处理、低温处理、不同光质照射和 CPW-13（0.7mol/L）甘露醇处理等。例如，在 15～25 ℃室温和自然光照下培养的甘蓝无菌苗下胚轴游离原生质体，产量为 1×10^6 个/g，而经 4℃低温处理的无菌苗，原生质体的产量可增加 1 倍（李贤和钟仲贤，1996）。对沙打旺原生质体培养时发现，适当时间的 4 ℃低温处理可显著促进原生质体的克隆和胚胎发生（罗建平，2000）。本研究中采用的 4 种预处理措施均不同程度增大了甘农 4 号紫花苜蓿原生质体的产量和活力，其中酶解前将愈伤组织在 0.55mol/L CPW 溶液中处理 1h 的预质壁分离措施效果最为明显，可显著增加 4 个苜蓿品种原生质体的产量和活力，最有利于原生质的产出和稳定。这是由于预质壁分离措施可使细胞壁内的原生质部分收缩，细胞膜结构改变，从而避免酶解时所造成的损伤，促进酶解时细胞壁在小面积破损条件下释放原生质体，从而增加原生质体产量。

（四）酶解时间和酶液组合对苜蓿原生质体分离和培养效果的影响

酶成分是原生质体游离的关键所在，不同植物材料因其细胞壁成分和结构不同，所用酶的种类、浓度和处理时间均有差异（白静仁等，1994）。就酶解时间而言，愈伤组织和悬浮细胞系较子叶和叶片等幼嫩植物组织所需的时间长，前者一般需几到十几小时，后者通常在 10h 内。一般认为，纤维素酶可消化细胞壁纤维素，果胶酶的作用主要是降解中胶柱，它们是分离植物原生质体所必需的两种酶（孙敬三和朱至清，2006）。因此，本研究将这 2 种酶作为各酶液处理组合的基本组分，将它们的浓度分别定为 2%和 0.5%，在此基础上分别添加 0.3%浓度的半纤维素酶、离析酶和果胶酶，通过 4～18h 的酶解，以期找到各品种最佳的酶液组合，使苜蓿愈伤组织中的原生质体最大量地释放出来。

王海波和玉永雄（2006）以 XN-1 型紫花苜蓿愈伤组织为材料研究原生质体最佳游离条件时发现，最佳酶液组合和酶解时间分别为 2.0%纤维素酶+0.5%果胶酶和 8h。陈爱萍等（2008）以普通红豆草愈伤组织为材料分离原生质体时发现，1.0%纤维素酶+0.8%果胶酶+0.5%离析酶的组合解离 6h，可获得大量有活力的原生质体。贺辉等（2008）将白花草木樨嫩叶愈伤组织在 2.0%纤维素酶+0.3%果胶酶+1.0%离析酶中酶解 15h，原生质体产量最高，可达 18.9×10^6 个/g，活力为 62.5%。本研究证明，将 4 个苜蓿品种愈伤组织酶解 10～14h，原生质体可分别获得最理想的分离质量。酶解时间小于 6h，产量偏低，镜检时仍可见许多未酶解充分的大细胞团。酶解时间超过 14h，原生质体的产量和活力明显下降，破裂原生质体增多。添加 0.3%水平的崩溃酶对 4 个苜蓿品种产量的提高效果比同浓度的半纤维素酶和离析酶好。这可能是因为崩溃酶同时具有纤维素酶、果胶酶、地衣多糖酶和木聚糖酶等几种酶的活性，对分离培养细胞原生质体特别有用（刘庆昌和吴国良，2010）。此外，离析酶对 4 个苜蓿品种原生质体的存活有一定程度的抑制作用，活力平均值最低，为 68.7%，不宜单独添加。

（五）渗透压稳定剂对苜蓿原生质体分离和培养效果的影响

用于分离和纯化原生质体的酶解液及纯化溶液中的渗透压对原生质体的产出和稳定具有重要意义，浓度过高会使原生质体皱缩，过低会使原生质体胀裂（Taras et al.，2002）。因此，分离原生质体时，常加入一定浓度的渗透压稳定剂，如甘露醇、葡萄糖、蔗糖或山梨醇等来调节酶液的渗透压。豆科牧草最常用的渗透压稳定剂是甘露醇，浓度为 0.35～0.8mol/L。此外，酶液中加入适量的聚乙烯基吡咯烷酮（poly vinyl pyrrolidone，PVP）或 MES 能稳定酶解过程中 pH 的变化，加入适量的 $CaCl_2$ 具有保护质膜的作用，这些措施对分离原生质体较为有利（孙敬三和朱至清，2006）。

本试验酶液中加入了适量 MES 和 $CaCl_2$，以保护质膜和稳定酶解过程的 pH。4 个苜蓿品种原生质体在甘露醇浓度为 0.55～0.75mol/L 时产量和活力分别达最大值，获得的原生质体呈圆球形或椭圆形，边缘清晰，碎片少，用 FDA 检测时发出明亮绿色荧光，高于或低于这一浓度范围原生质体产量和活力均有所下降，这与 Olveira 等（1992）认为 0.55～0.6mol/L 的甘露醇浓度适宜于原生质体分离和保存的结果相似。

（六）不同培养基和培养方法对苜蓿原生质体培养和再生效果的影响

不同基因型及不同外植体来源的原生质体在生理和代谢上存在很大差异，因此在进行培养时应根据需要加以选择。目前，原生质体培养常用的有基本培养基 MS（Murashige and Skoog，1962）、B5（Gamborg 1968）、KM（Kao and Michayluk，1974a）、VKM（Binding and Nehls，1977）、 SKM（Hunt and Helgeson，1989）等。这些培养基共同的特点是硝酸盐和铵盐的比例高；膜稳定物质含量高；含渗透压稳定剂等（吴殿星和胡繁荣，2009）。本研究采用了略加调整的 KM_8P 培养基，该培养基成分复杂，富含养分，适合密度较低的原生质进行起始培养。此前，许多报道指出原生质体再生细胞发生第二次分裂的时间在第 3～5 天（徐子勤等，1997；白静仁等，1994；张相岐等，1996；张谦和郑国锠，1994，1995），有的为第 7 天（舒文华等，1994），本研究中 4 个苜蓿品种在培养第 2～3 天即观察到再生细胞的第一次、第二次和多次分裂，这一方面是由于用于分离原生质体的愈伤组织状态良好、生长旺盛，另一方面是因为选择的 KM_8P 培养基富含丰富的有机物和糖类，更适于原生质体的生长发育，也是获得原生质体分裂速度快、细胞生长速度快的重要原因。该培养基的不足之处是成分复杂，因此增加了操作成本和难度；营养丰富，因此贮藏时间短且更易污染。

采用适宜的培养方式是建立原生质体再生体系的重要保障。液体浅层培养因对原生质体的损伤小，且易于添加新鲜培养基（孙敬三和朱至清，2006）而在苜蓿（刘明志，1996a；徐子勤等，1997；白静仁等，1994；张相岐等，1996b）、红豆草（张谦和郑国锠，1994，1995）、百脉根（刘明志，1996b）等豆科牧草中得到了广泛的应用。本研究证明，分离出的苜蓿原生质体在固液培养基中形成小细胞团的时间比在液体培养基中平均早 1d，且固液培养方式在转移再生小细胞团的过程中，操作简单，在后期的分化培养中，固体培养基中的营养物质可以缓慢释放到液体培养基中，更有利于小愈伤组织的生长。进行液体浅层培养的初期，由于 KM_8P 培养基营养丰富，原生质体密度偏高而极易出现褐化现象。当获得再生小细胞团后，漂浮于液体中的物质不易移出，增加了操作难度，提高了污染的概率。因此，就苜蓿原生质体培养而言，固液培养方式较液体培养方式更为有效。

四、小结

本试验以 2 个杂花苜蓿及 2 个紫花苜蓿为材料，研究了愈伤组织诱导的最佳外植体及激素浓度与组合，在此基础上，进行原生质体的分离和培养，建立了适宜 4 个苜蓿品种原生质体分离和培养的最佳技术体系，最终获得了 4 个品种原生质体再生的愈伤组织。

（1）苜蓿体细胞组织培养过程中，甘农 1 号杂花苜蓿、甘农 4 号紫花苜蓿及阿尔冈金杂花苜蓿在 MS 固体培养基上下胚轴的出愈时间均早于子叶。甘农 1 号杂花苜蓿和甘农 4 号紫花苜蓿愈伤组织诱导的最佳外植体均为下胚轴，出愈率显著高于子叶（$P<0.05$），且愈伤组织生长迅速，质地良好。阿尔冈金杂花苜蓿下胚轴及子叶的出愈率差异不显著，最佳激素浓度与配比均为 2.0mg/L 2,4-D+0.5mg/L NAA+0.5mg/L 6-BA。适于甘农 1 号杂花苜蓿和甘农 4 号紫花苜蓿下胚轴愈伤组织诱导的最佳激素浓度与配比分别为 3.0mg/L 2,4-D+1.0mg/L NAA+0.5mg/L 6-BA；2.0mg/L 2,4-D+1.0mg/L NAA+0.5mg/L 6-BA，出愈率分别为 96.7%和 100%。通过一段时间的继代调整，4 个苜蓿品种愈伤组织均生长为质地致密、生长旺盛的胚性愈伤组织。

（2）通过比较愈伤组织原生质体的产量和活力，确定了适宜 4 个苜蓿品种原生质体分离和培养的最佳条件。结果表明，0.3%崩溃酶的添加有助于甘农 1 号杂花苜蓿、甘农 4 号紫花苜蓿和清水紫花苜蓿原生质体的产出，而 5 种酶制剂的组合更适于阿尔冈金杂花苜蓿原生质体的分离。适于 4 个苜蓿品种原生质体分离的最佳时间为 10～14h，分离时间过短，原生质体酶解不充分，超过 14h 后，破裂原生质体比例升高。0.55～0.75mg/L 的甘露醇浓度有利于 4 个苜蓿品种维持酶液渗透压的稳定，此时可观察到大多数原生质体的边缘清晰完整，具有较高活力。采用 4℃低温、0.55mg/L 蔗糖及相同浓度的 CPW 溶液对酶解材料进行预处理，均可不同程度地提高 4 个苜蓿品种原生质体的产量和活力，适于进一步的分离和培养。

（3）本试验中对 4 个苜蓿品种酶解获得的原生质体分别采用液体浅层培养法和固液双层培养法进行前期培养，结果表明，在含 KM_8P 培养液的不同培养基上原生质体第一次分裂的时间均为第 2～3 天，之后采用固液培养法的原生质体可在 4d 左右形成细胞团，液体培养基中则需要 5d 左右。更换新鲜培养基后，2 种培养基上第 7～14 天均可观察到直径为 2mm 左右的微愈伤组织。随后，转入含 0.5～3mg/L 2,4-D、0.5～1mg/L NAA、0～0.5mg/L 6-BA 和 0～0.5mg/L KT 的固体培养基上增殖继代 3～5 次，最终获得了 4 个苜蓿品种原生质体再生的愈伤组织。

第三节　百脉根原生质体分离和培养

百脉根是豆科百脉根属多年生草本植物，别名五叶草、牛角花、鸟足豆等。由于其营养价值与苜蓿相当而耐旱性强于苜蓿，因此又称“瘠地苜蓿”。百脉根营养价值高，抗逆性强，适口性好，还富含缩合单宁，是豆科牧草中单独饲喂鲜草或直接放牧不引起家畜臌胀的优良牧草；其根深枝繁，匍匐生长，自繁能力强，生长年限长，是水土保持的首选草种；其叶形秀美，花色鲜黄醒目，花期长而花量大，具有较高的观赏价值，也可用作草坪草、绿肥和蜜源植物等。百脉根的细胞再生性在豆科牧草中是最好的，其遗传转化效率相对较高，因此是研究外源基因转化、生物固氮机制及单宁合成与利用的理想材料；其作为一种良好的植物生物反应器受体系统，也被用于动物疫苗的生产。

百脉根原生质体分离和培养体系的建立是利用体细胞杂交技术实现优良基因转移、改良牧草品质和培育新品种的基础。1983 年，英国的 Ahuja 等首次利用百脉根的幼苗、下胚轴和子叶分离原生质体，快速获得了再生植株，并指出百脉根是一种可以用于基因转化研究的理想材料。Judith 等（1987）分别由百脉根和三叶草叶片分离原生质体，并最终获得再生植株。Pupilli（1991）和 Vessabutr 等分别获得了百脉根的原生质体再生植株。日本的 Akashi 等（2002）从长期培养的百脉根的根——“超级根”中成功分离原生质体，并获得再生植株。国内的刘明志（1996b）在 20 世纪 80 年代也开展了以百脉根为材料的原生质体的分离和培养研究。以上研究证实，从百脉根的不同部位取材分离原生质体，经过培养和分化均成功获得再生植株，再生的频率高，进一步说明百脉根是一种细胞再生能力较强的豆科牧草，是开展各项遗传研究，尤其是基因转化研究的理想材料。

本试验在总结前人研究的基础上，分别以百脉根无菌苗子叶及胚性愈伤组织为外植体分离原生质体，通过比较不同酶解条件和培养因子对其原生质体分离效果的影响，以期建立快速高效的原生质体再生体系，为进一步开展其与其他豆科牧草体细胞的杂交和新品种的选育等提供技术支持。

一、材料和方法

（一）试验材料

1. 材料

里奥百脉根（*L. corniculatus* Linn. cv. Leon）是由加拿大 MCGILL 大学的 Macdonald 学院从苏联材料 Morsnansk 中选育而成的半匍匐型品种，具有早春长势强、抗寒、种子产量高的特点，是加拿大东部和美国中北部地区种植较为广泛的品种之一。20 世纪 80 年代我国的新疆草原所开展了里奥引种试验，证实了其在我国具有较强的适应性和较高的生产性能，并实现了大规模的种子生产。本试验的种子由甘肃农业大学草业学院提供。

2. 培养基

1）愈伤组织诱导培养基

采用 MS 固体培养基，其基本成分和附加成分参照第二节苜蓿愈伤组织的诱导。

2）原生质体培养基

采用 KM_8P 液体培养基和 MS 固体培养基，基本成分和附加成分参照第二节苜蓿原生质体的培养。

3. 主要试剂及仪器

用于愈伤组织诱导与原生质体分离和培养的试剂及仪器参照第二节。

（二）试验方法

1. 外植体处理和无菌苗培养

百脉根种子成熟不一致，裂荚性强，硬实率高。采用磨破种皮的方法来提高百脉根种子的发芽率，先将种子置于两张 80 目砂纸中间进行摩擦，至种皮发毛为止；再选择籽粒饱满、有光泽的种子，在 70%的乙醇中浸泡 5min，用无菌水洗涤 5～6 次；转入 0.1% $HgCl_2$ 中浸泡 10min，无菌水洗涤 5～8 次，备用。

将处理好的百脉根种子接种于不含激素的 MS 固体培养基上，附加 2.5%蔗糖和 0.7%琼脂。以上过程均在生物安全柜中进行。

培养条件参照第二节苜蓿原生质体的培养。6～12d 后可获得所需的外植体。

2. 愈伤组织的诱导和继代

在生物安全柜中，切取百脉根无菌苗下胚轴（0.5cm 长）及子叶（0.5mm 宽）接种于愈伤组织诱导培养基。培养基采用随机区组设计，2,4-D 和 KT 浓度分别为 0mol/L、1mol/L、2mol/L、3mol/L、5mol/L 和 0mol/L、0.5mol/L、1mol/L、2mol/L、

3mol/L，共 24 个组合，每个处理至少 3 个重复。从诱导出的愈伤组织中选取绿色颗粒状的愈伤组织，在筛选出的最佳愈伤组织诱导培养基上进行继代，最终获得稳定的胚性愈伤细胞系，用于原生质体酶解。将待酶解的无菌苗子叶组织尽可能剪得细小，以便原生质体的分离。

3. 原生质体的分离和纯化

子叶和胚性愈伤组织各取 1g 左右，于 10ml 混合酶液中酶解。酶处理组合和酶溶剂 CPW 成分均同第二节。

在 1 号酶液组合+CPW-10（0.55mol/L 甘露醇）的处理下，分别对分离材料的酶解时间、甘露醇浓度、预处理条件及继代培养时间等进行研究。

子叶及愈伤组织的酶解时间分别设为 4h、6h、8h、10h、12h 和 4h、6h、8h、10h、12h、14h、16h、18h；子叶及愈伤组织酶解的甘露醇浓度均设为 0.40mol/L、0.45mol/L、0.50mol/L、0.55mol/L、0.60mol/L 共 5 个梯度；愈伤组织预处理措施包括：4℃下培养 1d 的预低温处理（Ⅰ）、0.55mol/L 蔗糖溶液及 0.55mol/L CPW 溶液分别处理 1h 的预质壁分离（Ⅱ、Ⅲ）、黑暗条件下生长 1d 的预暗培养（Ⅳ）共 4 种；愈伤组织继代天数设为 4d、6d、8d、10d。

子叶于（25±1）℃黑暗条件下静置酶解。愈伤组织于（25±1）℃黑暗条件下在速度为 50r/min 的摇床上振荡，分离原生质体。

原生质体分离和纯化的步骤与方法同第二节苜蓿原生质体的研究方法。

4. 原生质体的培养和再生

分离纯化的原生质体重新悬浮于培养基中，密度调整为 $0.5\times10^5\sim2.0\times10^5$ 个/L。吸取 3～4ml 原生质体悬浮液于直径为 6cm 的培养皿中，在（25±1）℃、黑暗条件下进行液体浅层静置培养。原生质体液体培养基采用 KM_8P 培养基，附加相应的激素浓度与组合。

培养第 7 天和第 14 天时，更换甘露醇浓度依次减半的新鲜培养基，定期观察原生质体的分裂情况，记录培养结果。待形成肉眼可见的小愈伤组织，将培养物转入 MS 固体培养基中，置于（25±1）℃、光周期 16h，光照度 1000～2000Lux 条件下培养，待愈伤组织经过一段时间的继代后，诱导分化和再生。

（三）测定指标及方法

1. 愈伤组织的出愈率

测定方法参照第二节。

2. 原生质体的产量

测定方法参照第二节。

3. 原生质体的活力

测定方法参照第二节。

（四）数据分析

用 SPSS 13.0 统计软件包中的 Compare Means 法对试验数据进行单因素方差分析，差异显著性用 LSD 法和 SSR 法进行多重比较。

二、结果与分析

（一）适于百脉根原生质体分离的愈伤组织细胞系的建立

由表 12-12 可知，以 MS 培养基为基本培养基，采用下胚轴和子叶为外植体，经不同浓度 2,4-D 和 KT 的 24 个组合处理，获得的百脉根愈伤组织在出愈率和出愈状态方面均存在差异。接种于愈伤组织诱导培养基后，下胚轴第 4 天开始膨大，子叶第 15 天开始膨大。当激素 KT 浓度为 0.5～3.0mg/L 时，百脉根下胚轴和子叶可直接成苗（图 12-10A，图 12-10B），子叶分化率显著高于下胚轴（$P<0.05$），KT 浓度为 1.0mg/L 时，下胚轴和子叶的分化率最高，均为 66.7%。经过 2～3 次继代，可发育成根系健壮的完整植株（图 12-10C，图 12-10D）。

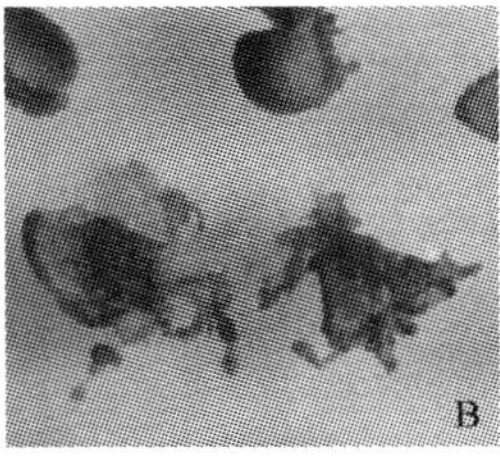

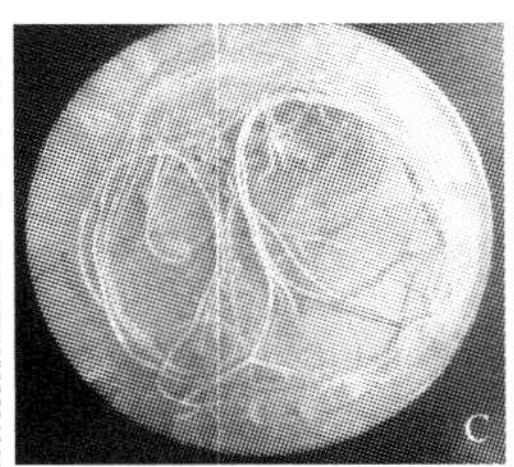

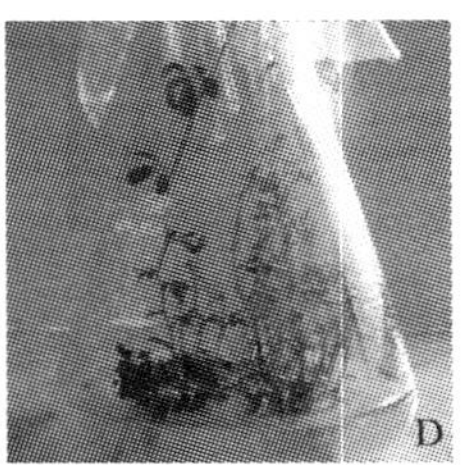

图 12-10 里奥百脉根体细胞胚胎发生与植株再生（彩图请扫封底二维码）
A.下胚轴形成的胚状体萌发；B.子叶形成的胚状体萌发；C.再生植株强壮的根系；D.里奥百脉根的植株再生

培养 15～20d 发现，下胚轴的出愈率显著高于子叶（$P<0.01$），下胚轴平均出愈率为 91.0%，子叶为 72.6%。6 号处理下下胚轴的出愈率最高，可达 99.4%，9 号处理下子叶出愈率最高，为 88.8%。综合考虑愈伤组织的出愈率和出愈状态，适宜里奥百脉根愈伤组织诱导的最佳激素浓度及组合分别是：下胚轴为 4 号处理，即 1.0mg/L 2,4-D+2.0mg/L KT；子叶为 2 号处理，即 1.0mg/L 2,4-D+0.5mg/L KT。最佳外植体为下胚轴。

（二）酶解时间对百脉根原生质体分离效果的影响

酶解时间是影响原生质体分离的关键因素，时间过短，原生质体产量低，时间过长则导致较早游离出来的原生质体破裂。本试验在 1 号酶液组合+CPW-10 处

表 12-12　不同激素浓度和组合处理下里奥百脉根愈伤组织的出愈情况

处理号	激素组合（ml/L）	下胚轴			子叶		
		愈伤组织总数	诱导率/%	愈伤组织外观	愈伤组织总数	诱导率/%	愈伤组织外观
1	2,4-D（1.0）	140	92.0±3.33	绿色，有的褐化	82	87.2±5.50	绿色，致密
2	2,4-D（1.0）+KT（0.5）	238	96.6±1.68	绿色，致密，较大	93	80.9±3.59	绿色，致密
3	2,4-D（1.0）+KT（1.0）	117	90.6±2.92	绿色，致密	92	72.0±3.30	绿色，致密
4	2,4-D（1.0）+KT（2.0）	98	92.2±2.20	绿色，疏松	65	64.4±2.71	深绿，致密
5	2,4-D（1.0）+KT（3.0）	94	94.6±1.67	绿色，致密，有的褐化	93	65.0±2.49	深绿，致密
6	2,4-D（2.0）	100	99.4±0.58	黄色多，绿色少，褐化	120	80.7±2.24	黄绿色，个别褐化
7	2,4-D（2.0）+KT（1.0）	139	98.2±1.82	淡黄绿色，边缘褐化	113	83.4±5.50	黄绿色，边缘褐化
8	2,4-D（2.0）+KT（0.5）	308	99.2±0.80	黄绿色，少数边缘褐化或毛状物	184	79.8±5.29	黄绿色，边缘褐化
9	2,4-D（2.0）+KT（2.0）	249	90.7±1.24	黄绿色	200	88.8±5.16	黄绿色，有褐化
10	2,4-D（2.0）+KT（3.0）	120	90.1±2.95	淡黄绿色，边缘褐化	302	85.0±2.37	绿色，个别褐化
11	2,4-D（3.0）	102	92.0±5.79	黄色，绿色，有的褐化	112	83.0±3.00	黄绿色，个别褐化
12	2,4-D（3.0）+KT（0.5）	70	74.3±2.96	绿色，有的褐化	103	59.6±0.68	绿色，个别褐化
13	2,4-D（3.0）+KT（1.0）	70	91.8±3.47	绿色，有的褐化	80	66.9±3.04	绿色，个别褐化
14	2,4-D（3.0）+KT（2.0）	72	76.4±2.06	深绿色，致密，有的褐化	104	31.8±4.93	深绿色，个别褐化
15	2,4-D（3.0）+KT（3.0）	75	84.6±2.36	绿色，有的褐化	101	34.2±2.69	黄绿色，个别褐化
16	2,4-D（5.0）	184	87.3±4.24	淡黄绿色，绿色，个别褐化	152	84.3±2.09	黄绿色，个别褐化
17	2,4-D（5.0）+KT（0.5）	219	88.2±2.53	绿色，有的褐化	119	69.5±4.09	黄绿色，个别褐化
18	2,4-D（5.0）+KT（1.0）	140	83.2±1.18	绿色，有的褐化	101	82.4±1.39	黄绿色，个别褐化
19	2,4-D（5.0）+KT（2.0）	337	93.3±2.12	嫩绿色，个别褐化	236	84.3±4.04	黄绿色，个别褐化
20	2,4-D（5.0）+KT（3.0）	428	87.9±1.87	嫩绿色，个别褐化	307	71.6±3.10	绿色，个别褐化
21	KT（0.5）	75	49.3±5.33	绿色，棒状	75	54.7±5.33	绿色，个别褐化
22	KT（1.0）	75	66.7±2.67	形成绿色胚状体	75	66.7±2.67	绿色胚状体，个别褐化
23	KT（2.0）	75	42.7±1.33	形成胚状体	75	56.0±6.11	绿色胚状体，个别褐化
24	KT（3.0）	75	44.0±0.00	形成胚状体	75	58.7±3.53	绿色胚状体，个别褐化

注：表中数据是在去除污染皿后统计的

理下，研究了不同酶解时间对 2 种外植体原生质体产量和活力的影响，结果见图 12-11 和图 12-12。

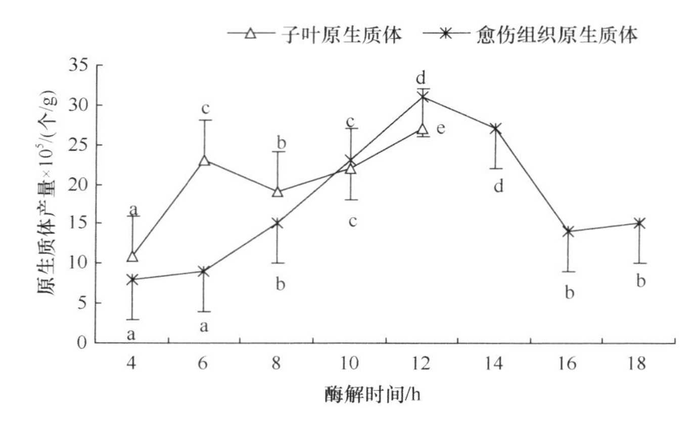

图 12-11　不同酶解时间处理下百脉根子叶和愈伤组织原生质体的产量

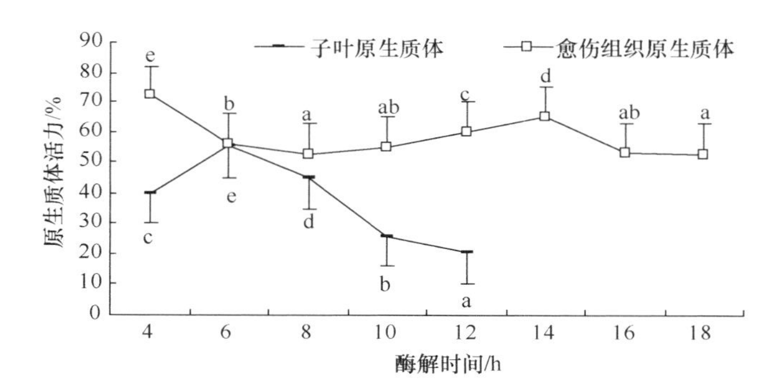

图 12-12　不同酶解时间处理下百脉根子叶和愈伤组织原生质体的活力

随着酶解时间的增加，子叶原生质体产量呈增加的趋势，原生质体活力则变化较大。酶解 6h 时，产量为 2.3×10^6 个/g，子叶原生质体活力达最大值 55.0%，随着酶解时间的延长，原生质体产量缓步增加，于 12h 达最高，为 2.7×10^6 个/g，但此时原生质体活力明显下降，仅为 20.4%，因此 6h 为百脉根子叶原生质体最佳的酶解时间。

愈伤组织酶解 4～6h，原生质体产量较低，平均为 8.5×10^5 个/g，这是由于酶解时间太短，细胞壁酶解不充分，游离出的原生质体较少。愈伤组织酶解 12h，原生质体产量达到峰值（3.1×10^6 个/g），活力较高，为 60%。酶解 14h 时原生质体活力达最大值 65%，但产量较 12h 减少 12.9%，为 2.7×10^6 个/g。酶解 16～18h，原生质体产量和活力均降低，平均为 1.45×10^6 个/g、52.6%。酶解时间增加使早先游离出的原生质体开始破碎，计数时发现细胞碎片增多，原生质体活力降低。因此综合考虑，12h 为百脉根愈伤组织原生质体的最佳酶解时间。

（三）酶液组合对百脉根原生质体分离效果的影响

酶解是原生质体游离中重要的一步，不同材料适宜的酶种类及浓度组合不同。本试验设计了 5 种不同的酶液处理，分别将子叶和胚性愈伤组织酶解 6h 和 14h，甘露醇浓度均为 0.55mol/L，结果见图 12-13 和图 12-14。

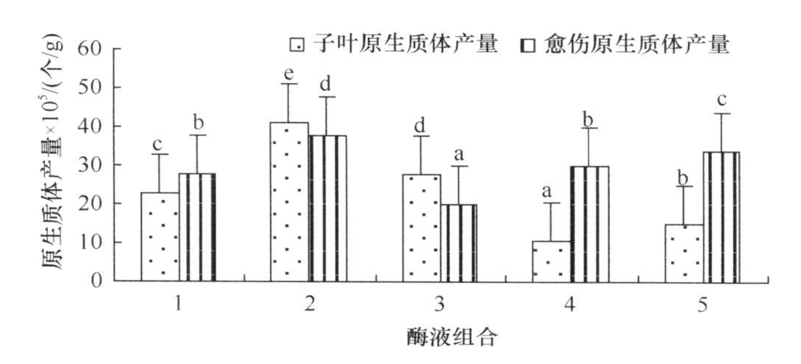

图 12-13　不同酶液组合处理下百脉根子叶和愈伤组织原生质体的产量

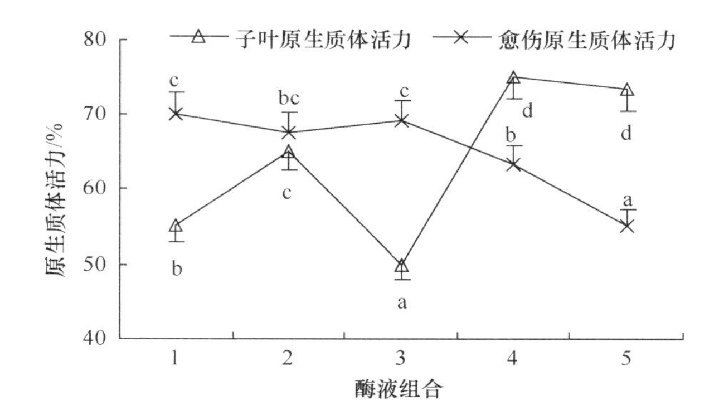

图 12-14　不同酶液组合处理下百脉根子叶和愈伤组织原生质体的活力

在 2 号处理下，子叶和愈伤组织原生质体产量均达最大值，分别为 4.13×10^6 个/g 和 3.8×10^6 个/g，活力较高，分别为 65%和 67.4%。

子叶原生质体产量最低的为 4 号组合，仅为 1.07×10^6 个/g，尽管活力达最大值 75.0%，但过低的产量说明添加 0.3%的崩溃酶对子叶原生质体的分离效果不佳。5 号组合下子叶原生质体的活力较高（73.5%），但产量偏低（1.5×10^6 个/g），说明酶制剂的添加并不是越多越好，崩溃酶对百脉根原生质体具有一定的毒害作用。3 号与 1 号处理相比，原生质体产量增加了 22.2%，说明添加 0.3%离析酶有利于子叶原生质体的分离。

愈伤组织原生质体最低产量出现在 3 号处理，仅为 2.0×10^6 个/g（活力 69.1%），这可能是由酶浓度偏低造成的。4 号和 5 号处理的原生质体产量比 1 号处理分别增加了 7.1%和 21.4%，但同时细胞碎片的比例增加，造成原生质体的活力降低，较 1 号处理分别低 10%和 21.4%。综上所述，对于百脉根子叶和愈伤组织原生质体的分离，最佳酶液组合均为 2 号组合。

（四）渗透压稳定剂浓度对百脉根原生质体分离效果的影响

在原生质体分离中，常加入一定浓度的渗透压稳定剂，如甘露醇、葡萄糖、蔗糖或山梨醇等来调节酶液的渗透压，浓度过高会使原生质体皱缩，过低会使原生质体胀裂，因此适宜浓度渗透压稳定剂的添加对原生质体的产出和稳定具有重要意义。本试验在分离 2 种不同外植体的原生质体时，于酶液中分别加入 0.4～0.6mol/L 的甘露醇，原生质体的产量和活力见图 12-15 和图 12-16。

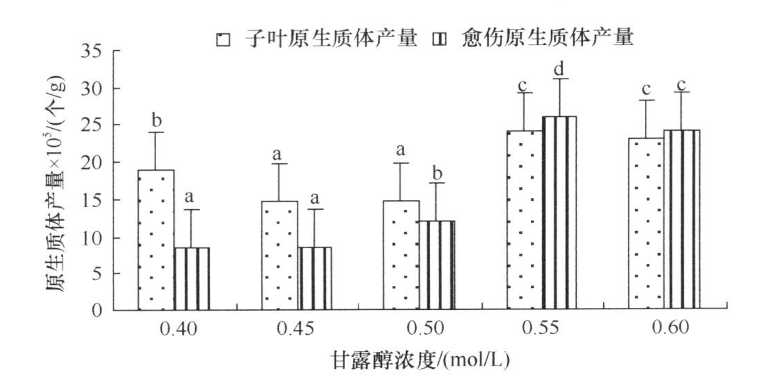

图 12-15　不同甘露醇浓度处理下百脉根子叶和愈伤组织原生质体的产量

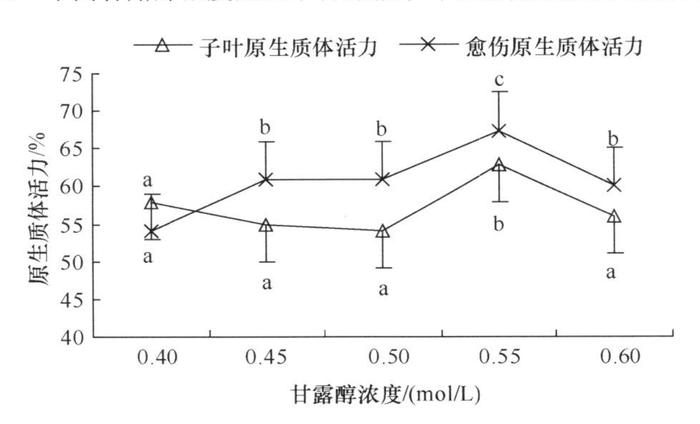

图 12-16　不同甘露醇浓度处理下百脉根子叶和愈伤组织原生质体的活力

结果表明，0.55mol/L 的甘露醇浓度最适于百脉根子叶和愈伤组织原生质体的分离，此时原生质体的产量最高，分别是 2.4×10^6 个/g 和 2.6×10^6 个/g，活力平均达 65.1%。

甘露醇浓度为 0.6mol/L 时，原生质体的产量也较高，子叶为 2.3×10^6 个/g，愈伤组织为 2.4×10^6 个/g，但该浓度下细胞碎片增加，原生质体活力降低，平均为 58%。甘露醇浓度为 0.4～0.5mol/L 时，子叶和愈伤组织原生质体的产量与活性均较低。

（五）预处理条件对百脉根愈伤组织原生质体分离效果的影响

酶解前对材料进行预处理，可改变细胞和细胞壁的生理状态，增加细胞膜的强度，提高细胞壁酶解的效率，减少原生质体损失。因此，试验设置了 4 种不同的预处理措施，以研究其对由愈伤组织制备原生质体的影响，结果见表 12-13。

表 12-13　不同预处理条件下胚性愈伤组织原生质体的产量及活力

预处理条件	原生质体产量×10^5/（个/g）	原生质体活力
对照	24.4±2.07 aA	60.6±2.07 aA
预低温处理（4℃下生长 1d）	25.4±1.14 aAB	63.4±2.07 abA
预质壁分离（0.55mol/L 蔗糖溶液中处理 1h）	26.0±2.00 aAB	62.8±2.86 abA
预质壁分离（0.55mol/L CPW 溶液中处理 1h）	30.6±2.30 bC	64.4±2.88 bAB
预暗培养（黑暗下培养 1d）	28.6±1.14 bBC	68.7±3.08 cB

4 种不同预处理方法与对照相比，原生质体产量和活力均呈增大趋势。其中，将供试材料在 CPW-10 溶液中预质壁分离 1h，原生质体的产量最高，为 3.06×10^6 个/g，比对照增加 25.4%（$P<0.01$），活力比对照增大 6%（$P<0.01$）；预暗培养也有较佳的酶解效果，原生质体产量和活力分别较对照提高 17.2%和 13.4%（$P<0.01$）；预低温处理及在蔗糖溶液中预质壁分离 1h 与对照相比，原生质体产量及活力增加均不显著，平均为 5.35%和 4.1%。

（六）继代培养时间对百脉根愈伤组织原生质体分离效果的影响

愈伤组织的生长状态对原生质体的游离和培养起到关键性作用，经过不同继代培养天数的愈伤组织在原生质体酶解过程中的产量及活力见图 12-17。结果表明，随着继代天数的增加，愈伤组织原生质体的产量先增加后降低，活力逐渐增大。预培养 8d 再行酶解时里奥百脉根原生质体产量可达最高值（3.06×10^6 个/g），此时活力值为 71.3%。镜检时单个原生质体边缘清晰，内含物多，细胞碎片少。因此，里奥百脉根愈伤组织继代培养第 8 天为分离原生质体最佳的取材时间。

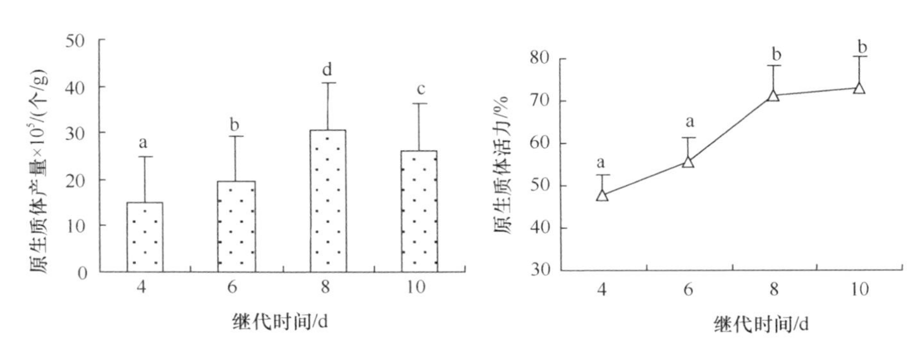

图 12-17　不同继代时间处理下胚性愈伤组织原生质体的产量（左）和活力（右）

（七）百脉根原生质的培养及植株再生

将子叶和愈伤组织来源的原生质体分别放在 KM_8P 液体培养基培养时发现，2 个群体在形态及再生能力上具有一定的差别。由子叶产生的原生质体呈绿色，胞质浓（图 12-18A），而由愈伤组织游离出的原生质体颜色淡黄（图 12-18B），较大的原生质体可见明显的液泡。前者通常在酶解后第 2～3 天大量出现原生质体再生细胞的第一次、第二次和第三次分裂（图 12-18C，图 12-18D），经过不断添加新鲜培养液及降低渗透压，来源于子叶原生质体的小细胞团培养 1 周左右，形成大量肉眼可见的微愈伤组织（图 12-18E）；后者在培养后第 2～3 天也可见再生细胞的第一次、第二次及多次分裂（图 12-18F，图 12-18G），但形成大量细胞团的时间较迟，培养 1～2 周也可再生出微愈伤组织。

当微愈伤组织长到直径 0.5cm 左右时（图 12-18H），将 2 种外植体形成的再生愈伤组织均转入新鲜的固体培养基中，继代 3～4 次后，愈伤组织由白色逐渐转变为鲜黄绿色（图 12-18I）。将这些愈伤组织转入分化培养基中，由子叶和愈伤组织原生质体再生的愈伤组织均可出现大量绿色的胚状体（图 12-18J）并再生出小植株（图 12-18K）。待小苗长到一定高度后进行移栽，移栽后成活率可达 95%（图 12-18L）。愈伤组织的诱导、增殖和分化培养基及成分参照体细胞培养使用的培养基。

三、讨论

（一）百脉根愈伤组织的诱导

植物组织培养中，愈伤组织的诱导是一个复杂的生理生化过程，每一步生化反应都直接或间接地受到生长物质的调控，因而生长物质的选择非常重要。在百脉根组织培养中，前人使用最多的生长调节物质是细胞生长素 2,4-D 和细胞分裂素 KT 及 6-BA。时永杰等（1997）发现百脉根下胚轴在附加有 0.6～2.0mg/L 2,4-D、0.3mg/L KT 的 MS 培养基上培养 3～4 周均可形成愈伤组织。安骥飞（2005）认为，百脉根愈伤组织诱导采用 UM 培养基优于 MS 培养基，最佳的激素组合为 2.0mg/L 2,4-D+3.0mg/L KT。唐广立等（2007）研究发现，2,4-D 浓度为 2.0mg/L，KT 浓度为 2.0mg/L 时，百脉根愈伤组织诱导率达到了 100%，且为再生性愈伤组织。本研究的结果显示，低浓度的 2,4-D 与低浓度的 KT 下里奥百脉根愈伤组织的出愈率较高，2,4-D 浓度增加时，愈伤组织褐化现象加重；KT 浓度增加时，对诱导率有不利影响。与苜蓿相比，百脉根形成的愈伤组织质地更加致密，颜色淡绿至深绿，通过后期不断地继代调整可形成较为疏松的小颗粒，这样的愈伤组织更适于原生质体的分离和培养。

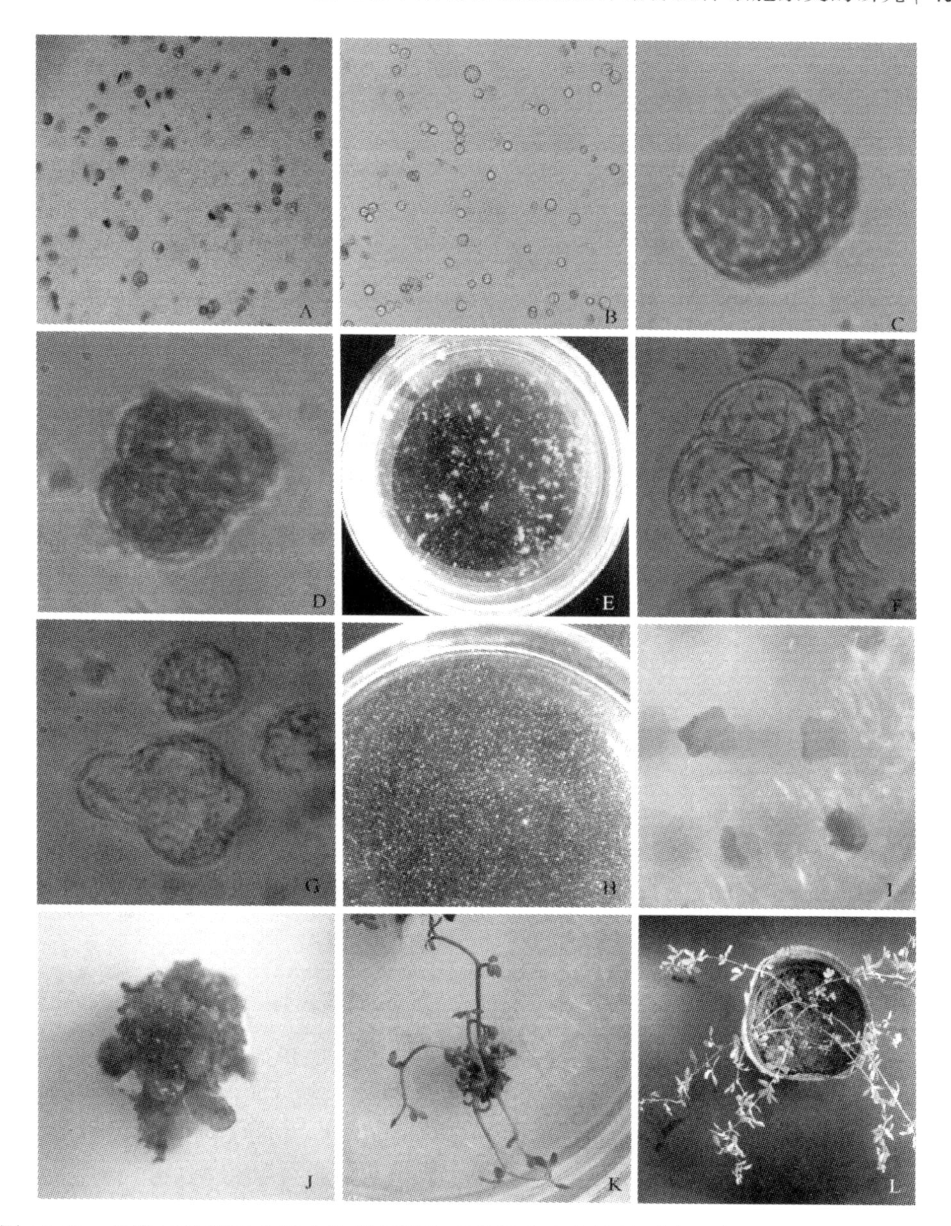

图 12-18　里奥百脉根子叶和愈伤组织原生质体的分离和植株再生（彩图请扫封底二维码）

A. 子叶游离的原生质体；B. 愈伤组织游离的原生质；C. 子叶原生质体再生细胞的第一次分裂；D. 子叶原生质体再生细胞的第二次分裂；E. 子叶原生质体再生的微愈伤组织；F. 愈伤组织原生质体再生细胞的第一次分裂；G. 愈伤组织原生质体再生细胞的第二次分裂；H. 愈伤组织原生质体再生的微愈伤组织；I. 百脉根原生质再生的黄绿色愈伤组织；J. 原生质体再生愈伤组织的形成体细胞胚；K. 百脉根原生质体再生的小苗；L. 百脉根原生质体再生的植株

在外植体方面，有研究指出豆科牧草再生能力以下胚轴为首，其次为子叶、真叶、茎段，子叶和真叶在诱导过程中发生玻璃化现象的概率较高，最终坏死，下胚轴愈伤组织的分化率明显高于其他外植体愈伤组织的分化率。何奕昆等（1996）指出，百脉根的子叶、下胚轴、根在含 BA、KT、ZT 或 TDK 的 MS 培养基上均可直接成苗，芽分化频率与添加在培养基里的激素种类密切相关，激素浓度对芽的分化和苗的形态影响极大。闫向忠（2007）分别利用百脉根早熟品系子叶和茎尖作为外植体诱导愈伤组织，结果表明子叶愈伤组织诱导率可达到 94.8%，高于茎段愈伤组织诱导率。本研究表明，以下胚轴作为外植体诱导愈伤组织的效果好于子叶，出愈时间短，出愈率高，质地更疏松，褐化现象少；下胚轴和子叶在仅含 KT（0.5～3mg/L）的培养基上可直接生成胚状体，经 2～3 次继代培养即可发育成完整小苗。

（二）不同供体材料对百脉根原生质体分离及培养效果的影响

原生质体的来源是植物原生质体分离和培养成功的关键。只有具备较高细胞分裂、分化和形态建成潜力的供体材料才能提供高质量的原生质体及其再生植株（丁爱萍等，1994）。在前人对百脉根的研究中，有些成功获得了再生植株，有些仅获得了原生质体的再生愈伤组织。本试验利用子叶和胚性愈伤组织 2 种外植体为材料，分离出的原生质体最高产量可分别达 4.13×10^6 个/g 和 3.8×10^6 个/g。在后期的培养中，子叶来源的原生质体再生细胞启动分裂的时间较早，再生速度快，但因密度过高，原生质体更易粘连，同时因培养基中的养分消耗过快而伴有褐化现象的出现。愈伤组织来源的原生质体在前期的培养中分裂较迟，因 KM_8P 液体培养基营养丰富，故后期增殖比较快，与子叶原生质体再生植株的时间无明显差异。因此，笔者认为 2 种外植体均可作为百脉根原生质体分离的供体材料。

（三）百脉根原生质体分离的酶液组成、酶解时间及渗透压的确定

植物种类不同，同一种植物的基因型甚至外植体不同，则适宜的酶液组成和酶解时间均有差异。此外，为了保持释放出的原生质体的活力和膜稳定性，酶液的渗透压必须与处理细胞的渗透压相近似，使用的浓度范围随植物材料的不同而异。对于百脉根而言，最常用的酶制剂及渗透压稳定剂为纤维素酶、果胶酶及甘露醇，常用浓度分别为 1%～4%，0.1%～0.5%及 0.25～0.8mol/L，酶解时间则从几小时到十几小时不等。因此，针对不同研究对象，最佳酶液组成、酶解时间和最适渗透压浓度均需进行试验加以确定。

Vessabutr 等（1990）将百脉根子叶置于含 2%纤维素酶+1%离析酶+0.1%果胶酶的 CPW-13 酶液中，经 2～5 个月培养实现植株再生。刘明志（1996b）采用 2%纤维素酶+1%果胶酶+0.5%离析酶+0.3%半纤维素酶+0.2%崩溃酶的组合和 0.5mol/L 甘露醇，酶解 6～10h，获得百脉根愈伤组织原生质体再生植株。Akashi 等（2002）将长期培养的百脉根组织于含 4%纤维素酶+0.1%果胶酶和 0.25 mol/L 甘露醇的酶解液中游离 4h 后，原生质体产量近 3.0×10^6 个/g。本试验证明，适宜

里奥百脉根子叶和愈伤组织原生质分离的最佳酶液组成和最适甘露醇浓度均相同。子叶原生质的最佳酶解时间短于愈伤组织，仅为后者酶解时间的一半，说明幼嫩的子叶较愈伤组织更易分离出原生质体。

（四）预处理措施和继代培养时间对百脉根愈伤组织原生质体分离效果的影响

愈伤组织的生理状态对原生质体的分离和培养很重要。酶解前对愈伤组织采用适当的预处理措施可调解其生理状态，减少酶液对原生质体的伤害。在甘蓝（李贤和钟仲贤，1996）和沙打旺（罗建平等，2000）等植物上已证实预处理措施有助于原生质体的产出。另外，愈伤组织培养时间不同，原生质体分离和培养效果也会存在差异。马晖玲等（1998）研究认为，随着愈伤组织继代时间的延长，植物细胞生理代谢发生变化，组织逐渐老化，丧失再生能力。本研究表明，里奥百脉根愈伤组织继代 5～6 次后，可获得状态良好和稳定的细胞系，再转入新鲜培养基上培养 8d，原生质体的产量和活力均可达最高值。对其愈伤组织而言，预暗培养和于 0.55mol/L CPW 溶液中预质壁分离 1h，均可显著增加原生质体的产量和活力。前者是因为暗培养可促使细胞分裂同步，生理状态达到一致；后者则可使细胞壁内的原生质部分收缩，细胞膜结构改变，避免酶解时所造成的损伤，同时促进酶解时细胞壁在小面积破损条件下释放原生质体，增加原生质体产量。

四、小结

本试验首先研究了适宜里奥百脉根愈伤组织诱导的最佳外植体及激素浓度与配比，建立了其体细胞再生体系。在此基础上，分别以子叶及愈伤组织作为酶解材料，研究了适于原生质体分离和培养的最佳条件，采用液体浅层培养法，最终获得了 2 种外植体来源的原生质体再生植株。

（1）在百脉根体细胞的组织培养过程中发现，下胚轴为其愈伤组织诱导的最佳外植体，在 MS 固体培养基上出愈时间早，出愈率高，愈伤组织质地更疏松，褐化程度轻；最佳的激素浓度与配比为 1.0mg/L 2,4-D+2.0mg/L KT，此时出愈率可达 92.2%。通过一段时间的继代调整，里奥百脉根愈伤组织可由较大较硬的绿色颗粒状愈伤组织转变为质地较疏松、易分散的小愈伤组织。下胚轴和子叶在仅含 KT（0.5～3mg/L）的培养基上可直接生成大量的胚状体，经 2～3 次继代培养即可发育成完整小苗，进一步证实了百脉根是一种细胞再生能力较强的豆科牧草。

（2）里奥百脉根的子叶和愈伤组织在原生质体分离过程中所需的最佳酶液组合及渗透压稳定剂浓度均相同，即 2%纤维素酶+0.5%果胶酶+0.3%半纤维素酶+0.55mol/L 甘露醇，前者最适的酶解时间为 6h，后者为 12h，说明幼嫩的子叶较愈伤组织更易分离出原生质体。将继代培养 8d 的愈伤组织置于 0.55mol/L 的 CPW 溶液进行预质壁分离或预暗培养 1d，均可显著（P＜0.05）增加其原生质体的产量和活力，有助于进一步的培养和再生。

（3）子叶来源的原生质体呈绿色，在 KM_8P 液体培养基上培养第 2～3 天出现再生细胞的第一次、第二次及多次分裂，1 周后形成肉眼可见的微愈伤组织；愈伤组织来源的原生质体呈淡黄色，培养第 2～3 天同样可见再生细胞的持续分裂，但大量形成细胞团的时间较晚，1～2 周后可见再生的微愈伤组织。将 2 种外植体来源的原生质体转入 MS 固体培养基上增殖与继代 3～4 次，转入添加 2.0mg/L KT 的培养基上诱导分化，再生的愈伤组织逐渐出现大量绿色的胚状体并再生成完整植株，待苗长大后进行移栽，成活率可达 95%。2 种外植体来源的原生质体从第一次细胞分裂到再生完整植株仅需 3～4 个月，建立了快速高效的原生质体培养及再生体系，为百脉根基因工程和育种研究提供了更好的技术支持。

第四节　清水紫花苜蓿和百脉根原生质体融合及培养

植物基因工程是在 20 世纪 80 年代开始发展起来的，是以目的基因克隆、表达载体构建、基因遗传转化和组培再生等技术为核心的生物技术。目前，已报道的转基因植物已达 140 多种，涉及的目的基因包括抗病、抗虫、抗除草剂、抗逆、生物固氮、高产、优质、耐贮藏及特异性蛋白质合成等。植物基因工程开创了人类定向改良植物的新纪元，对植物育种研究产生了深远的影响。

近年来，人们围绕苜蓿品质改良和种质创新相继开展了以转入各种功能基因为主的诸多研究，在提高苜蓿抗旱、抗寒、耐盐、耐铝、抗病、抗虫、抗除草剂等能力方面取得了一定的成绩，为苜蓿新品种培育奠定了理论基础。但苜蓿仍有一些品质尚待改良，如青饲易造成家畜患臌胀病，耐寒性不强，耐酸性和耐牧性差等。

百脉根与红豆草等豆科牧草的植株及叶片富含缩合单宁，单宁可与植物蛋白质结合，减少反刍动物瘤胃中可降解蛋白质数量，增加过瘤胃蛋白质的数量，这不仅提高了蛋白质利用率，而且家畜采食后不引起臌胀。因此，这些牧草在放牧或单独青饲使用时，具有紫花苜蓿难以比拟的优点，蛋白质利用率高且饲用安全。澳大利亚的 Tanner 等（1995）通过农杆菌介导的转基因技术将从百脉根中分离克隆出的无色花青素还原酶基因 *LAR* 转入白三叶，研究表明转基因植株叶片中的缩合单宁水平显著高于对照。加拿大的 Gruber 等（1996）首先从百脉根中分离克隆出 3 个控制单宁合成的基因，然后将它们转入白三叶，最终获得的转基因植株叶片中的单宁含量有所增加。

基于原生质体分离和培养的体细胞杂交技术为紫花苜蓿获得控制单宁缩合的相关遗传基因提供了可能，它可使有性杂交不亲和的牧草之间实现胞质基因杂交和重组。Niizeki 和 Saito（1989）将紫花苜蓿与百脉根原生质体进行融合，获得了杂种愈伤组织。Li 等（1993）通过电融合法获得了紫花苜蓿与红豆草的不对称杂种植株，经检测一杂种植株含有占叶干重 0.03%的缩合单宁。徐子勤和贾敬芬（1996）用 PEG 法诱导苜蓿根癌农杆菌 702 转化系原生质体与红豆草抗羟脯氨酸细胞系的原生质体融合，经分子生物学鉴定获得了杂种再生植株。安骥飞（2005）将紫花苜蓿和百脉根的组培苗叶片用 PEG 法诱导细胞融合，获得了属间杂种细胞。到目前为止，抗臌胀病苜蓿新品种还未获得。

本研究以根茎型清水紫花苜蓿和里奥百脉根为材料，在摸索出各自最佳的酶解条件和培养方法的基础上，利用 PEG 法诱导细胞融合，以改良苜蓿品质为目标，探索苜蓿种质创新的新途径，为进一步培育抗臌胀病的苜蓿新品种提供技术支持。

一、材料与方法

（一）供试材料

分别以根茎型清水紫花苜蓿和里奥百脉根种子实生无菌苗的下胚轴和子叶诱导形成的愈伤组织作为原生质体的分离材料。种子均由甘肃农业大学草业学院提供。

（二）培养基

1. 愈伤组织诱导培养基

清水紫花苜蓿无菌苗诱导培养基和愈伤组织诱导培养基的成分同第二节；里奥百脉根无菌苗诱导培养基和愈伤组织诱导培养基的成分同第三节。

2. 原生质体融合产物培养基

采用 KM_8P 液体培养基和 MS 固体培养基，其基本成分和附加成分同第二、三节。

3. 主要试剂及仪器

用于愈伤组织诱导、原生质体分离和培养的主要试剂及仪器参照第二节。

PEG 融合液：35%聚乙二醇（PEG，MW=6000），附加 10mmol/L $CaCl_2 \cdot H_2O$、0.7mmol/L KH_2PO_4、6%葡萄糖，pH5.8。

高 pH-高 Ca^{2+}洗液：0.2mol/L Ca（NO_3）$_2$配于 pH10.5 的 0.1mol/L NaOH-甘氨酸缓冲液中。

$CaCl_2$ 洗液：0.16mol/L $CaCl_2 \cdot 2H_2O$+0.1% MES，pH5.8。

PEG（6000）、高 pH-高 Ca^{2+}洗液所用化学试剂均为国产分析纯。

（三）试验方法

1. 原生质体的分离与纯化

清水紫花苜蓿和里奥百脉根愈伤组织的诱导、继代及其原生质体的分离和培养方法分别参照第二、三节，选择疏松、致密、生长旺盛的愈伤组织按筛选出的最佳分离条件分别进行酶解，用于原生质体的融合（图 12-19A，图 12-19B）。

2. 原生质体的融合

1）体细胞杂种细胞的筛选体系

选用碘乙酰胺（iodoacetamide，IOA）和罗丹明（rhodamine 6G，R-6G）这 2 种代谢互补抑制剂设计筛选体系。根据钝化试验结果，将清水紫花苜蓿原生质体在融合前用适宜浓度的 IOA 处理，同时用适宜浓度的 R-6G 处理里奥百脉根原生质体，使二者均失去再生愈伤组织的能力。经 PEG 诱导融合后，只有代谢互补的异核体可恢复生长并进行愈伤组织的再生。

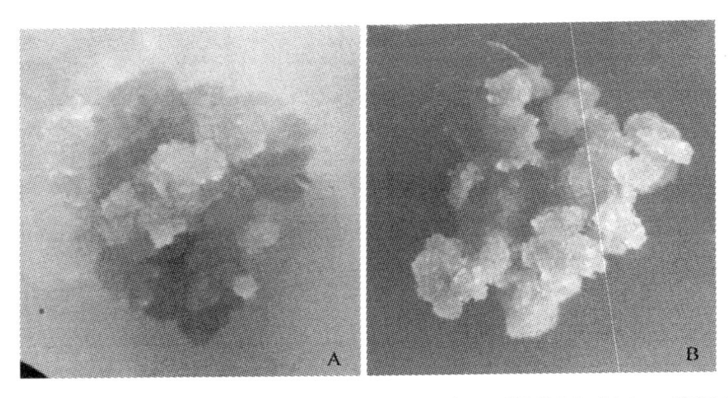

图 12-19　用于原生质体酶解的亲本愈伤组织（彩图请扫封底二维码）

A.清水紫花苜蓿胚性愈伤组织；B.百脉根胚性愈伤组织

融合过程和杂种细胞筛选体系的流程见图 12-20。

2）融合前原生质体的钝化处理

IOA 溶解于 CPW 溶液，设 5 个浓度梯度（0mmol/L、3mmol/L、5mmol/L、7mmol/L、10mmol/L），pH 均调至 5.8。R-6G 溶解于含 100.0g/L 的二甲基亚砜（DMSO）溶液中，设 5 个浓度梯度（0μg/ml、40μg/ml、50μg/ml、60μg/ml、70μg/ml）。然后将所有溶液经 0.22μm 微孔滤膜过滤灭菌，备用。

将纯化后的原生质体分别悬浮于不同浓度的 IOA 和 R-6G 溶液中，在 25℃左右的室温下处理 5min，然后离心 5min（100×*g*），收集原生质体，用 CPW 酶溶剂洗涤 2 次，再用各自的液体培养基洗涤 1 次。测定原生质体的活力。培养第 7 天，测定植板率，培养 30～40d，观察原生质体再生情况。使原生质体失去再生愈伤组织能力的 IOA 和 R-6G 最低浓度定义为临界浓度。

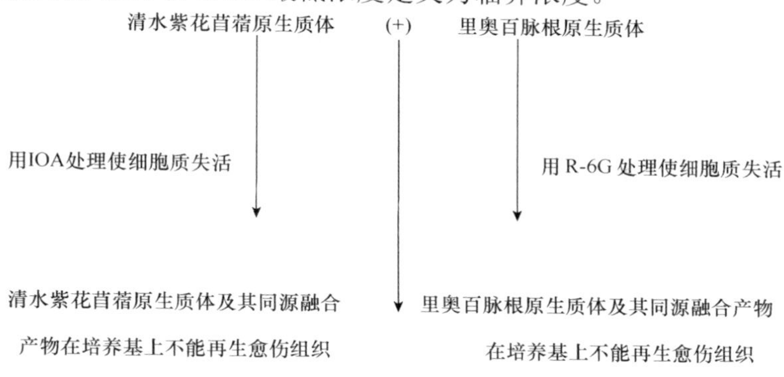

异源融合产物在培养基上由于生理代谢互补，具有分裂能力和再生愈伤组织能力

分裂

杂种细胞团

培养

杂种愈伤组织

分化

再生植株

图 12-20　清水紫花苜蓿和里奥百脉根原生质体融合和杂种细胞筛选体系的流程图

3）PEG-高 Ca^{2+}-高 pH 法诱导融合

将钝化的两亲本原生质体均悬浮于 $CaCl_2$ 洗液中，按 1∶1 混合，用吸管吸出 0.2ml 原生质体混合液滴到直径为 6cm 的培养皿底部，呈分隔开的小液滴，静置约 20min，倒置显微镜下观察到原生质体附贴于培养皿底部。在相邻两小液滴之间小心滴加约 3 倍混合液体积的 PEG 融合液，并使液滴之间连通，在室温静置 10min 诱导融合。PEG 浓度设为：30%、35%、40%。通过统计异源融合率确

定适宜的融合浓度。

在液滴边缘缓慢加入 1ml 高 pH-高 Ca^{2+}洗液，10min 后再加入 1ml 高 pH-高 Ca^{2+}洗液，如此操作 4～5 次，直至倒置显微镜下观察到原生质体恢复呈球形。室温放置 1h，缓慢吸出所有液体，培养皿底部沉积的原生质体先用 $CaCl_2$ 洗液轻轻洗涤 2 次，再用选择培养基洗涤 2 次，最后加入 2ml 新鲜培养基培养。

4）原生质体细胞核染色

分别采用 FDA、罗丹明 B、罗丹明 6G（R-6G）、吖啶橙和 DAPI 5 种荧光染料，对甘农 4 号紫花苜蓿原生质体在避光室温条件下染色 5～10min，然后用 CPW-10 溶液清洗 2 次，分别在普通光（明场，明视野）和荧光（暗场，暗视野）下进行显微观察。

FDA 用丙酮配制成 5mg/ml 溶液，4℃保存。每毫升原生质体悬浮液加 25μl FDA 染料，在荧光显微镜蓝光激发块（B 激发）下直接观察。

配制 0.1mg/ml 罗丹明 B 水溶液保存备用。使用时用 CPW-10 溶液稀释 10 倍，吸取纯化的原生质体悬浮液 0.5 ml 和 100 μl 稀释染料混匀。在荧光显微镜绿光激发块（G 激发）下观察。

R-6G 溶解于含 100.0g/L 二甲基亚砜（DMSO）的溶液中，工作浓度为 40μg/ml，吸取纯化的原生质体悬浮液 0.5ml 和 100μl 稀释染料混匀，在荧光显微镜 G 激发下观察。

吖啶橙（acridine orange，AO）用蒸馏水配制成 0.1%的吖啶橙贮存液，避光 4℃保存。用前 1ml 吖啶橙贮存液加 pH4.8 磷酸缓冲液 9ml，配制成 0.01%吖啶橙酸染液。纯化的原生质体经吖啶橙染色后，用 pH4.8 磷酸盐缓冲液清洗，用荧光显微镜 B 激发进行观察。

将纯化的原生质体溶液用无水甲醇固定 15～30min，PBS（pH7.4）清洗 2 次，1μg/ml 的 DAPI（4,6-联脒-2-苯基吲哚）溶液染色，避光放置 10min，PBS（pH7.4）清洗 2 次，在荧光显微镜弱蓝光紫外（U 激发）激发块下观察。

5）异源融合体的鉴别

在紫外光激发下，FDA 标记的清水紫花苜蓿原生质体在暗场（暗视野）中细胞质呈绿色，AO 标记的里奥百脉根原生质体在暗场中细胞质呈橙红色。将两种被标记的原生质体进行融合处理后，异核体将显示两种荧光，在荧光倒置显微镜下观察并统计异源融合率。

6）融合产物的培养

将融合处理后的原生质体重新悬浮于液体培养基中。吸取 2～3ml 悬浮液于直径为 60mm 的培养皿中，在（25±1）℃、黑暗条件下进行固液双层培养。第 7 天和第 14 天时更换甘露醇浓度依次减半的新鲜培养基，定期观察原生质体融合产物的分裂情况，记录培养结果。待形成肉眼可见的小愈伤组织，将培养物转入附加适宜激素浓度的 MS 固体培养基中，置于（25±1）℃，光周期 16h 光/8h 黑，光照度 1000～2000Lux 条件下培养，继代一定时间后，诱导分化和再生。

（四）指标测定

1. 原生质体的活力

测定方法参照第二节。

2. 原生质体植板率的测定

在倒置显微镜下测定原生质体的植板率，每个处理观察 10 个视野，计算公式如下：

植板率=总克隆数/（总克隆数+总原生质体数）×100%

3. 原生质体异源融合率的测定

异源融合率=发两种荧光的原生质体数/观察的原生质体总数×100%

（五）统计分析

用 SPSS 16.0 统计软件包中的 Compare Means 法对原生质体活力和植板率进行单因素方差分析和相关性分析，用 Duncan 法进行差异显著性分析。

二、结果与分析

（一）IOA 和 R-6G 预处理对紫花苜蓿和百脉根原生质体生长和再生的影响

用不同浓度 IOA 和 R-6G 处理清水紫花苜蓿和百脉根的原生质体后发现，它们的活力和植板率均随着处理浓度的升高而降低（图 12-21～图 12-24）。未经 IOA 处理时，2 个牧草品种原生质体活力平均值为 74.1%，植板率平均值为 39.7%。IOA

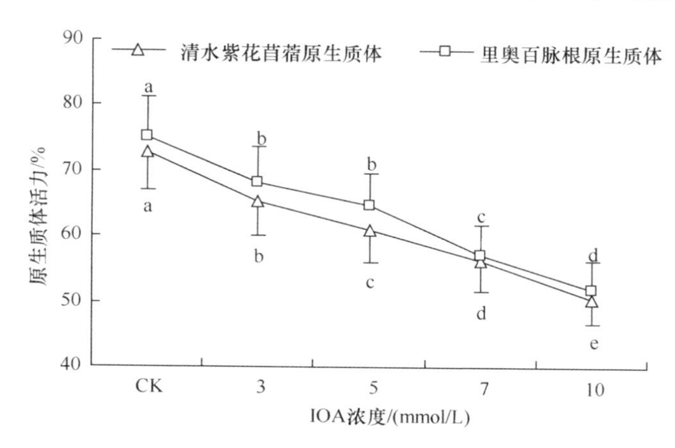

图 12-21　IOA 浓度处理下紫花苜蓿和百脉根原生质体的活力

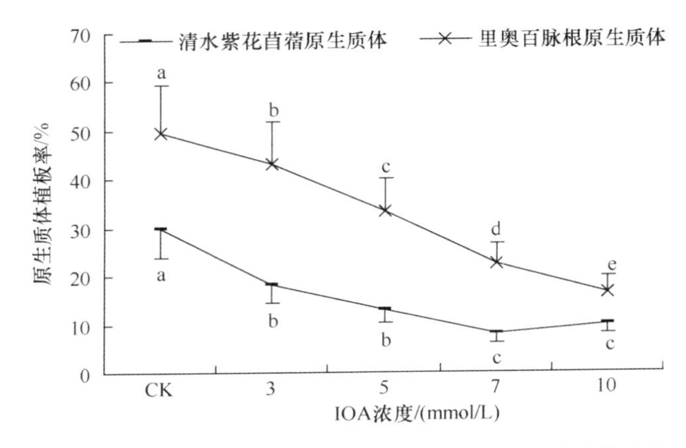

图 12-22 IOA 浓度处理下紫花苜蓿和百脉根原生质体的植板率

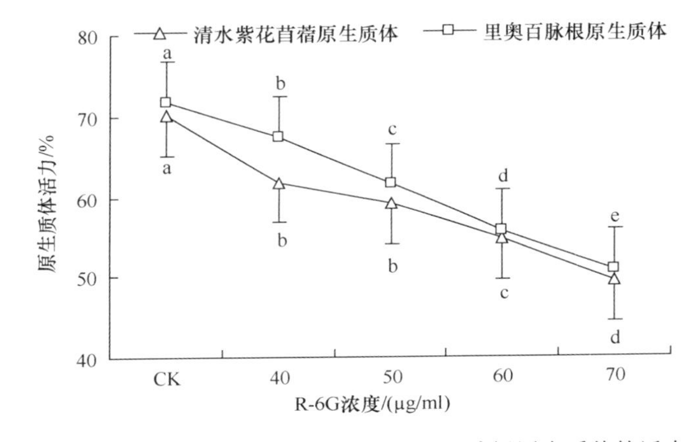

图 12-23 R-6G 浓度处理下紫花苜蓿和百脉根原生质体的活力

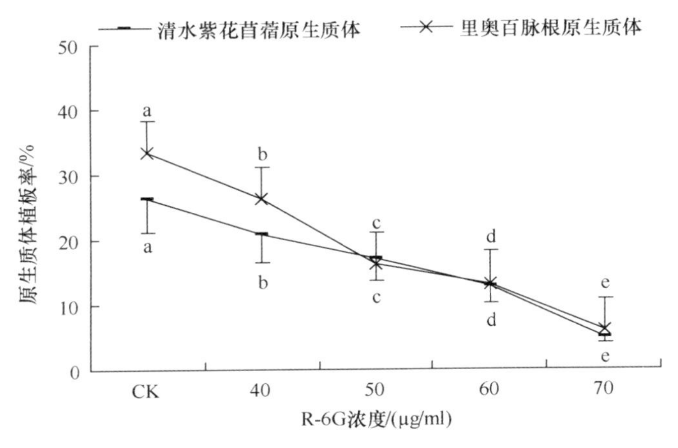

图 12-24 R-6G 浓度处理下紫花苜蓿和百脉根原生质体的植板率

处理浓度由 3mmol/L 增至 10mmol/L 时，原生质体活力和植板率明显下降，与 CK

相比，清水紫花苜蓿和里奥百脉根原生质体的活力分别降至50.6%（$P<0.01$）和52.0%（$P<0.01$）；二者的植板率分别将至7.8%（$P<0.01$）和16.4%（$P<0.01$）。2个牧草品种原生质体的活力和植板率与IOA浓度之间均存在极显著的负相关关系，相关系数分别为–0.940、–0.918和–0.876、–0.975。

2个牧草品种原生质体的植板率随着R-6G处理浓度的增加降幅逐渐增大，与CK相比，差异均极显著（$P<0.01$）。未经R-6G处理时，2个牧草品种原生质体活力的平均值为71.0%，植板率的平均值为29.9%，当R-6G浓度由40μg/ml增至70μg/ml时，2个牧草品种原生质体的活力和植板率显著下降，与CK相比，清水紫花苜蓿和里奥百脉根原生质体的活力分别将至49.4%（$P<0.01$）和50.8%（$P<0.01$）；二者的植板率分别降至5.0%（$P<0.01$）和6.0%（$P<0.01$）。2个牧草品种原生质体的活力和植板率与R-6G浓度之间均存在极显著的负相关关系，相关系数分别为–0.938、–0.899和–0.897、–0.969。

由表12-14可知，培养30～40d，≥3mmol/L的所有IOA处理，可使清水紫花苜蓿细胞质完全钝化，细胞分裂停止而失去再生能力；≥5mmol/L的所有IOA处理，可使里奥百脉根原生质体细胞质完全钝化，形状不规则直至破裂或逐渐褐化死亡。R-6G浓度≥40μg/ml时，清水紫花苜蓿原生质体停止分裂；R-6G浓度≥50μg/ml时，里奥百脉根原生质体不能形成愈伤组织。因此，3mmol/L IOA或40μg/ml R-6G处理清水紫花苜蓿，5mmol/L IOA或50μg/ml R-6G处理里奥百脉根，均可达到对原生质体细胞质完全钝化的作用，使之丧失再生愈伤组织的能力。

表12-14　不同浓度IOA和R-6G处理下紫花苜蓿和百脉根原生质体再生情况

牧草种类	IOA浓度/（mmol/L）					R-6G浓度/（μg/ml）				
	0	3	5	7	10	0	40	50	60	70
清水紫花苜蓿 *M. sativa* L. cv. Qingshui	+	–	–	–	–	+	–	–	–	–
百脉根 *L. corniculatus* L. cv. Leon	+	+	–	–	–	+	+	–	–	–

注：“+”为能形成再生愈伤组织，“–”为不能形成再生愈伤组织；下同

（二）不同荧光染料对苜蓿原生质体细胞核染色效果的影响

选用5种荧光染料对苜蓿原生质体染色的结果见表12-15。

表12-15　5种荧光染料对苜蓿原生质体的染色效果

染料	FDA		罗丹明B		罗丹明6G		AO		DAPI	
	明场	暗场	明场	暗场	明场	暗场	明场	暗场	明场	暗场
原生质体颜色	原色	黄绿色	红色	橙黄色	红色	红色	红色	橙红色	原色	原色
细胞核颜色	原色	黄绿色	红色	橙黄色、橙红色	红色	红色	红色	黄绿色	原色	蓝色
核清晰度	不清晰	不清晰	不清晰	不清晰	不清晰	不清晰	不清晰	清晰	不清晰	清晰

原生质体经染色后在普通光下观察，FDA不能使苜蓿愈伤组织原生质体染

色；荧光下有活性的苜蓿愈伤组织原生质体发黄绿色荧光，染色清晰（图 12-25）。但 FDA 不能特异地将原生质体的细胞核染色，不便将细胞质与细胞核进行区分。

在明视野中观察发现，罗丹明 B 和罗丹明 6G 均将原生质体染成红色（图 12-26A，图 12-27A）；荧光下，原生质体分别发橙黄色荧光（图 12-26B）和红色荧光（图 12-27B）。罗丹明 B 使部分颗粒状内含物染上深红色或橙黄色（图 12-26B 箭头所示），偶见罗丹明 6G 使内含物发出强烈红色荧光（图 12-27B 箭头所示），二者均不能很好地对细胞核进行特异性染色。

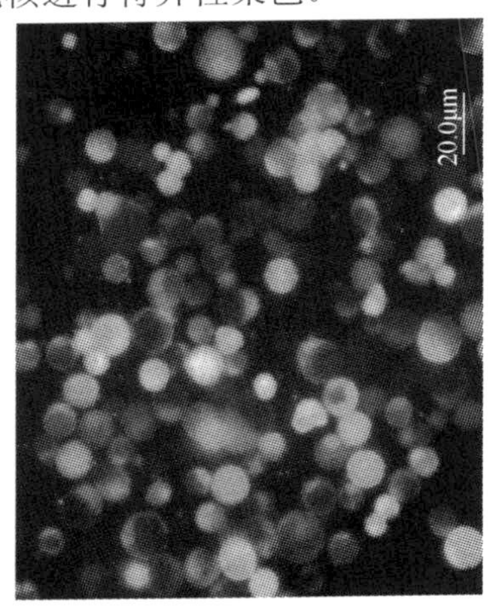

图 12-25 苜蓿原生质体 FDA 染色（×400）（彩图请扫封底二维码）

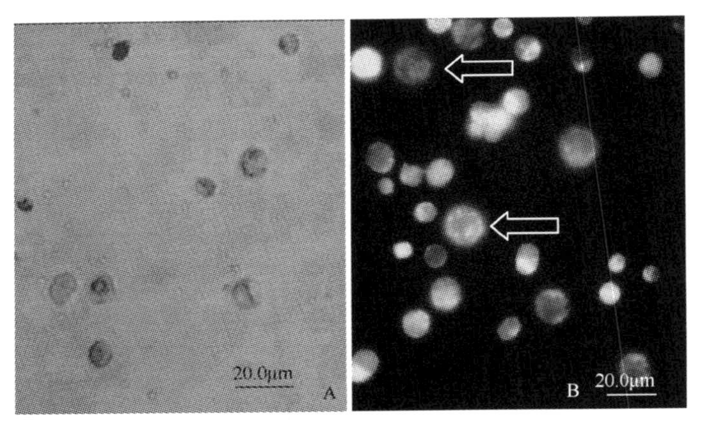

图 12-26 苜蓿原生质体罗丹明 B 染色（×400）（彩图请扫封底二维码）

A. 罗丹明 B 明场染色；B. 罗丹明 6G 暗场染色

普通光下，AO（吖啶橙）可使原生质体染成红色（图 12-28A）；荧光下，有活性的、边缘清晰完整的原生质体在暗场中发出橙红色荧光，细胞核发出黄绿色荧光，区分鲜明，无活性的死亡原生质体发出绿色荧光（图 12-28B）。细胞核多为 1 个，个别为 2 个（图 12-28B 箭头所示），极少数有 3～4 个细胞核（图

12-28C 箭头所示）。

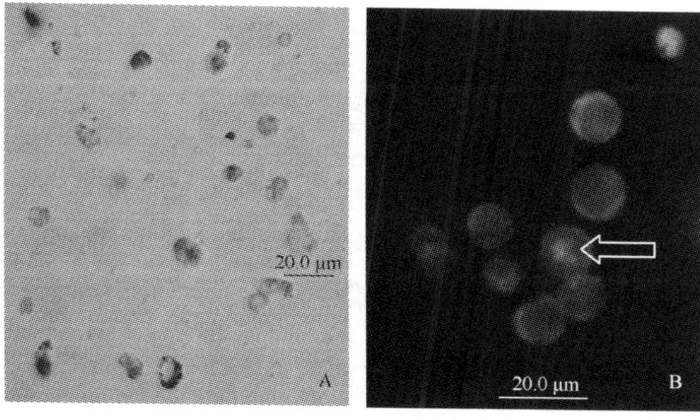

图 12-27　苜蓿原生质体罗丹明 6G 染色（×400）（彩图请扫封底二维码）

A. 罗丹明 6G 明场染色；B. 罗丹明 6G 暗场染色

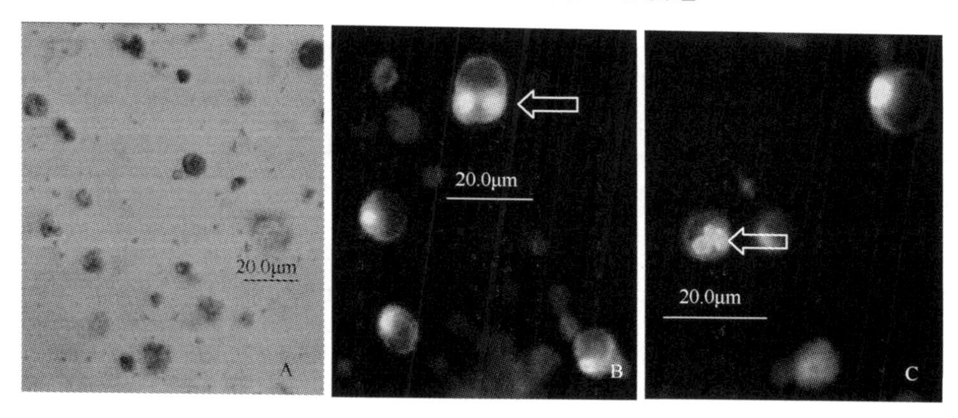

图 12-28　苜蓿原生质体吖啶橙染色（×400）（彩图请扫封底二维码）

A. AO 明场染色；B. AO 暗场染色；C. 3 个细胞核的原生质体

明视野中，DAPI 不能使原生质体染色，在 B 激发下苜蓿细胞核发出亮蓝色荧光，细胞质无色，可明显鉴别出细胞核（图 12-29a），多为 1～2 个，部分为 3 核的细胞（图 12-29b 箭头所示），少数为多核的细胞（图 12-29c 箭头所示）。

（三）PEG 浓度对清水紫花苜蓿和里奥百脉根细胞融合的影响

从表 12-16 可以看出，PEG 浓度对融合效果有显著影响。随着 PEG 浓度从 30%增加到 40%，异源融合率由 2.6%增至 3.2%，但当 PEG 浓度为 40%时，融合产物不能存活，大量的原生质体破碎，逐渐死亡。可见，PEG 浓度较低时，原生质体聚集缓慢，异源融合率低；PEG 浓度较高时，混合在一起的原生质体容易粘连，质膜受损严重，破碎比例增大。由于 PEG 本身对原生质体具有一定的毒性，为减少其对融合产物生长发育的不良反应，选择 30%的 PEG 浓度对清水紫花苜蓿和里奥百脉根原生质体进行融合比较适合，此时多数原生质体呈一对一融合，异源融合率为 3.1%。

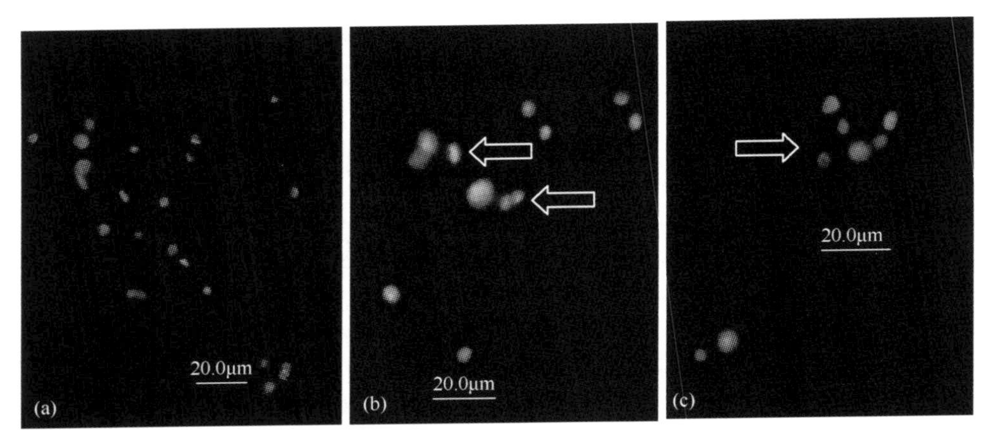

图 12-29 苜蓿原生质体 DAPI 染色（×400）（彩图请扫封底二维码）

a. DAPI 暗场染色；b. 3 个细胞核的原生质体；c. 多个细胞核的原生质体

表 12-16 不同 PEG 浓度下紫花苜蓿和百脉根原生质体融合情况

PEG 浓度/%	原生质体总数	异源融合体数	异源融合率/%	存活情况
30	75	2	2.6	可存活
35	130	4	3.1	可存活
40	125	4	3.2	停止发育或逐渐褐化死亡

（四）融合细胞的培养和再生

经 PEG 诱导融合后，未融合的原生质体和同源融合的细胞在固液培养基上均不能再生愈伤组织，只有异源融合后的原生质体可持续分裂，生长成愈伤组织。融合后的原生质体培养至第 4 天可见第一次和第二次细胞分裂（图 12-30a，图 12-30b）。第 6 天，可观察到十几个细胞团（图 12-30c）。2 周后持续分裂的细胞团形成肉眼可见的小愈伤组织。1 个月左右，愈伤组织直径可达 0.5cm，此时转入含相同激素浓度与组合的 MS 固体培养基，愈伤组织由白色逐渐变为黄绿色、质地松脆的杂种愈伤组织（图 12-30d）。

将这些愈伤组织在含 2,4-D、NAA 和 KT 的培养基上进一步增殖和分化，尽管出现了绿色的芽状体（图 12-30e），但始终未能分化长出小苗，个别再生愈伤组织则出现水渍化现象（图 12-30f），终止发育。

三、讨论

（一）代谢互补抑制剂对紫花苜蓿和百脉根原生质体生长和融合的影响

据 Toriyama 等（1987）报道，IOA（碘乙酰胺）可通过抑制植物细胞中的磷酸甘油醛脱氢酶而阻止细胞质的糖酵解过程，对细胞造成不可逆的伤害。IOA 常用于不对称体细胞杂交（司家钢，2002；朱永生等，2004；付莉莉等，2009）。据 Gear（1974）报道，R-6G（罗丹明-6G）则通过抑制线粒体葡萄糖氧化磷酸化反应阻止线粒体的呼吸作用，使线粒体失活。二者均可通过有效抑制植物细胞的正常生理代谢过程使细胞质失活，最终细胞生长发育过程终止。原生质体融合之前，利用这两种细胞质抑制剂分别处理亲本细胞，可使亲本原生质体活力受到抑制而停止生长，丧失再生能力，异源融合产物因代谢互补可恢复生长并获得再生能力（中国科学院上海植物生理研究所和上海市植物生理学会，1999）。因此，IOA 和 R-6G 作为 2 种代谢互补抑制剂在植物体细胞杂交过程中可简化杂交融合后代的筛选程序，获得的融合细胞经进一步培养可再生体细胞杂种植株。金红（2002）在进行苜蓿和沙打旺原生质体融合时，用 5mmol/L IOA 处理苜蓿发根农杆菌 A_4 菌株转化系原生质体，通过 PEG-高 Ca^{2+}-高 pH 法诱导其与沙打旺的原生质体融合，在不加外源激素的 DPD 培养基上有效地筛选了杂种细胞，经培养获得了属间体细胞杂种。赵小强等（2010）用 5mmol/L IOA 处理草地早熟禾品种 Nuglade（新格莱德）原生质体 10min，40μg/ml R-6G 处理 Midnight Ⅱ（午夜 2 号）原生质体 5min，进行融合细胞的筛选，最终获得了肉眼可见的杂种小愈伤组织。本试验发现，3～10mmol/L IOA 和 40～70μg/ml R-6G 钝化处理 10min，清水紫花苜蓿和百

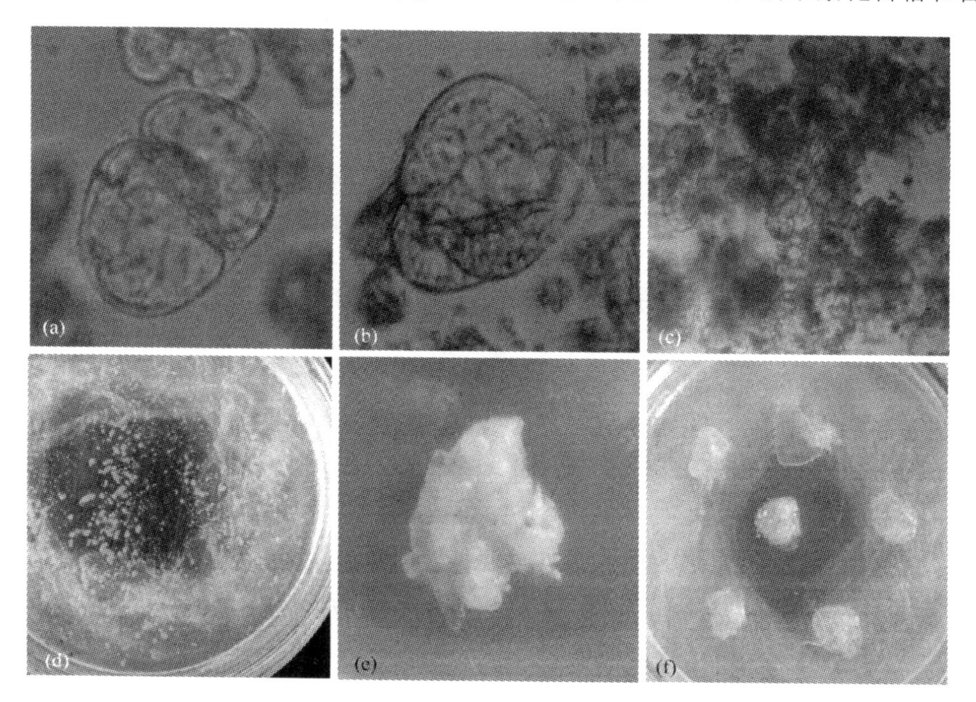

图 12-30 清水紫花苜蓿与里奥百脉根体细胞杂交（彩图请扫封底二维码）

a. 第一次细胞分裂；b. 第二次细胞分裂；c. 细胞团；d. 杂种愈伤组织；e. 绿色的芽状体；f. 水渍化

脉根原生质体的活力和植板率均显著下降。大于临界浓度的所有处理，清水紫花苜蓿和百脉根原生质体的细胞分裂受到抑制，培养 30～40d，均停止发育，不能再生愈伤组织。

在此基础上，分别采用 2 种抑制剂的临界浓度处理清水紫花苜蓿和里奥百脉根的原生质体，经 PEG 诱导融合后，获得的融合产物有双亲自发融合的，有异源融合的。前者在后续的培养过程中可观察到细胞碎片逐渐增多，沉入培养皿底部，最终停止生长发育；异源融合产物由于可实现代谢功能的互补，在培养第 4 天可观察到细胞第一次分裂，2 周后持续分裂的细胞团形成肉眼可见的小愈伤组织，经进一步的降渗处理后转入固体培养基，最终发育成愈伤组织。

（二）不同荧光染色剂对苜蓿原生质体细胞核染色效果的影响

植物原生质体的染色观察是检测原生质体活力、观察原生质体融合过程及计数细胞核的重要手段。本研究利用 5 种荧光染料对苜蓿原生质体染色效果进行了初步研究，结果表明不同染色剂在染色效果上存在差异，对于原生质体培养和体细胞杂交而言意义各不相同。

经反复试验发现，5 种荧光染料中，FDA、罗丹明 B、罗丹明 6G 和吖啶橙均可对苜蓿原生质体进行清晰染色，从而可用于体细胞杂交时不同亲本原生质体的标识。其中，FDA 的染色效果最好，区分度高，最适于原生质体的活力检测。罗丹明 6G 不仅是一种荧光染料，还是一种细胞质失活剂（Gear，1974），广泛用于植物原生质体非对称融合产生胞质杂种的研究。本研究首次将其用于植物原生质体染色，浓度为 40μg/ml，与作为抑制剂常用的浓度相同（赵小强等，2010；王凌健等，1998；侯喜林等，2002），结果表明罗丹明 6G 不能对细胞核进行特异性染色。在非对称融合中，该染色剂具有使原生质体失活和染色的双重作用。黄静等（2007）利用吖啶橙对烟草原生质体染色前，先加入 95%的乙醇将纯化的原生质体固定 15～30min。本研究中苜蓿原生质体未经乙醇固定也获得了理想的染色效果，核质染色清晰，对比明显。因此，吖啶橙不仅可用来检测融合细胞的活力，还可计数细胞核并统计融合率。DAPI 能够与 DNA 强力结合，由于细胞标记的效率高，常用于细胞凋亡检测（安丽华，2004）及制备特异性探针进行原位杂交分析（陈乐真和张杰，1999）。本研究利用 DAPI 染色时，尝试对原生质体不进行固定，但染色效果不佳。由于 DAPI 可同时对活细胞和死细胞染色，因此无法用于原生质体及其融合体的活力检测。

（三）PEG 浓度对紫花苜蓿和百脉根融合效果的影响

PEG 法自 20 世纪 70 年代诞生以来，已发展成为一种规范的重要化学融合方法。其最大的优点在于费用低廉，因而被广泛应用于作物体细胞融合的研究中。其融合率通常比电融合高，一般为 1%～5%（Kao et al.，1974）。提高 PEG 浓度或延长处理时间可提高融合率，但这将导致细胞活力的下降，甚至导致线粒体严重破坏（Kao，1981；Benbadis and Virville，1982）。因此，筛选适宜的PEG浓度对原生质体融合的效率和成败具有重要意义。熊兴耀（2000）将5个苎麻栽培品种叶肉和愈伤组织来源的原生质体进行体细胞杂交时，采用4%的PEG诱导融合并成功获得了再生植株。邢道臣等（2002）将用花生品种鲁花14号体细胞胚和近缘野生种 *Arachis cannadacii* 胚性愈伤组织分离得到的原生质体，用30%的PEG诱导融合，培养4d后，融合细胞开始分裂并最终形成小愈伤组织。蔡兴奎等（2004）比较研究了PEG融合和电融合两种方式对马铃薯体细胞杂交效果的影响，结果表明2种融合方式的融合率没有显著差异，电融合的细胞植板率和愈伤组织分化能力均显著高于PEG融合，但在转移至分化培养基上时，二者的愈伤组织生长正常，在初次分化成苗的时间和杂种株率上也没有差异，表明PEG对细胞生长的抑制作用集中表现在原生质体培养前期。金红等（2004）将苜蓿与沙打旺原生质体融合时，随着PEG浓度从30%增加到40%，融合率呈现先上升后下降的趋势，融合产物的存活率则随着PEG浓度的升高而下降。赵小强等研究发现，适宜草地早熟禾品种Nuglade和MidnightⅡ的PEG最佳融合浓度为35%，此时融合率为9.8%。

本研究中随着PEG浓度从30% 增加到 40%，异源融合率相应增加，但在40%浓度下，融合产物停止发育或逐渐褐化死亡，因此认为 35% 的PEG浓度是适于清水紫花苜蓿和里奥百脉根原生质体融合的适宜浓度，此时异源融合率为3.1%。与前人（赵小强，2009；金红，2002）的研究相比，本试验中融合产物的异源融合率偏低，但在后期的培养中融合细胞出现分裂的时间较早，这可能是因为固液培养方式更有利于融合细胞的早期发育，而富含各种养分的KM_8P液体培养基也对低密度细胞的起始培养更为有效。

四、小结

通过对紫花苜蓿和百脉根原生质体的体细胞进行杂交研究，成功获得了清水紫花苜蓿和里奥百脉根体细胞杂种愈伤组织。通过用IOA和R-6G这2种代谢互补抑制剂分别对亲本原生质体进行预处理，建立了紫花苜蓿和百脉根杂种细胞的筛选方法。利用不同的荧光染料对原生质体进行染色，为融合时细胞核的观察和计数提供了依据。

（1）融合后的原生质体群体中，除了异源融合体外，还包括同源融合的产物、未发生融合的原生质体等。因此，在体细胞杂交过程中，首先要进行杂种细胞的筛选。本试验研究了3～10mmol/的IOA和40～70μg/ml的R-6G对紫花苜蓿和百脉根原生质体活力和再生能力的影响，结果显示钝化处理10min后，2种豆科牧草原生质体的活力和植板率较对照均显著下降（$P<0.01$），培养第7天，所有处理可见再生的小细胞团，培养30～40d，2种抑制剂临界浓度下原生质体均丧失形

成愈伤组织的能力。说明，IOA 和 R-6G 具有抑制二者原生质体持续分裂的能力，最终使之丧失再生能力。

（2）选用的 5 种荧光染料中，FDA、罗丹明 B、罗丹明 6G 和吖啶橙均可使苜蓿原生质体清晰染色，其中 FDA 染色最为理想，原生质体轮廓清晰，识别度高。吖啶橙和 DAPI 可对细胞核进行特异性染色，前者可使细胞呈橙红色，细胞核呈黄绿色，对比明显，区分度高；后者可使细胞核染成蓝色，细胞质不被染色。因此，吖啶橙不仅可用于检测融合细胞的活力，还可用于融合时细胞核的观察和计数，为进一步研究融合条件及融合细胞的培养提供理论依据。

（3）将清水紫花苜蓿和里奥百脉根愈伤组织分离的原生质体，分别用 3mmol/L IOA 和 50μg/ml R-6G 处理 10min，再用 PEG-高 Ca^{2+}高 pH 法诱导融合。PEG 浓度为 35%时，异源融合率为 3.1%，此时大多数融合体可存活并持续分裂。利用固液培养法，杂种融合细胞在培养第 4 天出现第一次细胞分裂，2 周后形成肉眼可见的微愈伤组织，待愈伤组织直径达 0.5cm 左右，转入 MS 固体培养基，经 3～4 次继代，最终获得杂种愈伤组织。

参 考 文 献

安骥飞. 2005. 苜蓿与百脉根细胞融合的研究. 重庆: 西南农业大学硕士学位论文.

安丽华, 尤瑞麟. 2004. 一种用于 DAPI 染色的方法——Steedman's wax 包埋切片法. 西北植物学报, 24(8): 1367-1372.

敖嘉, 唐运来, 陈梅, 等. 2010. Sr 胁迫对油菜幼苗抗氧化指标影响的研究. 核农学报, 24(1): 166-170.

白静仁. 1990. 我国苜蓿品种资源的发展及利用. 中国草地, (4): 57-60.

白静仁, 何茂泰, 袁清, 等. 1994. 野生黄花苜蓿叶肉原生质体培养和再生植株. 草地学报, 2(1): 59-63.

白可喻, 赵萌莉, 卫智军, 等. 1996. 刈割对荒漠草原几种牧草贮藏碳水化合物的影响. 草地学报, 4(2): 126-133.

白永飞, 许志信, 段淳清, 等. 1996. 典型草原主要牧草植株贮藏碳水化合物分布部位的研究. 中国草地, 1: 7-9.

班霆, 韩鹏, 刘翔, 等. 2009. 苜蓿遗传多样性的取样数目—RAPD 和 SSR 群体标记法. 生命科学研究, 13(2): 158-162.

毕玉芬. 1997. 论苜蓿属植物遗传资源多样性及其保护问题. 国外畜牧学(草原与牧草), (4): 1-5.

毕玉芬. 1998. 北疆苜蓿属植物遗传多样性分析. 草业科学, 15(3): 13-16.

毕玉芬, 曹致中. 1999. 苜蓿属植物遗传变异和分类的研究概况. 甘肃农业大学学报, 34(2): 101-105.

毕玉芬, 车伟光, 李季蓉. 2005. 利用 RAPD 技术研究弱秋眠性紫花苜蓿遗传多样性. 作物学报, 31(5): 647-652.

伯姆 W. 1985. 根系研究法. 北京: 科学出版社.

蔡兴奎, 柳俊, 谢从华. 2004. 马铃薯栽培种与野生种叶肉细胞融合及体细胞杂种鉴定. 园艺学报, 31(5): 623-626.

曹致中. 2001. 优质苜蓿栽培与利用. 北京: 中国农业出版社: 24-28.

柴团耀, 张玉秀. 1999. 菜豆富含脯氨酸、蛋白质基因在生物和非生物胁迫下的表达. 植物学报, 41(1): 111-113.

陈爱萍, 罗玉鹏, 姜婷娜, 等. 2008. 不同酶液组合及酶解时间对普通红豆草原生质体游离的影响. 新疆农业大学学报, 31(2): 29-32.

陈传军, 沈益新, 周建国. 2005. 南农选系草地早熟禾 POD 同工酶的酶谱特征及与其他品种的差异. 中国草地, 27(2): 36-42.

陈冬立, 宝力德, 杜建材, 等. 2013. 31 份苜蓿种质材料的遗传多样性及亲缘关系分析. 中国草地学报, 35(2): 19-23.

陈斐, 魏臻武, 李伟民, 等. 2013. 基于 SSR 标记的苜蓿种质资源遗传多样性与群体结构分析. 草地学报, 21(4): 759-768.

陈积山, 李锦华, 常根柱. 2008. 不同苜蓿品种根系形态结构的抗旱性分析. 内蒙古草业, 20(2): 41-44.

陈家宽, 杨继主. 1994. 植物进化生物学. 武汉: 武汉大学出版社.

陈乐真, 张杰. 1999. 荧光原位杂交技术及其应用. 细胞生物学杂志, 21(4): 177-180.

陈立强, 师尚礼, 满元荣. 2010. 陇东野生紫花苜蓿的同工酶分析. 草原与草坪, 30(1): 24-32.

陈立强, 师尚礼, 王彩芬. 2009. 陇东野生紫花苜蓿过氧化物酶同工酶分析. 草地学报, 17(6): 772-778.
陈敏. 1980. 直立型黄花苜蓿的研究. 中国草地学报, (3): 38-42.
陈瑞阳, 宋文芹, 李秀兰, 等. 1979. 植物有丝分裂染色体标本制作的新方法. 植物学报, 21(5): 297-298.
陈善福, 舒庆尧. 1999. 植物耐干旱胁迫的生物学机理及其基因工程研究进展. 植物学通报, 16(5): 555-560.
陈世璜. 2001. 中国北方草地植物根系. 长春: 吉林大学出版社.
陈志南. 2005. 细胞工程. 北京: 科学出版社.
程伟燕, 张卫国, 哈斯其木格. 2003. 特莱克紫花苜蓿的形态解剖学观察. 内蒙古民族大学学报(自然科学版), 18(3): 241-244.
崔大练, 马玉心, 石戈, 等. 2010. 紫穗槐幼苗叶片对不同干旱梯度胁迫的生理生态响应. 水土保持研究, 17(2): 178-185.
崔国文. 2009. 紫花苜蓿田间越冬期抗寒生理研究. 草地学报, 17(2): 145-150.
崔海峰. 2008. 小麦体细胞杂交中外源染色质的消减与渐渗研究. 济南: 山东大学博士学位论文.
达拉诺夫斯卡娅(苏). 1962. 根系研究法. 李继云, 等译. 北京: 科学出版社.
邓蓉, 张文, 徐忠惠. 2005. 紫花苜蓿三种同工酶分析. 贵州农业科学, 33(6): 24-26.
邓雪柯, 乔代蓉, 李良, 等. 2005. 低温胁迫对紫花苜蓿生理特性影响的研究. 四川大学学报(自然科学版), 42(1): 190-194.
丁爱萍, 王洪范, 曹玉芬. 1994. 苹果原生质体培养及植株再生. 植物学报, 36(4): 271-277.
董国锋, 成自勇, 张自和, 等. 2006. 调亏灌溉对苜蓿水分利用效率和品质的影响. 农业工程学报, 22(5): 201-203.
杜红梅, 李志坚, 周道玮, 等. 2005. 紫花苜蓿多叶型与三叶型品种同工酶的比较研究. 草业学报, 14(1): 44-48.
杜晓明, 刘新田, 杜晓光, 等. 1995. 不同产地红皮云杉酯酶同工酶分析. 林业科技, 20(1): 6-9.
杜永吉, 于磊, 孙吉雄, 等. 2008a. 结缕草 3 个品种抗寒性的综合评价. 草业学报, 17(3): 6-16.
杜永吉, 于磊, 孙吉雄, 等. 2008b. 结缕草品种抗寒性和抗寒机理研究. 草地学报, 16(4): 347-352.
段永红, 渠云芳. 2010. 遗传标记在植物研究中的应用. 北京: 中国农业科学技术出版社: 210-221.
冯昌军, 罗新义, 沙伟, 等. 2005. 低温胁迫对苜蓿品种幼苗 SOD、POD 活性和脯氨酸含量的影响. 草业科学, 22(6): 29-32.
付莉莉, 杨细燕, 张献龙, 等. 2009. 棉花原生质体“供-受体”双失活融合产生种间杂种植株及其鉴定. 科学通报, 54(15): 2219-2227.
甘肃农业大学. 1987. 草原生态化学实验指导. 北京: 农业出版社.
高彩霞, 王培. 1997. 收获期和干燥方式对苜蓿干草质量的影响. 草地学报, (2): 113-116.
高建明. 2003. 我国苜蓿育种的研究进展. 天津农学院学报, 10(1): 37-41.
高俊凤. 2000. 植物生理学实验技术. 北京: 世界图书出版公司: 263.
高素玲, 郭丽, 朱飞雪, 等. 2013. 黄花苜蓿不同种质材料的遗传多样性研究. 中国草地学报, 35(1): 61-66.
高天鹏, 王转莉, 郭怀清, 等. 2009. 青藏高原东缘 3 种风毛菊属植物的核型研究. 草业学报,

18(2): 169-174.
高英志, 王艳华, 王静婷, 等. 2009. 草原植物碳水化合物对环境胁迫响应研究进展. 应用生态学报, 20(11): 2827-2831.
高振生, 洪绂曾, 吴义顺, 等. 1990. 根蘖型苜蓿结种量及其性状间相关分析. 牧草与饲料, (3): 8-9.
高振生, 王培, 洪绂曾, 等. 1995. 苜蓿根蘖性状发生与生态适应性的研究. 草地学报, 3(2): 126-134.
葛军, 刘振虎, 卢欣石. 2004. 紫花苜蓿再生体系研究进展. 中国草地, 26(2): 63-67.
耿华珠. 1995. 中国苜蓿. 北京: 中国农业出版社.
龚明. 1989. 作物抗旱性鉴定方法与指标及其综合评价. 云南农业大学学报, 4(1): 73-81.
关潇. 2009. 野生紫花苜蓿种质资源遗传多样性研究. 北京: 北京林业大学博士学位论文.
郭江波, 赵来喜. 2004. 中国苜蓿育成品种遗传多样性及亲缘关系研究. 中国草地, (1): 9-13.
郭文武. 1998. 柑橘细胞电融合参数选择及种间体细胞杂种植株的再生. 植物学报, 40(5): 417-424.
郭文武, 邓秀新. 2000. 柑橘细胞电融合再生两个种间体细胞杂种. 生物工程学报, 16: 179-182.
郭艳丽, 郝正里, 曹致中, 等. 2006. 不同生育期和不同品种苜蓿的果胶含量及与其他营养素的相互关系. 草业学报, 15(2): 74-78.
郭媛媛, 邢世岩, 马颖敏, 等. 2009 . 15 种榛子种质的染色体核型分析. 园艺学报, 36(1): 27-32.
郭正刚, 张自和, 肖金玉, 等. 2002. 黄土高原丘陵沟壑区紫花苜蓿品种间根系发育能力的初步研究. 应用生态学报, 13(8): 1007-1012.
哈特曼 H T, 凯斯特 D E. 1975. 植物繁殖原理和技术. 郑开文, 吴应祥, 李嘉乐译. 北京: 中国林业出版社.
韩建国, 潘全山, 王培. 2001. 草坪草蒸散和抗旱性研究. 草业学报, 10(4): 56-63.
韩利芳, 张玉发. 2004. 烟草 MnSOD 基因在保定苜蓿中的转化. 生物技术学报, (1): 39-43.
韩清芳, 贾志宽. 2004. 紫花苜蓿种质资源评价与筛选. 西安: 西北农林科技大学出版社.
韩清芳, 吴新卫, 贾志宽, 等. 2008. 不同秋眠级数苜蓿品种根颈变化特征分析. 草业学报, 17(4): 85-91.
韩瑞宏. 2006. 苗期紫花苜蓿(*Medicago sativa*)对干旱胁迫的适应机制研究. 北京: 北京林业大学博士学位论文.
韩瑞宏, 卢欣石, 高桂娟, 等. 2007. 紫花苜蓿(*Medicago sativa*)对干旱胁迫的光合生理响应. 生态学报, 27(12): 5229-5237.
韩雅莉. 1996. 生物遗传多样性和系统学研究中的 RAPD 分析. 内蒙古农牧学院学报, 20(2): 1-4.
郝明德, 张春霞, 魏孝荣, 等. 2004. 黄土高原地区施肥对苜蓿生产力的影响. 草地学报, 12(3): 195-198.
何承刚, 毕玉芬, 姜华. 2004. 紫花苜蓿种子产量性状遗传多样性分析. 湖南农业大学学报(自然科学版), 30(4): 359-362.
何建文, 姜虹, 杨红. 2013. SSR 标记遗传距离与辣椒杂种优势的关系. 西南农业学报, 26(3): 1132-1136.
何庆元, 王吴斌, 杨红燕, 等. 2012. 利用 ScoT 标记分析不同秋眠型苜蓿的遗传多样性. 草业学报, 21(2): 133-140.
何庆元, 吴萍, 张晓红. 2011. 不同秋眠性苜蓿 SRAP 体系优化及遗传多样性分析. 草业学报, 20(2): 201-209.

何奕昆, 侯万儒, 梁素华. 1996. 百脉根的体细胞胚胎发生与高频率植株再生. 四川师范学院学报(自然科学版), 17(1): 16-20.

贺辉. 2008. 紫花苜蓿和白花草木樨细胞融合技术研究. 兰州: 甘肃农业大学硕士学位论文.

贺辉, 贾春林, 盛亦兵, 等. 2008. 草木樨愈伤组织的诱导及其原生质体的制备. 山东农业科学, 4: 5-7.

洪德元. 1990. 植物细胞分类学. 北京: 科学出版社: 6.

洪绂曾, 程渡, 崔鲜一, 等. 2007. 根蘖型苜蓿的根蘖性状及持久性能研究. 内蒙古草业, 19(4): 29-32.

洪绂曾, 吴义顺, 于康富. 1987. 根蘖型苜蓿引种研究. 中国草业科学, (5): 1-4.

洪立红, 黄俊义, 陈桂信. 2004. 柑橘染色体制片技术及其在遗传背景研究中的应用. 福建果树, 2(129): 8-12.

侯喜林, 曹寿椿, 佘建明, 等. 2002. 碘乙酰胺和罗丹明对不结球白菜子叶原生质体线粒体失活效果的影响. 中国蔬菜, 4: 18-19.

呼天明, 韩博, 胡晓宁, 等. 2009. 22 个紫花苜蓿品种遗传关系的 RAPD 分析. 西北农林科技大学学报(自然科学版), 37(4): 58-63.

胡加付. 2005. 用酯酶同工酶分析白僵菌的林间扩散能力. 中国生物学防治, 21(4): 238-241.

胡静, 马晖玲, 谢俊仁. 2007. 甘农 2 号杂花苜蓿愈伤组织诱导及体细胞胚和芽分化的研究. 甘肃农业大学学报, 4: 87-91.

胡守林, 顾明德, 王汉全, 等. 2005. 不同紫花苜蓿品种营养价值分析. 水土保持研究, 12(4): 217-219.

胡守林, 万素梅, 贾志宽, 等. 2008. 黄土高原半湿润区不同生长年限苜蓿叶片光合性能研究. 草业学报, 17(5): 60-67.

黄静, 赵琦, 李楠, 等. 2007. 烟草原生质体活力检测和细胞核染色方法的研究. 首都师范大学学报(自然科学版), 28(4): 42-45.

黄龙花, 吴清平, 杨小兵, 等. 2011. 基于特定引物PCR的DNA分子标记技术研究进展. 生物技术通报, (2): 61-65.

黄绍兴, 王慧中, 吕德扬. 1995. 紫花苜蓿根原生质体植株再生. 科技通报, 11(4): 232-234.

黄铁燕, 冯海红, 门福强. 1996. 紫花苜蓿改良白浆土的效果. 作物杂志, (1): 31.

黄永相, 刘永柱, 郭建夫. 2013. 杂交稻亲本间成穗率 QTL-SSR 遗传距离与配合力及杂种优势的关系. 西北农林科技大学学报(自然科学版), 41(5): 43-50.

霍红, 张勇, 陈年来, 等. 2010. 干旱胁迫下五种荒漠灌木苗期的生理响应和抗旱评价. 干旱区资源与环境, 25(1): 185-189.

吉挺, 徐琪, 赵捷, 等. 2008 . 不同禽类核型似近系数聚类分析. 中国畜牧杂志, 44(21): 1-3.

贾纳提维纳汗, 李保军, 郑晓红. 1996. 四种豆科牧草的染色体核型分析. 草业科学, 13(4): 11-13.

姜华, 毕玉芬, 何承刚. 2005. 紫花苜蓿花部特征遗传多样性分析. 遗传, 27(3): 391-394.

金红. 2002. 三种豆科牧草的原生质体培养及体细胞杂交. 西安: 西北大学博士学位论文.

金红, 贾敬芬, 都建国. 2004. 沙打旺与苜蓿属间体细胞杂交. 实验生物学报, 37(3): 167-175.

金淑梅, 管清杰, 罗秋香, 等. 2006. 柳参奎苜蓿愈伤组织高频再生遗传和转化体系的建立. 分子植物育种, 4(4): 571-578.

金银根. 2006. 植物学. 北京: 科学出版社.

康俊梅, 樊奋成, 杨青川. 2004. 41 份紫花苜蓿抗旱鉴定试验研究. 草地学报, 12(1): 21-24.

康俊梅, 杨青川, 樊奋成. 2005. RAPD 技术分析不同抗旱性苜蓿品种DNA的多态性. 生物技术, 15(6): 37-40.
寇江涛, 师尚礼, 蔡卓山. 2010. 垄沟集雨种植对旱作紫花苜蓿生长特性及品质的影响. 中国农业科学, 43(24): 5028-5036.
兰小中, 王景升, 郑维列, 等. 2006. 巨柏细胞色素氧化酶同工酶变异分析. 山地农业生物学报, 25(4): 297-301.
雷泞菲, 苏智先, 陈劲松. 2000. 同工酶技术在植物研究中的应用. 四川师范学院学报(自然科学版), 21(4): 321-325.
李波, 贾秀峰, 白庆武, 等. 2003. 干旱胁迫对苜蓿脯氨酸累积的影响. 植物研究, 23(2): 189-191.
李崇巍, 贾志宽, 林玲. 2002. 几种苜蓿新品种抗旱性的初步研究. 干旱地区农业研究, 20(4): 21-25.
李翠玲, 夏光敏. 2004. 混合小麦亲本与新麦草不对称体细胞杂交体系的建立. 生物工程学报, 20(4): 610-614.
李发明, 刘世增, 郭春秀, 等. 2009. 民勤荒漠区优良苜蓿引种栽培试验研究. 草业学报, 18(6): 248-253.
李飞飞, 崔大方, 羊海军, 等. 2012. 中国新疆紫花苜蓿复合体 3 个种的遗传多样性及亲缘关系研究. 草业学报, 21(1): 190-198.
李国珍. 1985. 染色体及其研究方法. 北京: 科学出版社.
李红, 李波, 赵洪波, 等. 2012b. 苜蓿种质资源遗传关系的 ISSR 分析. 草地学报, 20(1): 96-101.
李红, 杨曌, 李波, 等. 2012a. 不同苜蓿品种过氧化物同工酶分析. 黑龙江畜牧兽医, (8): 78-80.
李建设, 耿广东, 程智慧. 2003. 低温胁迫对茄子幼苗抗寒性生理生化指标的影响. 西北农林科技大学学报(自然科学版), 31(1): 90-92.
李捷, 张清斌, 杨刚. 1997. 中国苜蓿属植物与新疆苜蓿种质资源的优势. 草地学报, 5(4): 286-291.
李晶, 阎秀峰, 祖元刚. 2000. 低温下红松幼苗活性氧的产生及保护的变化. 植物学报, 42(2): 148-152.
李景欣, 崔国文, 陈雅君, 等. 2009. 新品系 Dy-2006 苜蓿同工酶酶谱表征及与其他苜蓿品种的差异. 中国草地学报, 31(6): 105-108.
李景欣, 鲁平, 赵娜, 等. 2011. 苜蓿新品系Dy-2006亲缘关系的SSR分析. 中国草地学报, 33(2): 116-119.
李矩华, 余勤. 1989. 生化相克物质对小麦、水稻幼苗中淀粉酶、过氧化物酶、过氧化氢酶及其同工酶的影响. 华中师范大学学报, 23(2): 243-246.
李浚明. 1992. 植物组织培养教程. 北京: 北京农业大学出版社.
李懋学, 张赞平. 1996. 作物染色体及其研究技术. 北京: 中国农业出版社.
李荣华, 夏岩石, 刘顺枝, 等. 2009. 改进的 CTAB 提取植物 DNA 方法. 实验室研究与探索, 28(9): 14-16.
李绍庆. 2001. 低温胁迫下红厚壳幼苗保护酶活性及丙二醛含量的变化. 思茅师范高等专科学校学报, 17(3): 84-85, 89.
李世雄, 王彦荣, 孙建华. 2003. 中国苜蓿种子产量性状的遗传多样性. 草业学报, 12(1): 23-29.
李文娆, 张岁岐, 山仑. 2007. 苜蓿叶片及根系对水分亏缺的生理生化响应. 草地学报, 15(4): 299-305.

李贤, 钟仲贤. 1996. 甘蓝原生质体培养和融合的研究. 上海农业学报, 12(3): 23-27.
李扬, 孙洪仁, 沈月, 等. 2012. 紫花苜蓿根系生物量垂直分布规律. 草地学报, 20(5): 793-799.
李轶冰, 杨顺强, 任广鑫, 等. 2009. 低温处理下不同禾本科牧草的生理变化及其抗寒性比较. 生态学报, 29(3): 1341-1346.
李拥军, 苏加楷. 1998. 苜蓿地方品种遗传多样性的研究 RAPD 标记. 草地学报, 2(6): 105-113.
李玉珠, 陶茸, 王娟, 等. 2010. 百脉根原生质体的分离和酶解条件的研究. 草地学报, 18(6): 798-804.
李志勇, 李鸿雁, 石凤翎, 等. 2012. 中国扁蓿豆遗传多样性的 ISSR 分析. 植物遗传资源学报, 13(1): 48-51.
梁慧敏. 1994. 苜蓿根蘖特性与环境的关系. 国外畜牧学-草原与牧草, (2): 5-8.
梁慧敏, 曹致中. 1996. 密度对根蘖型苜蓿根系的影响. 草业学报, 5(4): 30-34.
梁慧敏, 夏阳. 1998. 苜蓿抗寒性及根蘖性状的表现与过氧化物酶同工酶关系的研究. 草业学报, 7(4): 55-60.
梁慧敏, 夏阳, 梁月香. 1995. 碳水化合物含量和过氧化物酶活性变化与苜蓿抗寒性的关系. 甘肃农业大学学报, 30(4): 307-311.
廖启, 丁印龙, 杨盛昌, 等. 2002. 低温胁迫下加拿利海枣膜脂过氧化及保护酶活性的变化. 厦门大学学报(自然科学版), 41(5): 570-573.
林明敏, 朱香萍. 2009. 石蝶染色体核型分析. 青岛农业大学学报(自然科学版), (2): 128-130.
刘宝, 谢航, 何孟元, 等. 1995. 烟草种间的体细胞杂交, Ⅰ. 通过原生质体融合将波缘烟草部分核基因组转给普通烟草. 遗传学报, 22(6): 463-469.
刘鸿先, 曾韶西, 李平, 等. 1981. 零上低温对不同抗冷力的亚热带植物过氧化物酶与脂酶同工酶的影响. 植物生理学报, 17(4): 337-343.
刘建新, 王鑫, 王凤琴. 2005. 水分胁迫对苜蓿幼苗渗透调节物质积累和保护酶活性的影响. 草业科学, 22(3): 18-21.
刘磊, 王宗礼, 李志勇. 2012a. 利用 ISSR 标记解析胡卢巴和扁蓿豆、黄花苜蓿的亲缘关系. 华北农学报, 27(4): 85-88.
刘磊, 王宗礼, 李志勇. 2012b. 利用 ISSR 标记解析紫花苜蓿、黄花苜蓿和胡卢巴属植物的亲缘关系. 安徽农业科学, 40(25): 12 393-12 395.
刘明志. 1996a. 大叶紫花苜蓿愈伤组织原生质体再生植株. 武汉植物学研究, 14(4): 329-333.
刘明志. 1996b. 百脉根愈伤组织原生质体再生植株. 西北植物学报, 16(4): 403-406.
刘庆昌, 吴国良. 2010. 植物细胞组织培养. 北京: 中国农业大学出版社.
刘庆昌, 米凯霞, 周海鹰, 等. 1998. 甘薯和 *Ipomoea lacunosa* 的种间体细胞杂种植株再生及鉴定. 作物学报, 24(5): 529-535.
刘瑞峰. 2004. 紫花苜蓿在川西南湿热区引种适应性及生产性能综合评价. 成都: 四川农业大学硕士学位论文.
刘晓冰, 李文雄. 1996. 春小麦籽粒灌浆过程中淀粉积累和蛋白质积累规律的初步研究. 作物学报, 22(6): 736-740.
刘晓生, 郑道序, 周春娟, 等. 2014. 潮汕余甘子种质资源遗传多样性与亲缘关系的 ISSR 分析. 中国南方果树, 43(1): 18-22.
刘艳芝, 王玉民, 刘莉, 等. 2004. *Bar* 基因转化草原 1 号苜蓿的研究. 草地学报, 12(4): 273-276.
刘英俊, 云锦凤, 王俊杰, 等. 2004. 野生黄花苜蓿栽培驯化研究. 中国草地, 26(6): 40-44.

刘勇, 林刚, 何光源, 等. 2005. 两个油菜种的染色体核型分析. 华中科技大学学报(自然科学版), 33(3): 119-121.

刘玉华. 2003. 不同苜蓿(*Medicago sativa*)品种品质特性的分析及评价. 西安: 西北农林科技大学硕士学位论文.

刘振虎. 2004. 中国苜蓿品种资源遗传多样性研究. 北京: 北京林业大学博士学位论文.

刘志鹏. 2004. 不同耐盐性状紫花苜蓿 SSR 分子标记研究. 西安: 西北农林科技大学硕士学位论文.

刘志鹏, 杨青川, 呼天明. 2003. 侧根型紫花苜蓿遗传基础及其育种研究进展. 中国草地, 25(3): 66-71.

刘祖祺, 张石城. 1994. 植物抗性生理学. 北京: 中国农业出版社.

刘祖祺, 乔代蓉, 李良, 等. 2005. 低温胁迫对紫花苜蓿生理特性影响的研究. 四川大学学报(自然科学版), 42(1): 190-194.

柳武革, 薛庆中. 2000. 蛋白酶抑制剂及其在抗虫基因工程中的应用. 生物技术通报, (1): 20-25.

卢龙斗, 常重杰. 1996. 遗传学试验技术. 合肥: 中国科学技术大学出版社.

卢欣石, 何琪. 1997. 中国苜蓿品种资源遗传多样性研究. 中国草地, 6(1): 1-6.

陆美莲, 许新萍, 周厚高, 等. 2004. 均匀正交设计在百合组织培养中的应用. 西南农业大学学报(自然科学版), 26(6): 699-702.

吕德扬, 范云六, 俞梅敏, 等. 2000. 苜蓿高含硫氨基酸蛋白转基因植株再生. 遗传学报, 27(4): 331-337.

吕德扬, 李凤玲, 陈一明, 等. 1987. 多变小冠花(豆科牧草)原生质体和外植体胚状体的形成和植株再生. 实验生物学报, 20(l): 31-39.

罗建平, 贾敬芬, 顾月华, 等. 2000. 沙打旺胚性原生质体培养优化及高频再生植株. 生物工程学报, 16(1): 17-21.

罗希明, 赵桂兰, 谢雪菊, 等. 1991. 沙打旺原生质体培养再生植株. 遗传学报, 18(3): 239-243.

罗小英, 崔衍波, 邓伟, 等. 2004. 超量表达苹果酸脱氢酶基因提高苜蓿对铝毒的耐受性. 分子植物育种, 2(5): 621-626.

罗英, 罗明华. 2011. 干旱胁迫对丹参幼苗气体交换特征和保护酶活性的影响. 核农学报, 25(2): 375-381.

马晖玲, 卢欣石, 曹致中, 等. 2004. 紫花苜蓿不同栽培品种植株再生的研究. 草业学报, 13(6): 99-105.

马晖玲, 张崇浩, 肖尊安, 等. 1998. 影响植物原生质体分裂的生理生化因素. 甘肃农业大学学报, 33(1): 42-46.

马建岗. 2001. 基因工程学原理. 西安: 西安交通大学出版社.

马金星, 张吉宇, 单丽燕, 等. 2011. 中国草品种审定登记工作进展. 草业学报, 20(1): 206-213.

马其东, 高振生, 洪绂曾, 等. 1999. 不同苜蓿地方品种根系发育能力的评价与筛选. 草业学报, 8(1): 42-49.

马向丽, 毕玉芬. 2010. 云南野生和逸生苜蓿资源遗传多样性的 ISSR 分析. 中国草地学报, 32(6): 34-38.

马向丽, 毕玉芬. 2011. 云南野生和逸生苜蓿资源 POD 和 EST 同工酶分析. 草地学报, 19(3): 509-515.

马艳青, 戴雄泽. 2000. 低温胁迫对辣椒抗寒性相关生理指标的影响. 湖南农业大学学报(自然科学版), 26(6): 461-462.

马智宏, 李征, 王北洪, 等. 2002. 冷季型草坪草耐寒及耐寒性比较. 草地学报, 10(4): 318-321.
马宗仁, 陈宝书. 1993. 甘肃地方苜蓿品种地理性分布与抗旱性关系的研究. 草业科学, 10(3): 6-8.
明道绪. 2002. 生物统计附试验设计. 北京: 中国农业出版社: 37-38.
潘庆民, 韩兴国, 白永飞, 等. 2002. 植物非结构性贮藏碳水化合物的生理生态学研究进展. 植物学通报, 19(1): 30-38.
浦心春. 2001. 牧草之王——苜蓿. 北京: 台海出版社.
曲涛, 南志标. 2008. 作物和牧草对干旱胁迫的响应及机理研究进展. 草业学报, 17(2): 126-135.
全国草品种审定委员会. 2008. 中国审定登记草品种集. 北京: 中国农业出版社.
全国牧草品种审定委员会. 1999. 中国牧草登记品种集(修订版). 北京: 中国农业大学出版社.
任卫波, 张蕴薇, 邓波, 等. 2010. 卫星搭载紫花苜蓿种子的拉曼光谱分析. 光谱学与光谱分析, 30(4): 988-990.
沙伟, 孟凡玲, 冯昌军. 2007. 10 个苜蓿品种过氧化物同工酶分析. 北方园艺, (1): 150-152.
沈漫, 王明庥, 黄敏仁. 1997. 植物抗寒机理研究进展. 植物学通报, 14(2): 1-8.
师尚礼, 南丽丽, 郭全恩. 2010. 中国苜蓿育种取得的成就及展望. 植物遗传资源学报, 11(1): 46-51.
石思信, 张志娥, 肖建平. 1996. 利用蛋白质聚丙烯酰胺电泳法鉴定水稻种子纯度. 北京农业科学, 14(4): 8-9.
时永杰, 周丽霞. 1997. 百脉根的组织培养与植株再生. 草业科学, 14(5): 63-64.
史纪安, 刘玉华, 韩清芳, 等. 2009. 不同秋眠级数的紫花苜蓿品种根系发育能力研究. 西北农业学报, 18(4): 149-154.
史晓霞, 毛培春, 张国芳, 等. 2007. 15 份马蔺材料苗期抗旱性比较. 草地学报, 15(4): 352-358.
舒文华, 耿华珠, 孙勇如. 1994. 紫花苜蓿原生质体培养与植株再生. 草地学报, 2(1): 40-44.
司怀军, 戴朝曦. 1998. 马铃薯种间体细胞杂种植株的细胞学观察和过氧化物同工酶谱分析. 马铃薯杂志, 12: 195-199.
司家钢, 朱德蔚, 杜永臣, 等. 2002. 原生质体非对称融合获得胡萝卜(*Daucus carota* L.)种内胞质杂种. 园艺学报, 29(2): 128-132.
宋柏权, 刘丽君, 董守坤, 等. 2009. 大豆不同碳代谢产物含量变化研究. 大豆科学, 28(4): 655-658.
宋淑明. 1998. 甘肃省紫花苜蓿地方类型抗旱性的综合评判. 草业学报, 7(2): 74-80.
宋志文, 曹军, 杨光. 2001. 东北地区野豌豆属植物过氧化物同工酶研究. 植物研究, 21(1): 131-135.
苏东, 周延林, 于林清, 等. 2010. 利用 SSR 分析中国北方野生黄花苜蓿种群的遗传多样性. 中国草地学报, 32(5): 85-90.
苏加楷. 2001. 中国牧草新品种选育的回顾与展望. 草原与草坪, (4): 3-8.
孙广玉, 李威, 蔡敦江, 等. 2005. 高寒区苜蓿越冬的生理适应性. 东北林业大学学报, 33(6): 49-52.
孙洪仁, 武瑞鑫, 李品红, 等. 2008. 紫花苜蓿根系入土深度. 草地学报, 16(3): 307-312.
孙敬三, 朱至清. 2006. 植物细胞工程实验技术. 北京: 化学工业出版社.
孙启忠, 韩建国, 桂荣, 等. 2001. 科尔沁沙地苜蓿根系和根颈特性. 草地学报, 9(4): 269-276.
孙启忠, 玉柱, 马春晖, 等. 2013. 我国苜蓿产业过去 10 年发展成就与未来 10 年发展重点. 草业科学, 30(3): 471-477.

孙勇如, 安锡培. 1991. 植物原生质体培养. 北京: 科学出版社.
孙玉强. 2005. 棉花原生质体培养和原生质体对称融合研究. 武汉: 华中农业大学博士学位论文.
孙宗玖, 安沙舟, 许鹏. 2008a. 伊犁绢蒿体内可塑性营养物质动态变化及分配特征的研究(简报). 草业学报, 17(2): 151-156.
孙宗玖, 安沙舟, 许鹏. 2008b. 不同利用方式下伊犁绢蒿贮藏营养物质的比较. 中国草地学报, 30(5): 110-115.
谭远德, 吴昌谋. 1993. 核型似近系数的聚类分析方法. 遗传学报, 20(4): 305-311.
汤章城. 1998. 植物生理与分子生物学. 北京: 科学出版社: 239-247.
唐广立, 李传山, 陈明利, 等. 2007. 百脉根高频再生体系的建立及兔出血症病毒衣壳蛋白VP60基因的转化. 分子植物育种, 5(4): 593-600.
唐立群, 肖层林, 王伟平. 2012. SNP 分子标记的研究及其应用进展. 中国农学通报, 28(12): 154-158.
陶玲. 1998. 甘肃省紫花苜蓿地方类性抗旱等级分类的研究. 草业科学, (12): 7-10.
陶茸. 2011. 清水野生紫花苜蓿和扁蓿豆原生质体分离与培养条件的研究. 兰州: 甘肃农业大学硕士学位论文.
陶茸, 李玉珠, 师尚礼, 等. 2011c. 陇东野生紫花苜蓿愈伤组织原生质体有利条件的筛选. 中国草地学报, 33(1): 30-35.
陶茸, 李玉珠, 王娟, 等. 2011b. 扁蓿豆愈伤组织原生质体分离条件的研究. 草地学报, 19(2): 288-293.
陶茸, 师尚礼, 李玉珠, 等. 2011a. “陇东”紫花苜蓿原生质体最佳分离条件. 植物生理学报, 47(5), 495-500.
田瑞娟, 杨静慧, 梁国鲁, 等. 2006. 不同品种紫花苜蓿耐盐性研究. 西南农业大学学报(自然科学版), 28(6): 933-936.
万素梅, 胡守林, 黄勤慧, 等. 2004. 不同紫花苜蓿品种根系发育能力的研究. 西北植物学报, 24(11): 2048-2052.
万素梅, 贾志宽, 郑建明. 2009. 黄土高原地区不同生长年限苜蓿光合作用的日变化规律研究. 自然资源学报, 24(6): 992-1003.
汪静儿. 2007. 棉花原生质体培养与体细胞杂交研究. 杭州: 浙江大学博士学位论文.
汪月霞, 孙国荣, 王建波, 等. 2007. $NaCO_3$与NaCl胁迫下星星草幼苗叶绿体保护酶活性的比较. 草业学报, 16(1): 81-86.
王绑锡, 黄久常, 王辉. 1989. 不同植物在水分胁迫条件下脯氨酸积累与抗旱性的关系. 植物生理学报, 15(1): 46-51.
王长山, 徐香玲, 张月学, 等. 2005. 空间诱变处理苜蓿的细胞学效应研究. 航天育种高层论坛论文选编, 132-136.
王成章, 许向阳, 杨雨鑫. 2002. 不同紫花苜蓿品种引种试验研究. 西北农林科技大学学报(自然科学版), 30(3): 29-31.
王代军, 温洋. 1998. 温度胁迫下几种冷季型草坪草抗性机制的研究. 草业科学, 7(1): 75-80.
王殿魁, 李红, 罗新义. 2008. 扁蓿豆与紫花苜蓿杂交育种研究. 草地学报, 16(5): 458-465.
王国平. 2008. 原生质体融合技术在枣育种中的应用展望. 分子植物育种, 6(3): 555-560.
王果平, 陶锦. 2005. 阿尔冈金杂花苜蓿和 WL-323 两苜蓿材料染色体核型分析. 江西饲料, 15(2): 14-15.

王海波, 玉永雄. 2006. 紫花苜蓿原生质体游离条件的研究. 中国草地学报, 28(5): 33-37.
王赫, 刘利, 周道玮. 2007. 苜蓿属种质资源遗传多样性 RAPD 分析. 草地学报, 15(5): 437-441.
王金发, 何炎明. 2004. 细胞生物学试验教程. 北京: 科学出版社.
王晶, 向凤宁, 夏光敏, 等. 2004. 利用不对称体细胞杂交向小麦转移高冰草染色体小片段. 中国科学(C 辑生命科学), 34: 113-120.
王静, 杨持, 王铁娟, 等. 2004. 不同刈割强度下冷蒿再生生长与可溶性碳水化合物的相关分析. 内蒙古大学学报(自然科学版), 35(2): 177-182.
王俊杰, 云锦凤, 吕世杰. 2008. 黄花苜蓿种质的优良特性与利用价值. 内蒙古农业大学学报, 29(1): 215-219.
王珺, 柳小妮. 2010. 植物激素对 2 个紫花苜蓿品种再生体系的影响. 草原与草坪, 30(6): 15-18.
王堃, 陈默君. 2001. 苜蓿产业化生产技术. 北京: 中国农业科学技术出版社.
王立群. 2003. 草地植物根系类型划分原则的探讨. 内蒙古农业大学学报, 9(24): 11-12.
王凌健, 倪迪安, 宛新杉, 等. 1998. 水稻(*Oryza sativa*)原生质体经钝化后诱导融合再生可育体细胞杂种. 实验生物学报, 31(4): 413-421.
王清, 黄惠英, 李学才, 等. 2001. 二倍体马铃薯体细胞电融合的研究. 甘肃农业大学学报, 36: 394-399.
王庆锁. 2004. 苜蓿生长和营养物质动态研究. 草地学报, 12(4): 264-267.
王森山, 唐守嵘, 朱亚灵, 等. 2010. 抗蚜苜蓿品种(系)SSR 标记的遗传多样性分析. 草业科学, 27(7): 78-83.
王铁梅. 2008. 苜蓿根蘖性状发生及其调节机制研究. 北京: 北京林业大学博士学位论文.
王显国, 韩建国, 祝美俊. 2004. 美国的苜蓿种子产业. 世界农业, (6): 42-44.
王晓慧, 徐克章, 李大勇, 等. 2007. 大豆品种遗传改良过程中叶片可溶性糖含量和比叶重的变化. 大豆科学, 26(6): 879-885.
王晓娟, 孙月华, 杨晓莉, 等. 2008. 苜蓿遗传图谱构建及其应用. 草业学报, 17(3): 119-127.
王晓炜, 常水晶, 迪利夏提, 等. 2008. 新疆猪毛菜属植物染色体数及核型分析. 西北植物学报, 28(1): 65-71.
王兴仁, 张录达, 王华方. 2000. 正交试验设置重复的必要性和统计分析方法. 土壤通报, 31(3): 135-139.
王雪, 李志萍, 孙建军, 等. 2014. 中国苜蓿品种的选育与研究. 草业科学, 31(3): 512-518.
王亚玲, 师尚礼. 2008. 陇东野生紫花苜蓿的生态特性. 草业科学, 25(1): 55-58.
王以柔, 曾韶西, 刘鸿先. 1995. 冷锻炼对水稻和黄瓜幼苗 SOD、GR 活性及 GSH、ASA 含量的影响. 植物学报, 37(10): 776-780.
王月胜, 于林清, 张利军. 2008. 播种当年苜蓿根系研究初报(简报). 草地学报, 16(3): 313-315.
韦革宏, 朱铭莪, 郭杰, 等. 2002. 苜蓿中华根瘤菌与鹰嘴豆中慢生根瘤菌原生质体的融合研究. 西北农林科技大学学报(自然科学版), 1: 18-22.
魏小红, 王静, 马向丽, 等. 2005. 高寒地区牧草碳水化合物及氨基酸含量季节动态研究. 草业学报, 14(3): 94-99.
魏臻武. 2003. 苜蓿遗传多样性分子标记及其种质资源评价. 兰州: 甘肃农业大学博士学位论文.
魏臻武. 2004. 利用 SSR、ISSR 和 RAPD 技术构建苜蓿基因组 DNA 指纹图谱. 草业学报, 13(3): 62-67.
魏臻武, 盖钧镒. 2006. 豆科模式植物蒺藜苜蓿基因组研究进展. 中国草地学报, (6): 83-90.

文菊华. 2004. 应用EST同工酶与RAPD对狼蛛科部分种属间的亲缘关系研究. 长沙: 湖南师范大学硕士学位论文.
文亦芾, 曹国军, 毛华明, 等. 2009. 不同生育期豆科饲用灌木碳水化合物含量及对体外消化率的影响. 草地学报, 17(1): 101-105.
吴昌谋. 1996. 核型似近系数和进化距离的估计. 动物分类学报, 21(3): 338-344.
吴殿星, 胡繁荣. 2009. 植物组织培养. 上海: 上海交通大学出版社.
吴菁华, 张志忠, 吕柳新. 2003. 多花水仙若干材料类型的亲缘关系与进化研究的 POD 同工酶分析. 亚热带植物科学, 32(4): 11-14.
吴圣龙, 包文斌, 束婧婷, 等. 2006. 安徽地方猪种间核型似近系数和进化距离的聚类分析. 中国畜牧杂志, 42(21): 4-6.
吴晓丽, 韩清芳, 贾志宽. 2008. 不同紫花苜蓿几个抗旱指标的灰色关联分析. 干旱地区农业研究, 26(3): 100-103.
吴新卫, 韩清芳, 贾志宽. 2007. 不同苜蓿品种根颈和根系形态学特性比较及根系发育能力. 西北农业学报, 16(2): 80-86.
吴永敷. 1980. 苜蓿雄性不育系的选育. 中国草原, (2): 36-38.
吴仲庆. 2000. 水产生物遗传育种学. 厦门: 厦门大学出版社.
吴自立, 宋淑明, 程平, 等. 1989. 红豆草和抗旱苜蓿产草量极其营养动态分析. 草业科学, (4): 51-56.
吴宗怀. 2007. 紫花苜蓿、杂花苜蓿和黄花苜蓿 SSR 分子标记分析. 呼和浩特: 内蒙古农业大学硕士学位论文.
武维华. 2003. 植物生理学. 北京: 科学出版社: 440-448.
向凤宁. 2003. 小麦远缘体细胞杂交及体细胞杂种的遗传研究. 济南: 山东大学博士学位论文.
向凤宁, 夏光敏. 2002. 小麦与燕麦不对称体细胞杂交的研究. 中国科学(C辑), 32(4): 299-305.
肖尊安, 祝扬. 2006. 植物组织培养导论. 北京: 化学工业出版社.
忻雅, 崔海瑞. 2004. 植物表达序列标签(EST)标记及其应用研究进展. 生物学通报, 39(8): 4-6.
邢道臣, 王晶珊, 郭宝太, 等. 2002. 花生与其近缘野生种间细胞融合及培养. 花生学报, 31(4): 1-4.
熊兴耀. 2000. 苎麻体细胞杂交研究. 长沙: 湖南农业大学博士学位论文.
徐炳声, 张芝玉, 陈家宽, 等. 1996. 染色体研究的进展与植物分类学. 武汉植物学研究, 14(2): 177-187.
徐琪, 陈国宏, 张学余, 等. 2004. 3个地方鸡种的核型及其似近系数分析. 畜牧兽医学报, 35(4): 362-366.
徐小勇. 2006. 柑橘原生质体融合及体细胞杂种核质遗传研究. 武汉: 华中农业大学博士学位论文.
徐子勤, 贾敬芬. 1996. 红豆草与苜蓿原生体融合再生属间体细胞杂种植株. 中国科学(C 辑), 26(5): 449-454.
徐子勤, 贾敬芬, 胡之德. 1997. 苜蓿根癌农杆菌转化系原生质体培养研究. 武汉植物学研究, 15(3): 283-285.
许桂芳, 张朝阳. 2009. 高温胁迫对4种珍珠菜属植物抗性生理生化指标的影响. 中国生态农业学报, 17(3): 565-569.
许家磊, 王宇, 后猛, 等. 2015. SNP检测方法的研究进展. 分子植物育种, 13(2): 475-482.
许云华, 沈洁. 2003. DNA 分子标记技术及其原理. 连云港师范高等专科学校学报, 3: 78-82.

闫娟, 楚海家, 王恒昌, 等. 2008. 用EST-SSR标记分析中国北部和中部地区天蓝苜蓿的遗传多样性和遗传结构. 生物多样性, 16(3): 263-270.
闫向忠. 2007. 百脉根早熟品系农艺性状及组培再生体系研究. 兰州: 甘肃农业大学硕士学位论文.
严华, 张冬梅, 罗玉兰, 等. 2010. 38种国兰亲缘关系的ISSR分析. 分子植物育种, 8(4): 736-741.
杨恒山, 曹敏建, 郑庆福. 2004. 刈割次数对紫花苜蓿草产量、品质及根的影响. 作物杂志, (2): 33-34.
杨恒山, 张庆国, 刘晶, 等. 2007. 不同生长年限紫花苜蓿根系及其土壤微生物的分布. 草业科学, 24(11): 38-41.
杨敏生, 裴保华, 程志鹏. 1997. 白杨杂种无性系抗寒性生理指标动态分析. 生态学报, 21(4): 367-375.
杨青川. 2003. 苜蓿生产与管理指南. 北京: 中国林业出版社: 1-7.
杨青川, 孙彦. 2011. 中国苜蓿育种的历史、现状与发展趋势. 中国草地学报, 33(6): 95-101.
杨青川, 孙杰, 韩国栋. 2001. 耐盐苜蓿与敏盐苜蓿RAPD多态性研究. 草地学报, 9(2): 84-86.
杨小艳. 2008. 川西南荞麦资源种间亲缘关系研究. 成都: 四川农业大学硕士学位论文.
杨晓莉. 2008. 利用RAPD和SSR标记分析紫花苜蓿种质资源遗传多样性. 兰州: 兰州大学硕士学位论文.
杨晓伶, 程舟. 2005. 柑橘类植物染色体制片新技术. 同济大学(自然科学版), 33(2): 222-224.
杨占花, 魏臻武, 雷艳芳. 2008. 两类SSR对苜蓿属种质遗传多样性和亲缘关系的比较研究. 草地学报, 16(6): 559-565.
尹权为, 张璐璐, 李发玉, 等. 2009. 过氧化物同工酶在紫花苜蓿遗传多样性分析上的应用. 草业与畜牧, (9): 9-11.
于晶, 张林, 崔红, 等. 2008. 高寒地区冬小麦东农冬麦1号越冬前的生理生化特性. 作物学报, 34(11): 2019-2025.
于林清. 2009. 苜蓿种质资源系统评价与遗传多样性分析. 呼和浩特: 内蒙古农业大学博士学位论文.
于林清, 刘荣霞, 苏东, 等. 2009. 利用SSR和EST-SSR技术研究不同秋眠级苜蓿遗传多样性. 中国草地学报, 31(6): 52-58.
于林清, 王照兰, 萨仁, 等. 2001. 黄花苜蓿野生种群遗传多样性的初步研究. 中国草地, 23(1): 23-25.
于小玉, 喻方圆, 刘建兵, 等. 2013. ISSR在油茶品种鉴别和遗传多样性分析中的应用. 南京林业大学学报(自然科学版), 37(1): 61-66.
于晓玲, 李春强, 彭明. 2009. 植物原生质体技术及其应用. 中国农学通报, 25(8): 22-26.
余玲, 王彦荣, Trevor G, 等. 2006. 紫花苜蓿不同品种对干旱胁迫的生理响应. 草业学报, 15(3): 75-85.
俞金蓉. 2007. 苜蓿品种间遗传多样性的ISSR分析. 重庆: 西南大学硕士学位论文.
袁华玲. 2008. 二倍体马铃薯原生质体培养基体细胞杂交的研究. 北京: 中国农业科学院博士学位论文.
云锦凤. 2001. 牧草及饲料作物育种学. 北京: 中国农业出版社.
云岚, 云锦凤, 米富贵, 等. 2002. 苜蓿新品系产量及农艺性状初报. 中国草地, (6): 13-20.
张阿英. 2002. 中国紫花苜蓿(*Medicago sativa* L.)地方品种SSR分析. 哈尔滨: 东北农业大学硕士学位论文.

张冰玉, 刘庆昌, 翟红, 等. 1999. 甘薯及其近缘野生种种间体细胞杂种植株的有效再生. 中国农业科学, 32(6): 23-27.
张春梅, 王成章, 胡喜峰, 等. 2005. 苜蓿的营养价值及应用研究进展. 中国饲料, (1): 15-17.
张春晓, 李悦, 沈熙环. 1998 . 林木同工酶遗传多样性研究进展. 北京林业大学学报, 20(3): 58-66.
张凤仙, 毕玉芬, 王晓云, 等. 2008. 云南野生苜蓿与引进苜蓿的核型分析. 云南农业大学学报, 23(7): 431-435.
张改娜. 2004. 三种豆科牧草的原生质体的培养及骆驼刺和鹰嘴紫云英的体细胞杂交. 西安: 西北大学硕士学位论文.
张改娜, 贾敬芬. 2007. 植物体细胞杂交及其杂种鉴定方法研究进展. 西北植物学报, 27(1): 206-213.
张光辉. 2005. 内蒙古四种不同生活型草原植物碳水化合物的季节性动态变化及其对刈割的响应. 泰安: 山东农业大学硕士学位论文.
张静妮, 王铁梅, 卢欣石, 等. 2008. 紫花与杂花苜蓿再生影响因子的比较研究. 草地学报, 16(1): 45-49.
张谦, 郑国锠. 1994. 埃斯基红豆草下胚轴愈伤组织原生质体的培养与植株再生. 西北植物学报, 14(2): 97-100.
张谦, 郑国锠. 1995. 埃斯基红豆草原生质体培养直接形成体细胞胚与再生植株. 兰州大学学报(自然科学版), 31(1): 61-67.
张庆峰, 徐胜, 李建龙, 等. 2006. 高温胁迫下高羊茅生理生化特性研究. 草业科学, 23(4): 26-28.
张万军, 王涛. 2002. 紫花苜蓿愈伤成苗高频再生体系的建立及其影响因子的研究, 中国农业科学, 35(12): 1579-1583.
张为民. 2006. 四种紫花苜蓿的核型分析. 山西农业大学学报, 26(1): 73-76.
张维强, 唐秀芝. 1993. 同工酶与植物遗传育种. 北京: 北京农业大学出版社: 168-184.
张文娟, 邓波, 张蕴薇, 等. 2010. 空间飞行对不同紫花苜蓿品种叶片显微结构的影响. 草地学报, 18(2): 233-236.
张相岐, 安利佳, 向卫, 等. 1993. 草木樨状黄芪叶肉原生质体的植株再生. 实验生物学报, 26(1): 11-14.
张相岐, 王献平, 安利佳, 等. 1996. 天蓝苜蓿原生质体培养再生植株. 植物学报, 38(3): 241-244.
张晓红. 2009. 南苜蓿和紫花苜蓿染色体的核型分析. 安徽农学通报, 15(7): 51-52.
张晓红, 夏光敏, 陈永哲. 2005. 青苗碱谷与高冰草的体细胞杂交及杂种性质鉴定. 山东大学学报(理学版), 40(5): 107-112.
张雪婷, 师尚礼. 2009. 陇东野生紫花苜蓿的遗传特异性分析. 草地学报, 17(3): 343-348.
张颖娟, 王斯琴花. 2014. 不同苜蓿种质材料的 ISSR 分析及遗传多样性研究. 中国草地学报, 36(3): 35-39.
张永亮, 张丽娟, 高凯, 等. 2007. 苜蓿、无芒雀麦混播与单播群落总糖及氮素含量动态. 中国草地学报, 29(3): 17-22.
张宇, 于林清, 慈忠玲. 2012. 利用 SRAP 标记研究紫花苜蓿和黄花苜蓿种质资源遗传多样性. 中国草地学报, 34(1): 72-76.
赵桂琴, 慕平, 张勃. 2006. 紫花苜蓿基因工程研究进展. 草业学报, 15(6): 9-18.

赵宏天, 沈秀瑛, 杨德光, 等. 2003. 水分胁迫及复水对玉米叶片叶绿素含量和光合作用的影响. 杂粮作物, 23(1): 33-35.
赵军胜, 蔡云飞, 李子东, 等. 2004. 胡萝卜与川西獐牙菜不对称体细胞杂交. 山东大学学报(理学版), 39(6): 108-111.
赵黎明, 郑殿峰, 冯乃杰, 等. 2008. 植物生长调节剂对大豆叶片光合特性及糖分积累的影响. 大豆科学, 27(3): 442-450.
赵小强. 2009. 草地早熟禾原生质体培养及体细胞杂交. 兰州: 甘肃农业大学硕士学位论文.
赵小强, 马晖玲, 周万海, 等. 2010. 草地早熟禾原生质体培养与融合. 核农学报, 24(4): 737-743.
赵姚阳, 刘文兆, 濮励杰. 2005. 黄土丘陵沟壑区苜蓿地土壤水分环境效应. 自然资源学报, 20(1): 85-91.
赵宇光, 吴渠来, 许令妊, 等. 1986. 冷季紫花苜蓿和黄花苜蓿抗冻性的变化. 中国草地学报, (6): 15-18.
赵志强, 郑小林, 张思杰, 等. 2005. 细胞融合技术. 生物学通报, 40(10): 40-41.
郑湘如. 2001. 植物学. 北京: 中国农业出版社: 9.
中国科学院上海植物生理研究所, 上海市植物生理学会. 1999. 现代植物生理学实验指南. 北京: 科学出版社.
钟金城, 陈智华, 张成忠. 1996. 牦牛品种(类群)间核型似近系数的聚类分析研究. 草食家畜, 9(3): 11 -13.
周婵, 杨允菲, 李建东. 2002. 松嫩平原两种趋异类型羊草对干旱胁迫的生理响应. 应用生态学报, 13(9): 1109-1112.
周良彬, 卢欣石, 王铁梅, 等. 2010. 杂花苜蓿种质 SRAP 标记遗传多样性研究. 草地学报, 18(4): 544-549.
周瑞莲. 1999. 应用生物化学技术进行牧草抗逆性鉴定的原理与方法. 中国草地, (3): 56-59.
周瑞莲, 张普金. 1996. 春季高寒草地牧草根中营养物质含量和保护酶活性的变化及其生态适应性研究. 生态学报, 16(4): 402-407.
周瑞莲, 赵哈林. 1995. 秋季牧草根系中营养含量和酶活性变化及其抗寒性研究. 植物生态学报, 18(4): 345-351.
周瑞莲, 张承烈, 金巨和. 1991. 干旱胁迫下紫花苜蓿叶片含水量、质膜透性、SOD、CAT 活性变化与抗旱性关系研究. 中国草地, (2): 20-24.
周兴龙, 杨青川, 王凭青, 等. 2005. 苜蓿转基因研究进展. 重庆大学学报(自然科学版), 28(4): 126-129.
周延清, 杨清香, 张改娜. 2008. 生物遗传标记与应用. 北京: 化学工业出版社: 47-58.
朱兴远. 1988. 红豆草和紫花苜蓿营养价值动态研究总结. 中国草业科学, 5(3): 31-35, 61.
朱永生, 陈葆棠, 余舜武, 等. 2004. 不对称体细胞杂交转移疣粒野生稻对水稻白叶枯病的抗性. 科学通报, 49(14): 1395-1398.
朱至清. 2003. 植物细胞工程. 北京: 化学工业出版社: 25-26.
紫薇薇. 2007. 张掖市四翅滨藜引种抗旱适应性研究. 兰州: 甘肃农业大学硕士学位论文: 18.
邹春静, 盛晓峰, 韩文卿, 等. 2003. 同工酶分析技术及其在植物研究中的应用. 生态学杂志, 22(6): 63-69.
邹琦. 2000. 植物生理学实验指导. 北京: 中国农业出版社.
Ahuja P S, Hadiuzzaman S, Davey M R, et al. 1983a. Proflic plant regeneration from

protoplast-derived tissues of *Lotus corniculatus* L. Plant Cell Reports, 2(20): 101-104.

Ahuja P S, Lu D Y, Cocking E C, et al. 1983b. An assessment of the cultural capabilities of *Trifolium repens* L. (white clover) and *Onobrychis viciifolia* Scop. (sainfoin) mesophyll protoplasts. Plant Cell Reports, 2: 269-272.

Akashi Y, Fukuda N, Wako T. 2002. Genetic variation and phylogenetic relationships in East and South Asian melons, *Cucumis melo* L., based on the analysis of five isozymes. Euphytica, 125: 385-396.

Allen R D. 1995. Dissection of oxidative stress tolerance using transgenic plants. Plant Physiol, 107: 1049-1054.

Arano H. 1963. Cytological studies in subfamily Carduoideae (Compositae) of Japon. Ⅸ. Bot Mag(Tokyo), 76(5): 32-39.

Arcioni S, Dowey M R, dos Somtos A V P, et al. 1982. Somatic embryogenesis in tissue from mesophyll and cell suspension protoplast of *Medicago coerulea* and *M. glutinosa*. Zeitschrift Für Pflanzenphysiologie, 106: 105-110.

Arcioni S, Nenz E, Pupilli F. 1994. Gene transfer into medicago through somatic hybridization. Report of the Thirty-Forth North American Alfalfa Improvement Conference, 10-4 July.

Avice J C, Ourry A, Lemaire G, et al. 1997. Root protein and vegetative storage protein are key organics nutrients for alfalfa shoot regrowth. Crop Science, 37: 1187-1193.

Avraham T, Badani H, Galili S, et al. 2005. Enhanced levels of methionine and cysteine in transgenic alfalfa (*Medicago sativa* L.) plants overexpressing the *Arabidopsis* cystathionine-synthase gene. Plant Biotechnology Journal, (3): 71-79.

Aziz M A, Chand P K, Power J B, et al. 1989. Somatic hybrids between the forage legumes *Lotus corniculatus* L. and *L. tenuis* Waldst et Kit. Journal of Experimental Botany, 41(4): 471-479.

Bagavathiannan M V, Julier B, Barre P, et al. 2010. Genetic diversity of feral alfalfa (*Medicago sativa* L.) populations occurring in Manitoba, Canada and comparison with alfalfa cultivars: an analysis using SSR markers and phenotypic traits. Euphytica, 173: 419-432.

Barnes D K, Hanson C H. 1971. Recurrent selection for bacterial wilt resistance in alfalfa. Crop Science, 11: 545-546.

Baucher M, Bernard-Vailhe M A, Chabbert B, et al. 1999. Down-regulation of cinnamyl alcohol dehydrogenase in transgenic alfalfa (*Medicago sativa* L.) and the effect on lignin composition and digestibility. Plant Molecular Biology, 39: 437-447.

Bauer-Weston B, Keller W, Webb J, et al. 1993. Production and characterization of asymmetric somatic hybrids between *Arabidopsis thaliana* and *Brassica napus*. Theoretical Applied Genetics, 96: 150-158.

Beckman J S, Soller M. 1983. Restriction fragment length poly-morphisms in genetic improvement, methodologies, mapping and costs . Theor and Appl Genet, (67): 35-43.

Belanger G. 1996. Morphogenetic and structural characteristics of field-grown timothy cultivars differing in maturity. Can J Plant Sci, 76: 277-282.

Belanger G, McQueen R E. 1997. Leaf and stem nutritive value of timothy cultivars differing in maturity. Can J Plant Sci, 77: 237-245.

Belanger G, McQueen R E. 1998. Analysis of the nutritive value of timothy grown with varying nutrition. Grass and Forage Sci, 53: 109-119.

Benbadis A, Virville J D D. 1982. Effect of polyethylene glycol treatment used for protoplast fusion and organelle treansplantation on the functional and structural integrity of mitochondria isolated from spinach leaves. Plant Science Letters, 26: 257-264.

Bing H, Nehls R. 1977. Regenertion of isolated protoplasts to plants in *Solanum dulcamara* L. Z

Pflanzenphysiol, 85: 279-280.

Bolinder M A, Angers D A, Belanger G, et al. 2002. Root biomass and shoot to root ratios of perennial forage crops in Eastern Canada. Canadian Journal of Plant Science, 82(4): 731-737.

Bowler C, Van Montagu M, Inze D. 1992. Superoxide dismutase and stress tolerance. Annual Review of Plant Physiology & Plant Molecular Biology, 43: 83-116.

Bray R A, Irwin J A C. 1989. Recurrent selection for resistance to *Stemphylium vesicarium* within the lucerne cultivars trifecta and sequel. Australian Journal of Experimental Agriculture, 29: 182-192.

Brewer E P, Saunders J A, Angle J S, et al. 1999. Somatic hybridization between the zinc accumulator *Thlaspi caerulescens* and *Brassica napus*. Theoretical Applied Genetics, 99: 761-771.

Brouwer D J, Duke S H, Osborn T C. 2000. Mapping factors associate with winter hardiness, fall growth and freezing injury in autotetraploid alfalfa. Crop Science, 40: 1387-1396.

Brummer E C, Bouton J, Kochert G. 1993. Development of an RFLP map in diploid alfalfa. Theor Appl, 86: 329-332.

Carlson P S. 1970. Induction and isolation of auxotrophic mutants in somatic cell cultures of *Nicotiana tabacum*. Science, 168: 487-489.

Chevreau E, Leuliette S, Gallet M. 1997. Inheritance and linkage of isozyme loci in pear (*Pyrus communis* L.). Theor Appl Genet, 94: 498-506.

Chloupek O. 1982. Combining ability for growth of young alfalfa as related to size of the root system. Z Planzenzuchtg, 88: 54-60.

Christey M C, Makaroff C A, Earle E D. 1991. Atrazine-resistant cytoplasmic male-sterile-nigrabroccoli obtained by protoplast fusion between cytoplasmic male-sterile *Brassica oleracea* and atrazine-resistant *Brassica campestris*. Theoretical and Applied Genetics, 83: 201-208.

Cocking E C. 1960. A method for the isolation of plant protoplasts and vacuoles. Nature (London), 187: 927-929.

Coffindaffer B L, Burger O J. 1958. Response of alfalfa varieties to day length. Agron, 50: 389-392.

Crea F, Calderini O, Nenz E, et al. 1997. Chromosomal and molecular rearrangements in somatic hybrids between tetraploid *Medicago sativa* and diploid *Medicago falcate*. Theoretical Applied Genetics, 95: 1112-1118.

Cregan P B, Bhagw at A A, Ak kaya M S, et al. 1994. Microsatellite fingerprinting and mapping of soy bean. Method Mol Cell Biol, 5: 49-61.

Croehemore M L, Huyghe C, Eealle C, et al. 1998. Structuration of alfalfa genetic diversity using agronomic and morphological characteristies. Relationship with RAPD markers. Agronomeie, 18(l): 79-94.

Cunningham S M, Volenec J J, Teuber L R. 1998. Plant survival and root and bud composition fall dormancy. Crop Sci, 38: 962-969.

Daday H. 1974. Effect of plant density on the expression of the creeping-rooted character and forage yield of the lucerne cultivar can creep . Aust J Exp Agric Anim Husb, 14: 735-741.

Damiani F, Pezzotti M, Arcioni S. 1988. Electric field mediated fusion of protoplasts of *Medicago sativa* L. and *Medicago arborea* L. Plant Physiology, 132: 474-479.

Davis R L, Baker R J. 1966. Predicting yields from associated characters in *Medicago sativa* L. Crop Sci, 2: 492-494.

Deak M, Donn G, Feher A, et al. 1988. Dominant expression of a gene amplification-related herbicide resistance in medicago cell hybrids. Plant Cell Reports, 7: 158-161.

Dixon R A, Guo D G, Chen F, et al. 2001. Improvement of in-rumen digestibility of alfalfa forage by genetic manipulation of lignin *O*-methyltransferases. Transgenic Research, 10: 457-464.

Dobrenz A K, Robinson D I, Smith S E, et al. 1988. Registration of AZ large leaflet nondormant alfalfa germplasm. Crop Science, 28: 1034.

Donaghy D J, Fulkerson W J. 1998. Priority for allocation of water-soluble carbohydrate reserves during regrowth of *Lolium perenne*. Grass and Forage Science, 53: 211-218.

Echt C, Kidwell K, Knapp S J, et al. 1993. Linkage mapping in diploid alfalfa (*Medicago sativa*). Genome, 37: 61-71.

Falahati-Anbaran M, Habashi A A, Esfahany M, et al. 2007. Population genetic structure based on SSR markers in alfalfa (*Medicago sativa* L.) from various regions contiguous to the centres of origin of the species. Journal of Genetics, 86: 59-63.

Falistocco E. 2000. Physical mapping of rRNA genes in *Medicago sativa* and *M. glomerata* by fluorescent in situ hybridization. The Journal of Heredity, 91(3): 256-260.

Fasano T, Bocchi L, Pisciotta L, et al. 2005. Denaturing high-performance liquid chromatography in the detection of ABCA1 gene mutations in familial HDL deficiency. J Lipid Res, 46(4): 817-822.

Fischer S G, Lerman L S, 1979. Length-independent separation of DNA restriction fragments in two-dimensional gelelectrophoresis. Cell, 16(1): 191-200.

Flajoulot S, Ronfort J, Baudouin P, et al. 2005. Genetic diversity among alfalfa (*Medicago sativa*) cultivars coming from a breeding program, using SSR markers. Theoretical and Applied Genetics, 111: 1420-1429.

Gamborg O L, Miller R A, Ojima K. 1968. Nutrient requirements of suspension cultures of soybean root cells. Exp Cell Res, 50: 151-158.

Gear A R L. 1974. Rhodamine 6G a potent inhibitor of mitochondrial oxidative phosphorylation. Journal of Biological Chemistry, 249(11): 3628-3637.

Gepts D J, Hancock J. 2006. The future of plant breeding. Crop Science, 46: 1630-1634.

Gerloff E D. 1967. Soluble proteins in alfalfa roots as related to cold hardiness. Plant Physiology, 42: 895-899.

Gilmour D M, Davey M R, Cocking E C. 1987a. Isolation and culture of heterokaryons following fusion of protoplasts from sexually compatible and sexually incompatible *Medicago* species. Plant Science, 53(3), 263-270.

Gilmour D M, Davey M R, Cocking E C. 1987b. Plant regeneration from cotyledon protoplasts of wild *Medicago* species. Plant Science, 48(2): 107-112.

Gilmour D M, Davey M R, Cocking E C. 1989. Production of somatic hybrid tissues following chemical and electrical fusion of protoplasts from albino cell suspensions of *Medicago sativa* and *M. borealis*. Plant Cell Reports, 8: 29-32.

Graber L F. 1931. Food reserve in relation to other factors limiting the growth of grasses. Plant Physiology, (6): 31-43.

Gruber M Y, Skadhauge B, Stougaard J. 1996. Condensed tannin mutations in *Lotus japonicus*. Polyphenol Letters, 18: 4-8.

Gundry C N, Vandersteen J G, Reed G H, et al. 2003. Amplicon melting analysis with labeled primers: a closed-tube method for differentiating homozygotes and heterozygotes. Clin Chem, 49: 396-406.

Guo J M, Liu Q C, Zhai Q C, et al. 2006. Regeneration of plants from *Ipomoea cairica* L. protoplasts and production of somatic hybrids between *I. cairica* L. and sweetpotato, *I. Batatas* (L.) Lam. Plant Cell, Tissue and Organ Culture, 87: 321-327.

Hakimi A, Monneveux P, Galiba G. 1995. Soluble sugars, praline and relative water content (RWC) as traits for improving drought tolerance and divergent selection for RWC from *T. polonicum* to *T. durum*. Journal of Genetics & Breeding, 49(3): 237-243.

Halluin K D, Boteerman J, Greef W D. 1990. Engineering of herbicide-resistant alfalfa and evaluation under field condition. Crop Science, 30: 866-871.

Hamrick J L, Godt M J W. 1990. Allozyme diversity in plant species. *In*: Brown A H D, Clegg M T, Kahler A L, et al. Plant Population Genetics, Breeding, and Genetic Resources, Sunderland Sinouer Association: 43-63.

Heinrichs D H. 1965. Registration of rambler alfalfa. Crop Sci, 5: 483.

Heisey R F, Murphy R P. 1971. Phenotypic recurrent selection for resistance to *Phytophthora* root rot in two diploid alfalfa populations. Crop Science, 25: 693-694.

Hideki A. 2006. Development of a quantitative method for determination of the optimal conditions for protoplast isolation from cultured plant cells. Biotechnology Letter, 28: 1687-1694.

Hipskind J D, Pavia N L. 2000. Constitutive accumulation of resveratrol-glucoside in transgenic alfalfa increases resistance to *Phoma medicaginis*. Molecular Plant-Microbe Interactions, 13(5): 551-562.

Huang Y, Zhai X L, Li Sh H, et al. 1999. Intergeneric somatic hybridization between *Triticum aestivum* L. and *Legmus chinensis* (Trin.) Tzvel. Acta Botanica Boreali-Occidentalia Sinica, 19(4): 659-664.

Hwang S F, Gaudet D A. 1995. Effects of plant age and late-season hardening on development of resistance to winter crown root in first-year alfalfa. Can J Plant Sci, 75: 421-428.

Jadari R, Sihachakr D, Rossignol L, et al. 1992. Transfer of resistance to *Verticillium dahliae* Kleb. from *Solanum torvum* S. W. into potato (*Solanum tuberosum* L.) by protoplasts electrofusion. Euphytica, 64: 39-47.

Jean-Marie P, Eric J, Michel A. 2006. Morphologic and agronomic diversity of wild genetic resources of *Medicago sativa* L. collected in Spain. Genetic Resources and Crop Evolution, 53: 843-856.

Jelodar N B, Blackhall N W, Hartman T P V, et al. 1999. Intergeneric somatic hybrids of rice [*Oryza sativa* L. (+)*Porteresia coarctata* (Roxb.) Tateoka]. Theoretical and Applied Genetics, 99: 570-577.

Jin J, Liu X B, Wang G H. 2004. Some ecophysiological characteristic R4-R5 stage in relation to soybean yield differing in maturities. Scientia Agricultura Sinica, 37: 1293-1300.

Johnson L D, Marquez-Ortiz J J, Barnes D K, et al. 1996. Inheritance of root traits in alfalfa. Crop Science, 36: 1482-1487.

Johnson L D, Marquez-Ortiz J J, Lamb J F S, et al. 1998. Root morphology of alfalfa plant introductions and cultuvars. Crop Science, 38: 497-502.

Joshi S P, Gupta V S, Aggarwal R K, et al. 2000. Genetic diversity and phylogenetic relationship as revealed by inter-simple sequence repeat (ISSR) polymorphism in the genus *Oryza*. Theor Appl Genet, 100: 1311-1320.

Judith W K, Woodcock S, Chamberlain D A. 1987. Plant regeneration from protoplasts of *Trifolium repens* and *Lotus corniculatus*. Plant Breeding, 98(2): 111-118.

Julier B, Flajoulot S, Barre P, et al. 2003. Construction of two genetic linkage maps in cultivated tetraploid alfalfa (*Medieago sativa* L.) using mierosatellite and AFLP markers. Plant Biology, 3(l): 9.

Jung L. 1972. Cold, drought and heat tolerance. Monograph No. 15 American Society of Agronomy. New York: New York Publication: 165-209.

Kaendler C, Fladung M, Uhrig H. 1996. Production and identification of somatic hybrids between *Solanum tuberosum* and *S. papita* by using the *rolC* gene as a morphological selectable marker. Theoretical Applied Genetics, 92: 488-462.

Kahler A L, Allard R W. 1970. Genetics of isozyme variants in barley. I. Esterases Crop Sci, 10:

444-448.

Kao K N. 1981. Plant protoplast fusion and somatic hybrids. *In*: Ham H. Plant Tissue Culture. The Pitman Int Ser in Appl Biol, Proc Beijing Symp. London: Pitman: 331-339.

Kao K N, Michaylue M R. 1974b. A method of high frequency intergeneric fusion of plant protoplasts. Planta, 115: 355-367.

Kao K N, Michayluk M K. 1974a. Nutritional requirements for growth of *Vicia hajastana* cells and protoplasts at a very low population density in liquid media. Planta, 126: 105-110.

Kao K N, Michayluk M R. 1980. Plant regeneration from mesophyll protoplasts of alfalfa. Zeitschrift für Pflanzenphysiologie, 96: 135-141.

Kidambi S P, Matches A G, Bolger T P . 1990. Mineral concentrations in alfalfa and sainfoin as influenced by soil moisture level. Agronomy Journal, 82: 229-236.

Kiss G B, Samidi G C, Filmfin K K, et al. 1994. Construction of a basic genetic map for alfalfa using RFLP, RAPD, isozyme, and morphological markers. Mol Gen Genet, 238: 129-137.

Knapp E E, Teuber I R. 1994. Selection progress for ease of floret tripping in alfalfa. Crop Science, 34: 323-326.

Koch K E. 1996. Carbohydrate-modulated gene expression in plants. Annual Review of Plant Physiology and Plant Molecular Biology, 47: 509-540.

Konieczny A, Ausubel F M. 1993. A procedure for mapping arabidopsis mutations using co-dominant ecotype-specific PCR-based markers. Plant J, 4(2): 403-410.

Krasnuk M, Jung G A, Witham F H. 1975. Electrophoretic studies of the relationship of peroxidases, polyphenol oxidase and indoleacetic acid oxidase to cold tolerance of alfalfa. Cryobiology, 12: 62-80.

Kuo S R, Wang T T, Huang T C. 1972. Karyotype analysis of some formosan gymnosperms. Taiwania, 17: 66-80.

Kuthleen D H, Willy J B, Greef D. 1990. Engineering of herbicide-resistantalfalfa and evaluation under field conditions. Crop Science, 30: 866-871.

Kyozuka J, Otoo E, Shimamaoto K. 1988. Plant regeneration from protoplasts of indica rice: genotypic differences in culture response. Theoretical and Applied Genetics, 76: 872-890.

Lamb J F S, Barnes D K, Henjum K I. 1999. Gain from two cycle of divergent selection for root morphology in alfalfa . Crop Sci, 39: 1026-1035.

Lamba P S, Ahlgren H L, Muckenhirn R J. 1949. Root growth of alfalfa, medium red clover, bromegrass, and timothy under various soil conditions. Agronomy Journal, 41(10): 451-458.

Larson K L, Smith D. 1963. Association of various morphological character and seed germination with the winter hardiness of alfalfa. Crop Sci, 3: 234-237.

Lee M, Godshalk K, Lamkey K R, et al. 1989. Association of restriction fragment length polymorphisms among maize inbreds with agronomic performance of their crosses. Crop Science, 29(4): 1067-1071.

Levan A K, Fredga K, Sandberg A. 1964. Nomenclature for centromeric position on chromosomes. Hereditas, 52: 201-220.

Li Y G, Tanner G J, Delves A C, et al. 1993. Asymmetric somatic hybrid plants between *Medicago sativa* L. (alfalfa, lucerne) and *Onobrychis viciifolia* Scop. (sainfoin). Theoretical Applied Genetics, 87: 455-463.

Litt M, Luty J A. 1989. A hypervariable microsatellite revealed by *in vitro* amplification of a dinucleotide repeat within the cardiac muscle action gene. American Journal of Human Genetics, 44(3): 397-401.

Liu Y H, Yu L. 2004. Advances on asymmetric somatic cell hybridization in plant. Journal of Biology,

21(2): 10-13.

Llover J, Ferren J. 1998. Harvest management effects on alfalfa production and quality in Mediterranean areas. Grass and Foroge Sci, 53: 88-92.

Loewe A, Einig W, Shi L, et al. 2000. Mycorrhiza formation and elevated CO_2 both increase the capacity for sucrose synthesis in source leaves of spruce and aspen. New Physiologist, 145: 565-574.

Loper G M, Hanson C H, Graham J H. 1967. Coumestrol content of alfalfa as affected by selection for resistance to foliar diseases. Crop Science, 7: 189-192.

Mandoulakani B A, Piri Y, Darvishzadeh R, et al. 2012. Retroelement insertional polymorphism and genetic diversity in *Medicago sativa* populations revealed by IRAP and REMAP markers. Plant Molecular Biology Reporter, 30: 286-296.

Margareta D. 1987. Donor tissue and culture condition effects on mesophyll protoplasts of *Medicago sativa*. Plant Cell, Tissue and Organ Culture, 9: 217-228.

Mariotti D, Arcioni S, Pezzotti M. 1984. Regeneration of *Medicago arborea* L. plants from tissue and protoplast cultures of different organ origin. Plant Science Letters, 37(1-2): 149-156.

Marquez-Ortiz J J, Johnson L D, Basigalup D H, et al. 1996. Crown morphology relationships among alfalfa plant introduction and cultivars. Crop Science, 36: 766-770.

Marquez-Ortiz J J, Lamb F S, Johnson L D, et al. 1999. Heritability of crown trait in alfalfa. Crop Science, 39: 38-43.

Mastrangelo A M, Belloni S, Barilli S, et al. 2005. Low temperature promotes intron retention in two Ecor genes of durum wheat. Planta, 221: 705-715.

McIntosh M S, Miller D A. 1981. Genetic and soil moisture effects on the branching- root traits in alfalfa . Crop Sci, 21: 15-18.

McKenzie J S, McLean G E. 1982. The importance of leaf frost resistance to the winter survival of seeding of alfalfa. Canadian Journal of Plant Science, 62(2): 399-405.

McKersie B D, Chen Y R, deBeus M, et al. 1993. Superoxide dismutase enhances tolerance of freezing stress in transgenic alfalfa (*Medicago sativa* L.). Plant Physiology, 103: 1155-1163.

Melchers G, Labib G. 1974. Somatic hybridisation of plants by fusion of protoplasts I. Selection of light resistant hybrids of "Haploid" light sensitive. Molecular Genetics Genomics, 135: 177-194.

Melchzer G, Sacristan M D, Holder A A. 1978. Somatic hybrids plants of potato and regenerated from fused protoplast. Carlsberg Research Communications, 43: 203-218.

Mendis M H, Power J B, Davey M R. 1991. Somatic hybrids of the forage legumes *Medicago sativa* L. and *M. falcata* L. Journal of Experimental Botany, 42(12): 1565-1574.

Mireia B, Luis G C, Mercedes D, et al. 1998. Somatic hybridization between an albino *Cucumis melo* L. mutant and *Cucumis myriocarpus* Naud. Plant Science, 132(2): 179-190.

Misra D R. 1956. Relation of root development to drought resistance of plants. Indian J Agron, (1): 41-46.

Mizukami Y, Houmura I, Takamizo T, et al. 2000. Production of transgenic alfalfa with chitinase gene (RCC2). *In*: Spangenberg G. Abstracts 2nd International Symposium Molecular Breeding of Forage Crops. Victoria: Lorne and Hamitton: 105.

Moghaddam M, Ehdaie B, Waines J G. 2000. Genetic diversity in populations of wild diploid wheat *Triticum urartu* Tum. ex. Gandil. revealed by isozyme markers. Genetic Resources and Crop Evolution, 47: 323-334.

Murashige T, Skoog F. 1962. A revised medium for rapid growth and bioassays with tobacco tissue culture. Physiologia Plantarum, 15: 473-497.

Myers J R, Grosser J W, Taylor N L, et al. 1989. Genotype-dependent whole plant regeneration from protoplasts of red clover (*Trifolium pretense* L.). Plant Cell, Tissue and Organ Culture, 19: 113-127.

Nagata T, Takebl I. 1971. Plating of isolated tobacco mesophyll protoplasts on agar medium. Planta, 9: 12-20.

Nakamura Y, Julier C, Wolff R. 1987. Characterization of a human'midisatellite' sequence. Nucl Acids Re, 15: 2537-2547.

Nei M. 1978. Estimation of average heterozygosity and genetic distance from a small number of individual. Genetics, 89: 583-590.

Nenz E, Pupilli F, Damiani F, et al. 1996. Somatic hybrid plants between the forage legume *Medicago sativa* L. and *Medicago arborea* L. Theoretical and Applied Genetics, 93: 183-189.

Niizeki M, Saito K. 1989. Callus formation from protoplast fusion between leguminous species of *Medicago sativa* and *Lotus corniculatus*. Ikushugaku Zasshi, 39(3): 373-377.

Nittler L W, Gibbs G H. 1959. The response of alfalfa varieties to photoperiod, color of light, and temperature. Agron, 51: 727-730.

Oberwalder B, Schilde-Rentschler L, Ruoss B. 1998. Asymmetric protoplast fusions between wild species and breeding lines of potato-effect of recipients and genome stability. Theoretical and Applied Genetics, 99: 1347-1354.

Oliveira M, Pais M S S. 1992. Somatic embryogenesis in leaves and leaf-derived protoplasts of *Actinidia deliciosa* var. *delieiosa* cv. Hayward (kiwi). Plant Cell Rep, 11: 314-317.

Olufowote J O, Xu Y, Chen X, et al. 1997. Comparative evaluation of within-cultivar variation or rice (*Oryza sativa* L.) using microsatellite and RFLP markers. Genome, 40: 370-378.

Orita M, Iwahana H, Kanazawa H, et al. 1989a. Detection of polymorphisms of human DNA by gelelectrophoresis as single-strand conformation polymorphisms. Proc Nati Acad Sci USA, 86(8): 2766-2770.

Orita M, Suzuki Y, Sekiya T, et al. 1989b. Rapid and sensitive detection of point mutations and DNA polymorphisms using the polymerase chain reaction. Genomics, 5(4): 874-879.

Ortega J L, Temple S J, Sengupta-Gopalan C. 2001. Constitutive over expression of cytosolic glutamine synthetase (GS1) gene in transgenic alfalfa demonstrates that GS1 may be regulated at the level of RNA stability and protein turnover. Plant Physiology, 126: 109-121.

Ottman M J, Tickes B R, Roth R L. 1996. Alfalfa yield and stand response to termination in an arid environment. Agronomy Journal, 88: 44-48.

Paran I, Michelmore R W. 1993. Development of reliable PCR based markers linked to downy mildew resistance genes in lettuce . Theoretical and Applied Genetics, 85: 985-993.

Peltier G L, Tysdal H M. 1931. Hardiness studies with 2-year-old alfalfa plant. Agric Res, 43: 931-955.

Perfect E, Miller R D, Burton B. 1987. Root morphology and vigor effects on winter heaving of established alfalfa. Agronomy Journal, 79 : 1061-1067.

Phaduivk K H, Leenhous M P. 1977. The Molecular Theory of Radiation Biology. Berlin: Springer-Verlag.

Power J B, Frearson E M, Hayward C, et al. 1975. Some consequences of the fusion and selective culture of petunia and parthenocissus protoplasts. Plant Science Letters, 5(3): 197-207.

Prosperi J M, Jenczewski E, Angevain M, et al. 2006. Morphologic and agronomic diversity of wild genetic resources of *Medicago sativa* L. collected in Spain. Genetic Resources and Crop Evolution, 53: 843-856.

Pupilli F, Arcioni S, Damiani F. 1991. Protoplast fusion in the genus *Medicago* and isoenzyme analysis of parental and somatic hybrid cell lines. Journal of Experimental Botany, 106(2):

122-131.

Pupilli F, Businelli S, Caceres M E, et al. 1995. Molecular cytological and morpho-agronomical characterization of hexaploid somatic hybrids in *Medicago*. Theoretical and Applied Genetics, 90: 347-355.

Pupilli F, Labombarda P, Arcioni S. 2001. New mitochondrial genome organization in three interspecific somatic hybrids of *Medicago sativa* including the parent-specific amplification of substoichiometric mitochondrial DNA units. Theoretical and Applied Genetics, 103: 972-978.

Pupilli F, Scarpa G M, Damiani F, et al. 1992. Production of interspecific somatic hybrid plants in the genus *Medicago* through protoplast fusion. Theoretical Applied Genetics, 84: 792-797.

Quiros C F. 1980. Identification of alfalfa plant by enzyme electrophorus. Crop Sci, 20: 262-264.

Quiros C F. 1983. Alfalfa Isoenzyme in Plant genetics and Breeding. Amsterdom: Elsevier Science Publishers.

Ralph L O, Marcin H, Alexandra M D, et al. 1998. Soluble oligosaccharides and galactosyl cyclitols in maturing soybean seeds in planta and *in vitro*. Crop Science, 38: 78-84.

Ray H, Yu M, Auser P, et al. 2003. Expression of ant hocyanins and proant hocyanidins after transformation of alfalfa with maize Lc1, 2. Plant Physiology, 132: 1448-1463.

Ray I M, Bingham E T. 1989. Breeding diploid alfalfa for regeneration from tissue culture. Crop Science, 29: 1545-1548.

Salter R, Melton B, Wilson M, et al. 1984. Selection in alfalfa for forage yield with three moisture levels in drought boxes. Crop Science, 24: 345-349.

Salter R, Miller-Garvin J E, Viands D R. 1994. Breeding for resistance to alfalfa root rot caused by *Fusarium* species. Crop Science, 34: 1213-1217.

Samac D A, Smigocki A C. 2003. Expression of oryzacystatin Ⅰ and Ⅱ in alfalfa increases resistance to the root-lesion nematode. Phytopathology, 93: 799-804.

Sandrine F, Joelle R, Pierre B, et al. 2005. Genetic diversity among alfalfa (*Medicago sativa*) cultivars coming from a breeding program, using SSR markers. Theoretical and Applied Geneties, 111: 1420-1429.

Santos M J, Carrillo C, Ardila F, et al. 2005. Development of transgenic alfalfa plants containing the foot and mouth disease virus structural polyprotein gene P1 and its utilization as an experimental immunogen. Vaccine, 23: 1838-1843.

Santos M J, Wigdorovitz A, Trono K, et al. 2002. A novel methodology to develop a foot and mouth disease virus (FMDV) peptide-based vaccine in transgenic plants. Vaccine, 20(728): 1141-1147.

Schroeder H E, Khan M R. 1991. Expressing of chicken ovalbumin gene in three lucerne cultivars. Journal of Plant Physiology, 18: 495-505.

Schwab P M, Barnes D K, Sheaffer C C. 1996. Factor affecting laboratory evaluation of alfalfa cold tolerance. Crop Sci, 36: 318-325.

Senda M, Takeda J, Abe S, et al. 1979. Introduction of cell fusion plant protoplasts by electric stimulation. Plant Cell Physiology, 20: 1441-1443.

Sergio D S, Geo C E, Cesar H O, et al. 2003. Isozyme variation in *Passiflora* subgenera Tacsonia and Manicata. Relationships between cultivated and wild materials. Genetic Resources and Crop Evolution, 50: 417-427.

Shao C Y, Russinova E, Iantcheva A, et al. 2000. Rapid transformation and regeneration of *Medicago sativa* (*Medicago falcate* L.) via direct somatic embryogenesis. Plant Growth Regulation, 31: 155-166.

Shimada T, Murakami K. 1976. Principal component analysis of root and crown characteristics of alfalfa varieties in relation to their persistence. Obihiro Chikusan Daigoku Res Bull, 10:

203-210.

Shonosuke S, Yusuke M, Tohru O, et al. 1991. Comparative studies of the changes in enzymatic activities in hardy and less hardy cultivars of winter wheat in late fall and in winter under snow. Soil Sci Plant Nutr, 37: 543-550.

Smith D. 1968. Classification of several native North American grasses as starch or fructan accumulation in relation to taxonomy. Journal of British Grassland Society, 23: 306-309.

Smith O S, Smith J S C, Bowen S L, et al. 1990. Similarities among a group of elite maize inbreds as measured by pedigree, F1 grain yield, grain yield, heterosis, and RFLPs. Theoretical and Applied Genetics, 80(6): 833-840.

Stebbins G L. 1958. Longevity habitat and release of genetic variability in the higher plants. Cold Spring Harbo Symp Quant Biol, 23: 365-378.

Stebbins G L. 1971. Chromosomal Evolution in Higher Plants. London: London Edward Arnold vniversity Park Press: 87-89.

Strizhov N, Sneh B, Koncz C, et al. 1996. A synthetic *cryIC* gene, encoding a *Bacillus thuringiensis*-endotoxin, confers spodoptera resistance in alfalfa and tobacco. Proceedings of the National Academy of Sciences of the United States of America, 93: 15 012-15 017.

Sullivan M L, Hatfield R D, Thoma S L, et al. 2004. Cloning and characterization of red clover polyphenol oxidase cDNAs and expression of active protein in *Escherichia coli* and transgenic alfalfa. Plant Physiology, 136: 3234-3244.

Suzuki Y, Sekiya T, Hayashi K. 1991. Allele-specific polymerase chain reaction: a method for amplification and sequence determination of a single component among a mixture of sequence variants. Anal Biochem, 192(1): 82-84.

Tabe L M, Higgins C M, McNabb W C, et al. 1993. Genetic engineering of grain and pasture legumes for improved nutritive value. Genetica, 90: 181-200.

Talebi M, Hajiahmadi Z, Rahimmalek M. 2011. Genetic diversity and population structure of four iranian alfalfa populations revealed by sequence-related amplified polymorphism (SRAP) markers. Journal of Crop Science and Biotechnology, 14(3): 173-178.

Tang W, Newton R J. 2004. Increase of polyphenol oxidase and decrease of polyamines correlate with tissue browning in Virginia pine (*Pinus virginiana* Mill.). Plant Science, 167(3): 621-628.

Tanner G J, Ashton A R, Abrahams S, et al. 1995. Proanthocyanidins destabilize plant protein foams in a dose dependent maner. Australian Journal of Agriculture Research, 46: 1101-1109.

Taras P P, Els P, Ferhan A, et al. 2002. The role of auxin, pH, and stress in the activation of embryogenic cell division in leaf protoplast-derived cells of alfalfa. Plant Physiology, 129: 1807-1819.

Teoule E. 1983. Hybridation somatique entre *Medicago sativa* L. et *Medicago falcata* L. Comptes Rendus Academic des Sciences, Paris, Serie III, 297: 13-16.

Tesfaye M, Temple S J, Allan D L, et al. 2001. Over expression of malate dehydrogenase in transgenic alfalfa enhances organic acid synthesis and confers tolerance to aluminum. Plant Physiol, 127: 1836-1844.

Thomas J C, Wasmanm C C, Echt C, et al. 1994. Introduction and expression of insect proteinase inhibitor in alfalfa (*Medicago sativa* L). Plant Cell Reports, 14: 31-36.

Thomas M R, Johnson L B, White F F. 1990. Selection of interspecific somatic hybrids of *Medicago* by using agrobacterium-transformed tissues. Plant Science, 69(2): 189-198.

Tian D, Rose R J. 1999. Asymmetric somatic hybridization between the annual legumes *Medicago truncatula* and *Medicago scutellata*. Plant Cell Reports, 18: 989-996.

Toriyama K, Hinatak K, Kameya T. 1987. Production of somatic hybrid plants, 'Brassicomoricandia', through protoplast fusion between *Moricandia avensis* and *Brassica oleracae*. Plant Science, 48(2): 123-128.

Tucak M, Popović S, Čupić T, et al. 2008. Genetic diversity of alfalfa (*Medicago* spp.) estimated by molecular markers and morphological characters. Periodicum Biologorum, 110(3): 243-249.

Varotto S, Nenz E, Lucchin M, et al. 2001. Production of asymmetric somatic hybrid plants between *Cichorium intybus* L. and *Helianthus annuus* L. Theoretical Applied Genetics, 102: 950-956.

Veronesi F, Mariani A, Falcinelli M. et al. 1986. Selection for tolerance to frequent cutting regimes in alfalfa. Crop Science, 26: 58-61.

Viands D R, Barnes D K, Heichel G H. 1981. Nitrogen Fixation in Alfalfa: Response to Bidirectional Selection for Associated Characteristics. Washington: USDA: 18.

Vieira M L C, Jones B, Cocking E C, et al. 1990. Plant regeneration from protoplasts isolated from seedling cotyledons of *Stylosanthes guianensis*, *S. macrocephala* and *S. scabra*. Plant Cell Reports, 9: 289-292.

Villegas C T, Wilsie C P, Frey K J. 1971. Recurrent selection for high self-fertility in vernal alfalfa (*Medicago sativa* L). Crop Science, 11: 881-883.

Walton P D, Brown D C W. 1988. Electrofusion of protoplasts and heterokaryon survival in the genus. Plant Breeding, 101(101): 137-142.

Wandelt C L, Khan M R I, Craig S, et al. 1992. Vicilin with carbory-terminal KDEL is retained in the endoplasmic reticulum and accumulates to high levels in the leaves of transgenic plants. Plant Journal, 2: 181-192.

Wanner L A, Junttila O. 1999. Cold induced freezing tolerance in *Arabidopsis*. Plant Physiology, 120(7): 391-399.

Welsh J, Mcclelland M. 1990. Fingerprinting genomes using PCR with arbitrary primers. Nucleic Acids Research, 18: 7213-7218.

Widholm J M. 1972. The use of fluorescein diacetate and phenosafranine for determining viability of cultured plant cells. Stain Technology, 47: 189-194.

Wigdorovitz D, Mozgovoj M, Parenno V, et al. 2004. Protective lactogenic immunity conferred by an edible peptide vaccine to bovine rotavirus produced in transgenic plants. Journal of General Virology, 85: 1825-1832.

Wijbrandi J, Vos J G M, Koornneef M. 1988. Tissue and organ culture transfer of regeneration capacity from *Lycopersicon peruvianum* to *L. esculentum* by protoplast fusion. Plant Cell, 2(2): 193-196.

Williams C E, Hunt G J, Helgeson J P. 1990. Fertile somatic hybrids of *Solanum* species: RFLP analysis of a hybrid and its sexual progeny from crosses with potato. Theeretical Applied Genetils, 80(4): 545-551.

Williams J G K, Kubelik A R, Livak K J, et al. 1990. DNA polymorphisms amplified by arbitrary primers are useful as genetic markers. Nucleic Acids Res, 18: 6531-6535.

Winicov I, Bastola D R. 1999. Transgenic over expression of the transcription factor *Alfin1* enhances expression of the endogenous MsPRP2 gene in alfalfa and improves salinity tolerance of the plants. Plant Physiology, 120: 473-480.

Xie C Q, Mosjidis J A. 2001. Inheritance and linkage study of isozyme loci and morphological traits in red clover. Euphytica, 119: 253-257.

Xu X Y, Liu J H, Deng X X. 2004. Production and characterization of intergeneric diploid hybrids derived from symmetric fusion between *Microcitrus papuana* Swingle and sour orange (*Citrus aurantium*). Euplrytica, 136: 115-123.

Yang Y, Guan S, Zhai H, et al. 2009. Development and evaluation of a storage root-bearing sweet-potato somatic hybrid between *Ipomoea batatas* (L.) Lam. and *I. triloba* L. Plant Cell, Tissues and Organ Culture, 99: 83-89.

Yu K F, Pauls K P. 1993. Segregation of random amplified polymorphic DNA markers and strategies for molecular mapping in tetraploid alfalfa. Genome, 36(5): 844-851.

Zaeeardelli M, Gnoeehi S, Carelli M, et al. 2003. Variation among and within Italian alfalfa ecotypes by means of bio-agronomic characters and amplified fragment length polymorphism analyses. Plant Breeding, (1): 61-65.

Zafar Y, Nenz E, Damiani F, et al. 1995. Plant regeneration from explant and protoplast derived calluses of *Medicago littoralis*. Plant Cell, Tissue and Organ Culture, 41: 41-48.

Zhang J Y, Broeckling C D, Blancaflor E B, et al. 2005. Overexpression of WXP1, a putative *Medicago truncatula* AP2 domain-containing transcription factor gene, increases cuticular wax accumulation and enhances drought tolerance in transgenic alfalfa (*Medicago sativa* L.). The Plant Journal, 42: 689-707.

Ziauddin A, Lee R W H, Ro R, et al. 2004. Transformation of alfalfa with a bacterial fusion gene, *Mannheimia haemolytica* A1 leukotoxin50-gfp: response with *Agrobacterium tumefaciens* strains LBA4404 and C58. Plant Cell, Tissue and Organ Culture, 79: 271-278.

Zong H, Guo Z F, Liu E E. 2000. Effects of drought, salt and chilling stresses on accumulation of proline in shoot of rice seedlings. Journal of Tropical and Subtropical Botany, 8(3): 235-238.

附　录

缩写词

缩写符号	中文	缩写符号	中文
2,4-D	2,4-二氯苯氧乙酸	RB	罗丹明
NAA	a-萘乙酸	R-6G	罗丹明 6G
6-BA	6-苄基氨基嘌呤	CH	水解酪蛋白
MS	MS 培养基	LH	水解乳蛋白
KM_8P	KM_8P 培养基	PEG	聚乙二醇
MES	2，（*N*-吗啡啉）-乙基磺酸	h	小时
FDA	荧光素双乙酸酯	d	天
IOA	碘乙酰胺	r/min	每分钟转数

编　后　记

《博士后文库》（以下简称《文库》）是汇集自然科学领域博士后研究人员优秀学术成果的系列丛书。《文库》致力于打造专属于博士后学术创新的旗舰品牌，营造博士后百花齐放的学术氛围，提升博士后优秀成果的学术和社会影响力。

《文库》出版资助工作开展以来，得到了全国博士后管委会办公室、中国博士后科学基金会、中国科学院、科学出版社等有关单位领导的大力支持，众多热心博士后事业的专家学者给予积极的建议，工作人员做了大量艰苦细致的工作。在此，我们一并表示感谢！

《博士后文库》编委会